TRAITÉ

DES

MONTRES A LONGITUDES.

TRAITÉ
DES
MONTRES A LONGITUDES,
CONTENANT

La conftruction, la defcription & tous les détails de main-d'œuvre de ces Machines; leurs dimenfions, la manière de les éprouver, &c.

SUIVI

1°. Du Mémoire inftructif fur le travail des Horloges & des Montres à Longitudes ;

2°. De la defcription de deux Horloges Aftronomiques.

3°. De Effai fur une Méthode fimple de conferver le rapport des Poids & des Mefures, & d'établir une mefure univerfelle & perpétuelle.

Avec Figures en Taille-douce.

Par M. FERDINAND BERTHOUD, Méchanicien du Roi & de la Marine, ayant l'infpection de la conftruction des Horloges Marines, Membre de la Société Royale de Londres.

R. Choffard fecit 1773

A PARIS,

De l'Imprimerie de PH.-D. PIERRES, Premier Imprimeur du Roi, &c. rue Saint-Jacques.

M. DCC. XCII.

INTRODUCTION.

Lorsqu'en 1754 je commençai à m'occuper de la recherche des Horloges à Longitudes, je prévoyois peu qu'elle feroit & le fuccès & la durée d'un tel travail, ni les obftacles de toute efpèce (1) que j'aurois à vaincre ; cependant, depuis cette époque, je n'ai jamais ceffé un inftant de chercher les moyens, foit de perfectionner ou de fimplifier la conftruction de ces Machines, ainfi qu'on a pu le voir par la publication de l'Effai fur l'Horlogerie en 1763 ; du *Traité des Horloges Marines* en 1773, & du *Supplément* à ces deux Ouvrages, publié en 1787. Depuis cette dernière époque, j'ai également continué à m'occuper du travail des petites Horloges & des Montres à Longitudes portatives : j'ai eu fur-tout en vue de fimplifier, autant qu'il étoit poffible, leur conftruction & les moyens d'exécution, afin d'étendre par-là l'ufage de ces Machines, & d'en faciliter l'exécution aux Artiftes ; enforte que les Officiers de la Marine marchande puiffent faire l'acquifition de ces Machines. Tel a été l'objet que j'ai eu en vue dans le nouveau travail que je préfente ici fous le titre de *Traité des Montres à Longitudes.* Ce fera

(1) Les tracafferies, les injuftices. Voy. *Eclairciffemens fur l'invention ; &c. des Horloges Marines,* que je publiai en 1775, & ci-après le *Memoire inftruftif* u r le travail des Horloges & des Montres à Longitudes.

a

certainement le dernier ouvrage que je publierai fur cette matière. Plus de trente-huit ans confécutifs employés à cette recherche , & dont j'ai publié fans réferve tous les moyens, doivent applanir la route aux Artiftes éclairés qui voudront exécuter des Horloges , ou des Montres à Longitudes portatives.

Le *Traité des Montres à Longitudes* contient la defcription de deux petites Horloges horifontales & de deux Montres à Longitudes verticales portatives : c'eft l'objet des quatre premiers Chapitres. Toutes ces Machines font d'une exécution facile pour l'Artifte , & d'un ufage commode pour le Navigateur ; foit par leur peu de volume qui en rend le tranfport facile ; ou foit , par l'exactitude que l'on doit obtenir de leurs marches.

Le Chapitre V qui forme feul la partie la plus étendue de ce dernier travail , contient dans le plus grand détail les procédés de main-d'œuvre , de toutes les parties d'une petite Horloge à Longitudes ; fes dimenfions, la manière de l'éprouver , &c.

Les Chapitres VI & VII traitent dans le plus grand détail des principes de conftruction & d'exécution des Balanciers qui opèrent eux-mêmes la correction des effets du chaud & du froid.

Enfin j'ai donné dans le Chapitre VIII & dernier, la conftruction très-détaillée d'une Montre à Longitude verticale à fufpenfion, deftinée pour le fervice des vaiffeaux marchands ; j'ai employé dans la compofition de cette machine, tous les moyens que j'ai pu imaginer pour la rendre la plus fimple, & d'une exécution facile. Cette Montre eft à reffort fans fufée ; & j'ai difpofé le Régulateur, d'après des principes certains au moyen defquels on peut fuppléer par le Balancier même au *non ifocronifme* du fpiral.

L'ifochronifme des ofcillations du balancier, par le fpiral, étant une partie fort importante dans les Montres à Longitudes portatives, je m'en fuis encore particulièrement occupé, & on trouvera ici tous les moyens d'exécution & d'épreuves des refforts - fpiraux (1).

On trouvera à la fuite du Traité des Montres à Longitudes le *Mémoire inftructif du travail fait pour la découverte des Horloges & des Montres à Longitudes*, ouvrage que des circonftances particulières m'ont obligé de publier (2), & qui contient l'abrégé de mon travail fur cette partie de la Mefure du Tems.

J'ai auffi placé à la fuite de ce Traité des Montres à Longitudes, la *Defcription de deux Horloges Aftronomiques*, & l'*Effai fur les Poids & les Mefures*.

(1) La Table des Chapitres, qui fert en même tems de Table des Matières, indique toutes les parties traitées dans cet Ouvrage ; ainfi on peut y recourir pour connoître ce qu'il contient.

(2) La fuppreffion de ma penfion & des appointemens que je recevois en qualité de Méchanicien du Roi & de la Marine.

Je remis à la fin de Janvier à M. de Bertrand, le Mémoire dont il eft ici queftion : ce Miniftre le renvoya auffitôt à l'Affemblée Nationale, pour obtenir fa décifion fur mes réclamations : j'attends encore le jugement de cette affaire : & auffitôt qu'il fera rendu, je me ferai un devoir de l'ajouter au *Mémoire inftructif* en forme d'*Appendice* (Note du 12 Juin 1792, époque où l'impreffion de tout mon travail a été terminée.)

TABLE

Des Chapitres & des Matières du Traité des Montres à Longitudes.

Fin de la Table.

TRAITÉ

TRAITÉ

DES

MONTRES A LONGITUDES (1).

CHAPITRE PREMIER.

Montre à Longitude verticale. N°. 46. (a).

N° I. DIVERSES expériences que j'ai faites depuis quelques tems m'ont fait reconnoître deux défauts essentiels dans les petites Horloges à longitudes à ressorts, n° I, n°s XXVII & XXXVI, décrits dans le *Supplément (c)*, au Traité des Horloges marines.

Le premier, c'est que les vibrations des balanciers de ces Horloges sont trop promptes (six vibrations par seconde).

(a) Voyez ce que c'est que Longitude, Traité des Horloges Marines ; Introduction, page 1, note *a*, on y verra l'usage des Horloges pour la détermination des Longitudes en mer. Nous supposerons toujours ici que l'on connoît cet Ouvrage, ainsi que l'Essai sur l'Horlogerie, & le Supplément à ces deux Ouvrages.

(b) J'ai fait exécuter cette Montre d'après mes plans descriptions & dimensions très-détaillés, par M. Vincent Martin mon Elève, Horloger du Roi & de la Marine, à Brest, & il a parfaitement rempli mes idées : j'ai fait aussi commencer une pareille Montre par M. Sanchez mon Elève, Pensionnaire de Sa Majesté Catholique ; il l'exécute en ce moment sous ma direction.

(c) N° 226 & suiv.

A

Le second , c'est que les balanciers de ces machines sont trop grands & trop pesants , relativement à la nature des vibrations si promptes.

2. De cette combinaison , dans le régulateur de ces machines , il en résulte une augmentation considérable dans les frottements par la trop grande force motrice nécessaire pour ces sortes de vibrations avec des balanciers trop grands & trop pesants : & ces frottements sont tels que les arcs de vibrations du balancier diminuent promptement , tant par la trop forte pression que les pivots éprouvent , que par la destruction de l'échappement.

3. Ce sont ces vices reconnus , dans mes petites Horloges à longitudes , qui m'ont forcé à en construire de nouvelles , dans lesquelles en diminuant le nombre des vibrations & le diamètre même des balanciers , j'ai pu réduire ces machines à un plus petit volume , ce qui les rend en même-tems plus commodes pour le transport & pour l'observateur même. Tel est l'objet du nouveau travail que je présente ici.

4. Je joins aux motifs d'expériences que je viens d'exposer des principes qui servent à en appuyer la solidité.

5. 1°. J'ai démontré , Essai sur l'Horlogerie , n° 1825 , que les frottements diminuent dans le même rapport que les nombres de vibrations dans le même tems.

6. 2°. Par le principe établi , Traité des Horloges marines, n°s 76 & 128 , & *Supplément* , n° 417 , on voit que ce n'est pas de la quantité absolue de la puissance du régulateur que dépend la justesse de l'Horloge , mais de la réduction des frottemens relativement à cette puissance.

7. 3°. Par le n° 421 du Supplément , on voit que ce n'est pas la nature des vibrations lentes qui rend le balancier insceptible des agitations du vaisseau , mais que cela dépend particulièrement du diamètre & du poids du balancier.

8. 4°. Enfin par les épreuves qui ont été faites dans plusieurs voyages en mer avec l'Horloge marine , n° 8 , on n'a pas reconnu que les agitations du vaisseau aient troublé

fa justesse, quoique le balancier de cette machine fasse des vibrations lentes (une vibration par seconde) , qu'il soit d'un grand diamètre & très-pesant.

Je dois ajouter encore que les résistances dans les effets de l'échappement diminuent comme le nombre des vibrations , &c.

Je dois encore rappeller ici les principes suivants.

Principes servant de base à la justesse des Montres à Longitudes.

9. 1°. La grande puissance du régulateur, la réduction des frottemens & leur constante uniformité *(a)*.

10. 2°. Sur l'isochronisme des vibrations du balancier, obtenu par le spiral *(b)*.

11. 3°. Sur la nature de l'échappement à vibrations libres (*c*).

Enfin , sur l'exacte compensation des effets du chaud & du froid *(d)*.

Observation sur la réduction des frottemens , & la nécessité de l'extrême perfection de la main-d'œuvre dans les Montres à Longitudes.

12. Dans toute machine qui mesure le tems , la justesse constante de sa marche est fondée sur l'égalité des arcs décrits par le régulateur ; & cette constante étendue des arcs est elle-même fondée sur la réduction des frottemens & sur leur uniformité ; mais si ces conditions sont indispensables dans les machines ordinaires qui mesurent le tems, elles le deviennent infiniment plus dans les Horloges marines, & sur-tout dans les Montres à longitudes d'un petit volume. Dans celles-ci il faut réunir à une excellente composition & aux dimensions les plus convenables, la plus rigoureuse perfection dans l'exécution ; car la justesse de la marche

(*a*) Traité des Horloges marines , nos 23 , 126 , 561 ; Essai , n° 1823.
(*b*) Traité des Horloges marines , nos 141, 152 , 154.
(*c*) Traité des Horl. nos 281 , 968 , 977, &c.
(*d*) Traité des Horl. nos 259 , 261 , &c.

de ces petites machines eft entiérement fondée fur la réduction des frottements & fur leur conftante uniformité.

13. Cette extrême perfection dans l'exécution des Montres à longitudes, eft fur-tout indipenfable dans tous les
pivots de ces machines : il faut que ces pivots foient faits
avec l'acier de la plus parfaite qualité ; qu'ils foient trempés très-durs ; qu'ils foient parfaitement tournés ronds, &
du poli le plus parfait *(a)* ; enfin que les trous dans lefquels
ces pivots roulent, foient faits avec d'excellent cuivre bien
durci, & les trous eux-mêmes parfaitement dreffés & polis.
C'eft fur cette extrême perfection d'exécution, que nous
infifterons plus particuliérement dans le Chapitre V, en traitant de la main-d'œuvre des Montres à longitudes.

Quant aux frottements, j'en ai traité avec affez de détails
dans l'*Effai fur l'Horlogerie*, n° 1838 ; la manière de les
réduire, 1841 & fuiv. ; pivots durs, *Effai*, n°ˢ 1843, 2295,
Traité des Horloges Marines, n° 298, & *Supplément*, n° 647:
proportionner la furface des pivots à la preffion, *Effai*, n°
2282 ; tournés parfaitement rond, *Effai*, n° 2298, & *Supplément*, n° 647 : répartir également la preffion fur chaque pivot,
Effai, n° 941, 2299.

Des ufages auxquels j'ai deftiné la Montre à Longitude Verticale, N° 46.

14. La principale deftination de la Montre, N° 46, eft de
fervir en mer pour donner la longitude du vaiffeau ; &
c'eft par cette difpofition que cette Montre eft portée par
une fufpenfion ; mais cette fufpenfion eft tellement difpofée,
qu'au befoin on peut ôter la Montre de deffus la fufpenfion & la porter dans fa poche, afin de faciliter les obfervations, foit dans le vaiffeau, foit à terre ; étant à terre,
la Montre peut être placée fur une table ou fur une cheminée,

---

(a) On ne peut trop infifter fur l'indifpenfable néceffité dans la perfection des pivots,
fi on veut obtenir des Montres exactes.

& c'eſt par cette raiſon que j'ai donné la poſition verticale à la Montre. Mais dans ce dernier uſage on ſuſpend l'effet de la ſuſpenſion ; avec des précautions, cette Montre peut également être tranſportée marchant dans une voiture.

Conſtruction de la Montre Verticale, N° 46.

1 5. Le balancier de cette Montre fait quatre vibrations par ſeconde ; il a ſeize lignes de diamètre.

1 6. Un des pivots du balancier tourne entre trois rouleaux, & l'autre dans un pont ; les deux bouts de l'axe ſont retenus chacun par un rubis ; le ſpiral eſt trempé, plié, il eſt iſochrone.

1 7. L'échappement eſt à vibrations libres, & de la plus ſimple conſtruction ; l'aiguille des ſecondes fait deux battemens par ſeconde.

1 8. La compenſation du chaud & du froid eſt produite par une lame compoſée acier & cuivre.

1 9. Le pince-ſpiral eſt rendu le plus ſimple.

2 0. Les heures, les minutes & les ſecondes ont chacune leur cadran particulier & excentrique.

2 1. Le reſſort moteur eſt égaliſé par une fuſée ; la fuſée porte un reſſort auxiliaire pour faire marcher la Montre pendant qu'on la remonte. Ce reſſort eſt *noyé* dans l'épaiſſeur de la roue de fuſée ; l'encliquetage de la fuſée eſt *noyé* dans la fuſée.

2 2. Le *mouvement* eſt compoſé de quatre platines, deux grandes & deux petites, formant entr'elles trois cages ; la plus grande contient le rouage ; la ſeconde cage ſert à loger le balancier, & la troiſième cage contient les trois rouleaux comme on le voit dans le profil, Planche I, *fig.* 1.

Deſcription de la Montre Verticale, N° 46.

PLANCHE I.

2 3. La *figure* 1, Planche I, repréſente le profil du mouve-

ment de la Montre verticale, n° 46; *A A*, eſt la platine-cadran : elle porte quatre piliers qui s'aſſemblent avec la platine *B B*, pour former la cage du rouage : la quatrième platine *C C* porte quatre piliers qui s'aſſemblent avec la platine *D D*, ce qui forme la cage des rouleaux ; la platine *D D* porte elle-même trois piliers qui s'aſſemblent avec la deuxième platine *B B* du rouage, pour former la cage du balancier. Je n'ai pu repréſenter aucuns de ces piliers dans la figure 1 du profil, parce qu'ils auroient caché les pièces de la Montre, déja aſſez difficile à repréſenter dans la grandeur naturelle où elle eſt vue ici. Mais la poſition de ces piliés eſt indiquée avec préciſion dans le Plan, *figures 2 & 3* ; le barillet n'eſt pas non plus repréſenté dans le profil, parce qu'il auroit caché le rouage, la vue de profil étant priſe du côté même où le barillet eſt placé.

24. La roue de fuſée *F (fig. 1)*, porte à ſon centre le pignon de renvoi *a* qui conduit la roue des heures *G* ; le pivot prolongé *b* de cette roue porte l'aiguille des heures ; *c* eſt le quarré de fuſée, & *d* le crochet de fuſée ; la roue de fuſée *F* engrène dans le pignon de minutes *e*, dont le pivot prolongé *f* porte l'aiguille de minutes ; *H* eſt la roue des minutes, laquelle engrène dans le pignon *g* de la roue moyenne *I* ; celle-ci engrène dans le pignon *h*, dont l'axe porte la roue de ſecondes *K* : le pivot prolongé *i* de ſon axe, porte l'aiguille de ſécondes. La roue de ſecondes *K* engrène dans le pignon *l* de la roue d'échappement *L*, laquelle communique ſon mouvement au cercle d'échappement *m*, porté par l'axe *O m q* du balancier *M M* ; le bout de cet axe porte en *p* le pivot qui tourne entre les trois rouleaux 1, 2, 3 ; & au-deſſous, cet axe porte la virole de ſpiral *q* : le bout *q* de l'axe de balancier eſt terminé en pointe ; cette pointe eſt maintenue par un rubis attaché ſous le pont *Y* : ce pont *V Y* eſt celui qui porte le pince-ſpiral *y x*, dont l'axe eſt mobile ſur deux pivots, mis en cage entre le pont *V Y* & le double pont *V Y* ; l'axe *s* du pince-ſpiral porte la palette *y* qui va appuyer en *y* ſur le bout de la lame de compenſation *S T y*.

Cette lame eſt fixée ſur le pont *R S* au moyen d'une machoire preſſée par les vis 4, 5 ; le pont *R S* eſt lui-même fixé à la platine *B B* par une vis & deux tenons ou pieds.

25. Le cercle d'échappement *m (fig.* 1 *)* porte vers ſon centre une dent *o* qui agit ſur le bout *o* de la détente *no,* dont le bras *n* ſuſpend l'action de la roue d'échappement *L,* pendant que le balancier oſcille librement : le pont de cette détente n'a pu être repréſenté ici , il l'eſt dans le Plan *fig.* 2 : on verra ci-après la deſcription de l'échappement.

26. Le bout *O* de l'axe de balancier porte un pivot qui roule dans le trou du pont *O P* : le bout du pivot doit rouler ſur un rubis , qui ne peut être repréſenté dans une figure ſi petite ; mais il eſt facile d'y ſuppléer : on ſait comment on ajuſte des rubis aux pivots de balancier des Montres ordinaires.

27. *Q* eſt le pont de la roue d'échappement.

28. *E.* Le rochet auxiliaire porté par la roue de fuſée , & *X* le cliquet qui agit ſur ce rochet.

29. *A,A fig.* 2, repréſente le dehors de la platine-cadran, ou plutôt le côté du plan de la Montre ſur lequel doit être tracé tout ce qui concerne le rouage de la Montre. 1 , 2, 3 , 4 , ſont les piliers qui doivent être rivés ſur la premiere platine ou platine-cadran : *B* eſt le barillet ; *C* le rochet d'encliquetage du barillet : cet encliquetage eſt placé ſur le dehors de la platine-cadran *A A* ; ſur le même côté de cette platine ſont placés le cadran *O* des heures : celui *M* de minutes , & celui *S* de ſecondes. *G* eſt la roue des heures ; *a* le pignon porté par le centre de la roue de fuſée *F* ; ce pignon *a* conduit la roue des heures ; *e* eſt le pignon de minutes , qui engrène dans la roue de fuſée *F* ; *H* eſt la roue de minutes qui engrène dans le pignon *g* de la roue moyenne ; *I* eſt la roue moyenne, laquelle engrène dans le pignon *h* de la roue de ſecondes ; *K* la roue de ſecondes qui engrène dans le pignon *l* d'échappement ; *L* la roue d'échappement ; *Q l* le pont de cette roue ; *m* le cercle d'échappement ; *q n* la détente d'échappement , & *T* ſon pont ;

P q le pont du pivot de balancier ; *r* le reſſort de la détente , & *t* celui de la levée.

3 0. *f* eſt le *plot* du garde-chaîne , & *d* le crochet de la
fuſée ; *f d* la direction du garde-chaîne ; *E* le rochet de
du reſſort auxiliaire , & *X* le cliquet qui agit ſur ce rochet:
D h le pont de précaution qui garantit le pivot de la roue
de ſecondes , lorſque l'on remonte le rouage de la Montre ;
5 , 6 , 7 , les bouts des pivots des piliers de la platine *C C*
du balancier.

3 1. *R* repréſente la détente d'arrêt du balancier ; cette
partie vue ſur le dehors de la platine - cadran , eſt formée par l'index qui s'arrête ſur la platine par la vis *z* ; cette
vis paſſe librement à travers la platine , & entre à vis ſur
un bras porté par l'axe de cette détente. Cet axe porte par
l'autre bout en dehors de la ſeconde platine du rouage un
bras flexible qui va appuyer ſur le balancier lorſqu'on veut
arrêter la montre. *Voyez* ci-après la deſcription du régulateur , *fig.* 3.

P l a n c h e I, *fig.* 3.

3 2. *B B* repréſente le dehors de la ſeconde platine du
rouage ou l'autre côté du plan ſur lequel doit être tracé
tout ce qui concerne le régulateur & la compenſation :
4 , 5 , 6 , 7 , ſont les pivots des piliers de la cage du rouage ;
C C eſt la quatrième platine qui forme avec celle *D D* , de
même grandeur , la cage des rouleaux ; 8 , 9 , 10 , 11 , ſont
les quatre piliers portés par la platine *C C* : & 12 , 13 , 14 ,
les trois piliers portés par la platine *D D* , (*fig.* 1) pour
former la cage du balancier ; *M M* eſt le balancier ; 1 , 2 , 3 ,
les rouleaux ; *a b* la barette ou pont du rouleau ſupérieur 1 ,
lequel doit ſe démonter pour ôter le balancier ; la quatriéme
platine eſt percée à cet effet. Le double trait *c, d, e, f, g, h, i,*
indique cette ouverture de la platine , tant pour le paſſage
du rouleau que pour loger le ſpiral , & le pont du piton
de ſpiral.

33.

33. *R S* eft le pont de la lame de compenfation, fixé par une vis & deux pieds fur le dehors de la feconde platine du rouage : ce pont porte en *S* une plaque qui fert de mâchoire pour fixer par la preffion de deux vis le bout *S* de la lame compofée *S T* z ; le bout mobile *T* de la lame porte en z une vis dont le bout arrondi agit fur la palette *y* du pince-fpiral *x y* : la vis z fert en même-tems à régler la montre *au plus près*, & par l'action de la lame compofée, (*Supplément*, n° 652).

34. *V Y* eft le pont du pince-fpiral ; *E* eft un pont coudé en dedans de la cage des rouleaux pour porter le piton *F* du fpiral ; *e f* le reffort du pince-fpiral.

35. *k l* Le reffort virole qui fert à fixer le piton du fpiral par le moyen de la vis *l*, taraudée dans le pont *E F*, & la vis *k* eft fixée à la platine ; *o p*, la détente d'arrêt du balancier.

36. Les parties de la Montre que je viens de décrire, compofant le régulateur & la compenfation font tracés fur le Plan, *fig.* 3 ; dans la *figure* 9, Planche I, on voit les mêmes parties exécutées : chaques piéces font ici défignées par les mêmes lettres ; ainfi la defcription que j'ai donnée ci-deffus, (n° 32 & fuiv.) convient également au Plan, *fig.* 3, & à la *figure* 9, laquelle repréfente la Montre lorfqu'elle eft remontée, pofant fur fon verre ou lunette. Le mouvement placé fur fa batte & lunette *H I* : *H* repréfente la charnière, & *I* le bouton de la lunette.

Dans la *figure* 9, *F* repréfente le trou du pivot de fufée, *G* celui des heures, *I* celui des minutes, & *t* celui du cliquet du rochet auxiliaire ; 4, 5, 6, les pivots des piliers du rouage, & *o p* la détente d'arrêt du balancier.

37. La *figure* 10 repréfente le balancier en perfpective, portant toutes les piéces qui en dépendent ; en un mot, tel qu'il eft lorfque la Montre étant finie on veut raffembler ou remonter toutes les parties. *M M* le balancier ; *O p* fon axe ; *m* le cercle d'échappement, portant la *dent-levée* ; *p* le pivot qui tourne entre les rouleaux ; le bout *O* de l'axe portant le pivot qui tourne dans le trou du pont ; *p* repréfente auffi

B

la virole fur laquelle eft fixé le bout intérieur du fp ral ; s F eft le piton fur lequel eft fixé le bout intérieur du fpiral : ici ce piton eft vu en deffous.

38. La *figure* 11 repréfente la lame de compenfation vue en perfpective ; S T eft cette lame, & χ la vis dont le bout agit fur le pince-fpiral, & qui fert à la compenfation & à régler la Montre au plus près.

La *figure* 12 repréfente le piton F du fpiral, le deffus vu en plan ; ce piton eft repréfenté en G vu de profil attaché fur fon pont E, & en H vu en perfpective.

39. La *figure* 13 repréfente le pince-fpiral vu de profil, (il eft défigné par la lettre A) : a eft la boîte dont la fente c forme le pince-fpiral ; cette boîte eft portée par le quarré a ; y eft la palette fur laquelle agit la vis de la lame compofée ; b fon axe. Le même pince-fpiral eft vu en B en plan, & en C en perfpective.

L'axe ou tige b du pince-fpiral, tel qu'il eft ici repréfenté, ne forme qu'une feule pièce avec le quarré a & la palette y.

Obfervations fur deux conftructions d'échappement libre.

40. J'ai donné dans le *Traité des Horloges Marines*, & dans le *Supplément* à cet Ouvrage, diverfes conftructions de l'échappement à vibrations libres, dont deux en particulier préfentent bien des avantages ; cependant j'ai cru qu'il y avoit encore à défirer des corrections, & je penfe que celui que j'ai adopté depuis peut-être employé avec fûreté ; mais avant d'en donner la defcription, je dois en expofer les motifs : ces fortes d'examens ne font pas inutiles aux Artiftes.

41. L'échappement à vibrations libres, repréfenté *Traité des Horloges marines*, Planche XIX, *fig.* 6 & 7, & décrit n° 988 du même Ouvrage, me paroît encore celui qui réunit la plus grande perfection par la prefque entière réduction

dans les frottemens , mais avec tous ces avantages , cet échappement qui étoit destiné à une très-grande Horloge marine (celle n° 9), ne peut pas être applicable à une petite Horloge, & moins encore à une Montre ; d'ailleurs cet échappement exigeoit un travail trop considérable. Dans le Supplément au *Traité des Horloges marines* j'ai donné la construction d'un échappement libre le plus simple , je crois, que l'on puisse employer (Planche IV, *fig. 6* , & la description, n° 69); mais avec cette simplicité apparente , il est en effet d'une exécution très-difficile & longue pour qu'il remplisse parfaitement ses effets , & avec peu de résistance. Or pour cela il faut que le ressort qui forme la *détente-ressort* , & celui qui forme la *levée-ressort* soient extrêmement flexibles; & quand on est arrivé à ce degré de perfection , il reste encore à cet échappement d'être exposé à être dérangé facilement par la mal-adresse de la personne qui pourroit nétoyer la machine & beaucoup de difficulté à être rétabli. Ce sont ces considérations qui m'ont fait abandonner l'échappement libre à *détente-ressort* & à *levée-ressort*, décrit dans le *Supplément* , ayant donné la préférence à l'échappement libre , dont la détente est mise en cage. Mais au lieu de placer la palette de levée sur le cercle d'échappement , j'ai placé cette levée sur l'axe de la détente même , & le cercle d'échappement porte en place une dent fixe pour opérer le dégagement de la roue ; la description expliquera encore mieux cette disposition.

Description de l'échappement à vibrations libres à détente mise en cage , la levée placée sur l'axe de la détente.

42. La *figure 4* , Planche I , fait voir cet échappement (a) en plan, & la *figure 5* le représente en perspective: *m*, est le cercle d'échappement , lequel est attaché par deux vis sur l'axe de balancier

(a) L'échappement est représenté avec des dimensions doubles de celles qu'il a dans l'Horloge, afin de le faire mieux entendre.

B 2

La roue d'échappement *L* porte feize dents figurées comme dans la *figure* 4 ; cette roue eft maintenue par un pont *Q*.

43. Le balancier fait quatre vibrations par feconde ; & comme il fait deux vibrations pendant qu'il n'échappe qu'une dent de la roue, on voit que l'aiguille de fecondes fait un battement à chaque demi-feconde.

44. Le bras *n* de la détente *n q* fufpend l'action de la roue d'échappement, pendant que le balancier ofcille librement ; le reffort *r* fert à preffer cette détente & à affurer fes effets par fon action fur la cheville placée fous la détente vers le centre *a* ; cette détente eft mobile fur deux pivots, & maintenue par le pont *T* , *fig.* 5 ; le chemin de cette détente eft borné par la cheville *c* contre laquelle le bras *n* va appuyer.

45. La levée *a q* eft mobile en *a* fur l'axe de la détente fur laquelle elle eft maintenue libre par une petite virole mife à. frottement fur l'axe ; cette levée porte vers *s* un talon qui porte une cheville fur laquelle, agit en *s* le bout du reffort *t s* ; cette preffion du reffort pouffe la levée *a q* contre la cheville *p*, portée par un fecond bras de la détente , ce qui fixe la courfe de la levée ; le cercle d'échappement *m* porte vers fon centre une *dent de levée* , *d e*, fixée fur le cercle par une vis & deux pieds : cette difpofition entendue, il eft aifé de fentir les effets de l'échappement que je vais expliquer.

46. Dans les *figures* 4 & 5 l'échappement eft repréfenté au moment où la dent *f* de la roue vient de donner l'impulfion au balancier par fon action fur l'entaille *g* formée à la circonférence du cercle d'échappement *m* ; le balancier & fon cercle continuant de tourner de *g* vers *m* , & ayant achevé fa vibration, il revient fur lui-même ; la dent de levée *d* rencontre le bout *q* de la *levée de détente* , & elle l'écarte de *o* vers *q* fans que la détente change de place ; dès que la dent levée a ceffé d'agir fur la levée, celle-ci preffée par le reffort *t*, reprend fa place & appuie contre la cheville *p* ; le balancier & fon cercle, pendant ce tems, continue de tourner

de q vers i , & ayant achevé fa vibration revient de i vers q;
alors il rencontre le devant de la levée qui , agiſſant ſur
la cheville p , écarte la détente , enſorte qu'en ce moment la roue échappe ; mais en ce moment auſſi l'entaille g
du plan ſe trouve ſous la dent b, ſur laquelle elle agit ,
pour donner une nouvelle impulſion au balancier , & ainſi
de ſuite. Voyez *Traité des Horloges marines*, n° 288 & ſuiv.
ces effets de l'échappement.

47. La *figure 6* repréſente la détente & la levée vue
en perſpective ; $a n$ eſt la détente ; p le bras portant la cheville d'arrêt de la levée ; $a q$ eſt la levée.

Regles à ſuivre pour tracer l'échappement libre.

48. La levée la plus favorable à donner à cet échappement , eſt celle de ſoixante degrés.

49. La détente doit être la plus courte & la plus légère
poſſible ; je règle ſa longueur ſur la diſtance des dents de la
roue d'échappement, & fait agir le talon n de la détente ,
Planche I , *fig.* 4. ſur la ſeconde dent h, comptée depuis
celle b qui embraſſe le cercle d'échappement m.

L'axe a de la détente doit être placé dans la *tangente* de
la dent h qui poſe ſur le talon n.

50. Je place l'axe a de la détente ſur le plan, de ſorte
que le bras $a n$ de la détente ſoit de la même longueur
que la *levée a q*.

51. L'extrémité d de la *dent levée d e* doit agir à égale
diſtance du centre l du cercle d'échappement, & de la circonférence g du même cercle.

Tracer l'échappement libre ſur le Plan.

52. Avant de tracer l'échappement ſur le plan , je le
trace d'abord ſur une plaque de cuivre adoucie , afin de trouver exactement la diſtance du centre de la roue au centre
du balancier. Pour cet effet , je trace d'abord la grandeur

donnée pour la roue d'échappement ; je divise ce cercle en
autant de parties égales que la roue doit avoir de dents ; c'est
ici seize dents ; cela fait, des points de divisions *f* & *b* , &
avec la même ouverture de compas donnée pour les divisions de la roue , je trace les portions de cercle *e l*, & du
point d'interfection comme centre, je trace le cercle *b m i* ,
qui repréfente le cercle d'échappement , de la grandeur
exacte qu'il doit avoir pour que l'action des dents de la roue
opère une levée de foixante degrés , *(Supplément* , n° 83 ,
& note *a* du n° 72 *).*

53. La diftance des centres *k l* de la roue & du cercle
étant donnée , je la porte fur le plan ; & pofant la pointe
du compas dans le trou qui repréfente le centre du balancier, je trace avec l'autre pointe une portion de cercle auprès du cercle qui repréfente la roue de fecondes ; fur cette
portion de cercle, je marque un point éloigné de la roue
de fecondes de la quantité convenable à l'engrenage du pignon d'échappement avec la roue de fecondes. Je perce le
trou qui repréfente le centre de la roue d'échappement, &
de ce centre je trace fur le plan la grandeur de la roue
telle qu'elle a été donnée fur la plaque d'effai ; je trace de
même fur le plan la grandeur du cercle d'échappement, telle
qu'elle eft donnée fur la plaque d'effai.

54. Je prends avec le compas la diftance exacte donnée
fur la plaque d'effai pour les dents de la roue d'échappement ; je porte cette ouverture du compas fur les points d'interfection *f* & *b* du cercle qui repréfente la roue , & de celui
qui repréfente le cercle d'échappement, je marque des points
qui repréfentent les dents *f* & *b* , qui embraffent le cercle
d'échappement ; en partant de ces points, j'acheve de divifer la
roue qui doit avoir feize dents, comme dans la plaque d'effai *A A*.
Avec la même ouverture de compas , je trace des portions de
cercle , qui repréfentent les dents de la roue , comme on le
voit dans la *figure* 4, Planche I : je divife en deux parties égales avec le compas le *rayon g l* du cercle d'é-
chappement *m* , & je trace le cercle *d* qui repréfente

l'extrémité de la *dent - levée d e* d'échappement.

55. Pour achever de tracer l'échappement, il ne reste qu'à trouver la position de l'axe de la détente pour remplir les conditions données par les règles que j'ai indiquées ci-devant. Pour cet effet, je prends une équerre dont l'angle réponde à l'extrémité de la dent *h*, & un côté passant par le centre *k* ; sur l'autre côté, je trace la ligne indéfinie *hx*, qui devient *tangente* à la dent *h* ; en posant la pointe du compas sur cette ligne, je cherche un point *a* qui soit à égale distance du cercle *d o*, tracé sur le cercle d'échappement & de la dent *h*. Ce point trouvé représente le centre *a* de la détente ; je perce un trou par ce point, & je trace la détente, la levée, comme on le voit dans la figure. Enfin, je trace sur le plan la position *st* du ressort de la levée; & celui *at* du ressort de la détente d'échappement.

Description de la suspension de la Montre Verticale, N° 46.

56. La *figure* 7 (Planche I) représente le Plan géométral de la suspension ; & la *figure* 8 fait voir la même suspension en perspective.

57. Le pied *AA*, *fig.* 8, est une plaque ronde de cuivre, ayant quatre pouces de diamètre, & deux lignes d'épaisseur ; elle sert à supporter la suspension & le tambour de la Montre ; ce pied porte en dessous trois boules placées à sa circonférence ; *a b* sont ces boules, l'autre n'étant pas vue. Le pied *AA* porte en *C* l'arc ou potence *CD*, au bout de laquelle est attachée en *D* la suspension ; la partie *C* de la potence est fixée à la circonférence du pied *AA*, au moyen d'une vis placée sous la plaque & deux pieds ou tenons.

58. La partie *D* de la potence est terminée en fourchette *c, d, e, f*; à cette première fourchette il y en a une seconde *g, h, i*, ajustée en dedans à laquelle elle tient par les vis à tête gauderonnée 1, 2. C'est cette derniere fourchette qui

fait partie de la fufpenfion & qui fupporte le tambour. Cet ajuftement de cette feconde fourchette a été fait à deſſein de pouvoir au befoin retirer la montre, ſon tambour & la fufpenfion de deſſus ſon pied pour la porter dans la poche. Pour cet effet on déviſſe les vis 1, 2, & la fourchette intérieure fort, & l'arc & le pied reftent en place.

59. Le cercle de fufpenfion *k, l, m,* eft percé dans le milieu de fa largeur de quatre trous exactement à angles droits l'un de l'autre ; deux de ces trous fervent à recevoir les pivots des deux vis attachés au bout de la fourchette *g, h, i;* les deux autres trous du cercle de fufpenfion font taraudés pour recevoir les deux vis 3, 4, dont les bouts terminés en pivots entrent dans les trous faits au haut du pilier *n o* ; ce pilier porte une bafe quarrée *p, q, r,* fixé par quatre vis 5, 6, 7, au haut du tambour *E F G.*

60. Les deux mouvements oppofés de la fufpenfion, & qui fe forment fur les pivots des quatre vis de fufpenfion, font donc tellement combinés que le tambour cede à tous le mouvemens de tangage & de roulis du vaiſſeau. (Voyez *Supplément,* n° 316).

61. Le tambour *E F G* porte la lunette *H I* & la batte; cette dernière eft fixée par trois au tambour, & la platine-cadran *K L* de la montre eft elle-même fixée à la batte par trois vis.

62. Ayant obfervé que le mouvement d'ofcillation du balancier caufoit un mouvement au tambour, j'ai ajufté au fommet du pilier de fufpenfion *n o* une portion de cercle *o* fur laquelle agit le reſſort de preſſion *s t,* mais pas aſſez fortement pour empêcher le tambour de reprendre ſon à-plomb, & cependant capable de rendre le tambour aſſez fixe pour ne pas céder à l'action du balancier.

63. Lorfque la montre doit être tranfportée dans une voiture, ou qu'on veut la placer fur une table ou fur une cheminée, il eft inutile & même nuifible que la fufpenfion puiſſe agir. Pour donc, dans les cas fuppofés, en fufpendre les effets, j'ai placé fous la plaque *A A* une vis taraudée

au

au centre de cette plaque , le bout de cette vis entre dans le trou d'un canon fixé au bas du tambour. Par ce moyen , celui-ci est rendu fixe avec le pied de la suspension.

64. Le fond du tambour est soudé au tambour & fait corps avec lui, afin d'empêcher l'introduction du mauvais air & de la poussière.

Dimensions de la Montre Verticale , N° 46.

DES CAGES.

65. La platine - cadran a trente lignes de diamètre , & demi-ligne d'épaisseur.

66. La seconde platine a vingt - huit lignes $\frac{1}{2}$ de diamètre, & demi-ligne d'épaisseur.

67. Les deux petites platines ont vingt - deux lignes $\frac{1}{2}$ de diamètre , & un peu moins de demi-ligne d'épaisseur.

68. La hauteur des piliers de la cage du rouage est de six lignes (on peut même ne leur donner que cinq lignes de hauteur) ; la hauteur des piliers de la cage du balancier est d'une ligne $\frac{1}{2}$.

69. La hauteur des piliers de la cage des rouleaux est de deux lignes.

70. Pour donner plus de longueur aux axes des rouleaux, il faut faire des *noyures* en-dedans des platines de la cage des rouleaux ; ces *noyures* d'environ un tiers d'épaisseur des platines.

ROUAGE.

71. La roue de fusée fait un tour en quatre heures : elle a quatre - vingt dents & neuf lignes $\frac{9}{12}$ de diamètre : le pignon de minute dans lequel elle engrène , a vingt dents & deux lignes $\frac{1}{2}$ de diamètre.

72. Le pignon de renvoi porté par la roue de fusée a vingt-quatre dents & trois lignes de diamètre. La roue des heures, dans laquelle ce pignon engrène a soixante - douze dents & huit lignes $\frac{5}{12}$ de diamètre.   C

73. La roue de minutes a quatre-vingt-seize dents & dix lignes $\frac{1}{12}$ de diamètre ; elle engrène dans le pignon 12 de la roue moyenne, lequel a une ligne $\frac{3\frac{1}{4}}{12}$ de diamètre

74. La roue moyenne a quatre-vingt-dix dents & neuf lignes $\frac{6}{12}$ de diamètre ; elle engrène dans le pignon de la roue de secondes, qui a douze dents & une ligne $\frac{3\frac{1}{4}}{12}$ de diamètre.

75. La roue de secondes a quatre-vingt-dix dents & neuf lignes $\frac{6}{12}$ de diamètre ; elle engrène dans le pignon de la roue d'échappement, lequel a douze dents & une ligne $\frac{3\frac{1}{4}}{12}$ de diamètre.

76. La roue d'échappement a seize dents & sept lignes de diamètre.

77. Le cercle d'échappement a deux lignes $\frac{10}{12}$ de diamètre.

Epaisseur des Roues , &c.

78. La roue de fusée o lignes $\frac{20}{48}$ d'épaisseur.
Le rochet auxiliaire o lignes $\frac{24}{48}$.
L'une & l'autre seront creusée pour loger le ressort auxiliaire.

79. La roue de cadran o lignes $\frac{12}{48}$ d'épaisseur.

80. Le pignon de renvoi de cadran a o lignes $\frac{1}{2}$ d'épaisseur : il est creusé pour loger la goutte qui retient la fusée ; ce pignon est rivé sur la roue de fusée.

81. Roue de minutes, o lignes $\frac{12}{48}$ d'épaisseur.
Roue moyenne, o lignes $\frac{10}{48}$.
Roue de secondes, o lignes $\frac{8}{48}$.
Roue d'échappement, o lignes $\frac{6}{48}$.
Les rouleaux, o lignes $\frac{7}{48}$.
Epaisseur des cadrans, o lignes $\frac{20}{48}$.

Le Régulateur & la Compensation.

82. Le balancier fait quatre vibrations par seconde ; il a seize lignes de diamètre, & pese soixante grains ; l'épaisseur du *champ* du balancier est de o lignes $\frac{4}{12}$.
Largeur du champ, o lignes $\frac{11}{12}$.

Le trou du balancier a une ligne de diamètre ; son centre, ainsi que l'affiète de l'axe, a deux lignes de diamètre.

L'axe du balancier a o lignes $\frac{24}{48}$ de diamètre.

La virole de spiral, a 1 ligne $\frac{4}{12}$ de diamètre.

Le spiral fait six tours ; son diamètre est de 4 lignes $\frac{8}{12}$.

Sa largeur, o lignes $\frac{20}{48}$; son épaisseur, o lignes $\frac{8}{205}$.

L'arc total, décrit par le balancier, est 420 degrés ; demi-arc, 210 degrés.

La lame composée a 20 lignes de longueur ; sa largeur, 2 lignes au bout fixé au pont ; au bout mobile, portant la la vis, 1 ligne $\frac{1}{3}$.

L'épaisseur de l'acier de la lame, o lignes $\frac{7}{48}$; le cuivre de la même épaisseur, $\frac{7}{48}$.

La lame composée n'a qu'un rang de rivets, percés au milieu de la largeur ; ces rivets sont distants entr'eux de o lignes $\frac{8}{12}$; la grosseur des rivets, o lignes $\frac{8}{48}$, ou 8 degrés du compas à pivots.

La lame d'acier est trempée & revenue bleue ; le cuivre bien écrouï.

Le piton de spiral est d'acier trempé revenu bleu ; sa longueur est de 3 lignes, sa largeur, 2 lignes ; l'épaisseur de la patte $\frac{13}{48}$; hauteur de la mâchoire, 1 ligne $\frac{1}{12}$; sa largeur, o lignes $\frac{13}{12}$; le piton porte quatre vis taraudées à la patte pour servir à le caler.

LE MOTEUR.

83. Le barillet a 10 lignes $\frac{9}{12}$ de diamètre, en dehors de la virole ; sa hauteur est de 5 lignes $\frac{1}{2}$, pivots, arbre de barillet, 1 ligne de diamètre.

Le ressort a deux pieds quatre pouces de longueur ; sa largeur est de 4 lignes $\frac{1}{2}$.

Il fait sept tours $\frac{1}{4}$, & il fait équilibre à vingt onces, à la circonférence du barillet.

La fusée a 8 lignes $\frac{1}{4}$ de diamètre ; sa hauteur est de 3 lignes.

La fuſée a ſept tours ¼ de chaîne ; l'encliquetage eſt logé dans la fuſée ; le rochet de fuſée a trente dents , & 4 lignes $\frac{9}{12}$ de diamètre.

La groſſeur du trou de la fuſée eſt de 2 lignes.

Le reſſort moteur ayant demi-tour de bande ; il fait équi-libre à quatorze gros du levier à meſurer la force des reſſorts placé ſur le quarré de fuſée.

Le barillet a trois tours ¼ de chaîne , ainſi il reſte trois tours de vuide après que la fuſée eſt remontée.

Dimenſions des pivots de la Montre Verticale , N° 46.

84. Pivots de la roue de fuſée , 1 ligne de diamètre.
Roue de minutes, o lignes $\frac{14}{48}$.
Roue moyenne , o lignes $\frac{8}{48}$.
Roue de ſecondes , o lignes $\frac{5}{48}$.
Roue d'échappement , o lignes $\frac{3}{48}$.
De la détente d'échappement , o lignes $\frac{3}{48}$.

Des rouleaux , o lignes $3\frac{1}{2}\frac{}{48}$.

Du balancier , celui qui tourne entre les rouleaux, o lig. $\frac{11}{48}$.
Celui qui tourne dans le trou du pont , o lignes $\frac{3}{48}$.
Du pince-ſpiral , o lignes $\frac{4}{48}$.

Montre à Longitude horiſontale.

85. La première deſtination de la Montre dont je viens de donner la deſcription , a été de la rendre verticale ; mais le même plan & les mêmes dimenſions peuvent être employés à la conſtruction d'une Montre horiſontale , & c'eſt pour remplir ce but que j'ai deſſiné & fait graver la ſuſpenſion , dont je donnerai ci-après la deſcription, & les meſures ſont données exactement d'après la grandeur de la Montre.

86. L'objet que j'ai en vue dans cette ſeconde diſpoſi-tion , c'eſt 1° que la Montre étant horiſontale , elle ſera

moins fufceptible des agitations du vaiffeau ; 2° c'eft qu'en
pratiquant une ouverture au tambour , comme je le fais à
toutes les Horloges horifontales , on peut obferver l'étendue des arcs décrits par le balancier , & par conféquent faire
ufage de la table des arcs *(Supplément , n° 14)*.

87. Je dois obferver ici que pour employer le mouvement , décrit ci-devant , il n'y a aucun changement à faire
ni à fa conftruction , ni à fa difpofition ; mais il feroit dans
ce cas néceffaire de placer un coqueret d'acier fous le pivot de
la roue de fecondes : fous celui de la roue d'échappement ,
fous celui de la détente d'échappement & fous celui du
pince-fpiral ; & il faudroit également au lieu du rubis , placé
fous le pont du pince-fpiral, employer un diamant pour recevoir le bout inférieur de l'axe de balancier.

88. La Montre , placée de cette maniere fur une fufpenfion horifontale , peut également fervir à terre , étant placée fur le bureau ou table de l'obfervateur.

*Defcription de la Sufpenfion horifontale deftinée au mouve-
ment d'une Montre , fait fur le Plan repréfenté, Planche I,
figures 1, 2, 3.*

Planche II.

89. La *figure* 1, Planche II, repréfente la fufpenfion de
la Montre horifontale , vue en profil, & la *figure* 2 , la même
fufpenfion vue en plan géométral.

90. *A A , fig.* 1, eft le pied formé par une plaque de cuivre
ronde, portant en-deffous trois boules 1, 2, 3 ; fur le pied. *A A*
eft fixé le demi-cercle ou croiffant *B C D* : la partie ou bafe
C de ce demi-cercle eft attachée au pied par deux vis placées
fous la plaque *A* , & taraudées vers *C* ; fur le fommet des
bras *B* & *D* du demi-cercle, font formés à chacun une rainure ou *gouttière* dans lefquelles roulent deux pivots portés
par les axes fixés au cercle *E F* : ce cercle de fufpenfion
eft vu en plan , *fig.* 2 ; il eft divifé en quatre parties égales:

deux de ces parties *a b* portent les pivots dont je viens de parler & roulent dans les gouttières du support ou croissant *B D*. Les deux autres parties, placées à angle droit de *a b*, forment des rainures ou gouttières pour recevoir les pivots *c d*. Ces pivots sont formés sur les axes fixés à vis, & diamètralement opposés sur le tambour *G H*, qui contient le mouvement de la Montre.

91. Le tambour peut donc se mouvoir autour des axes à pivots *c d*, selon le plan des supports *B D* du demi-cercle; & ce mouvement, qui est le plus borné, doit répondre à celui du *tangage* du vaisseau: & pendant ce mouvement, le cercle de suspension peut aussi se mouvoir dans un plan perpendiculaire au premier en tournant sur les pivots ou axes *a b*: ce second mouvement répond à celui du *roulis* du vaisseau. Ce sont ces deux mouvemens combinés qui forment la suspension de la Montre, & au moyen de laquelle le plan des cadrans *I, K, L*, conserve toujours la position horisontale.

92. *M N*, *fig.* 2, représente la lunette qui porte le verre courbé ou *cristal*, porté par la *batte*, à laquelle la platine-cadran *O P* est attachée par trois vis; la batte est elle-même fixée au tambour par trois vis.

I est le cadran des heures, *K* celui des minutes, & *L* celui des secondes.

Q est la calotte qui recouvre le pont du pivot supérieur du balancier; *R* le quarré de fusée; *S* l'encliquetage du barillet.

V la détente d'arrêt du balancier.

Les axes *a b* entrent à vis sur le cercle de suspension, & les axes *c d* sur le tambour.

Pour transporter la Montre par terre, il faut suspendre l'effet de la suspension. Pour cet effet, il faut placer une vis sous la plaque *A B* ou pied à son centre, cette vis entrera dans un trou fait au fond du tambour à son centre.

CHAPITRE II.

De la Montre à Longitude portative, N° 47.

93. AVANT de donner la defcription de la Montre qui fait l'objet de ce Chapitre, il eft néceffaire d'expliquer ce que j'entends par Montre portative, & l'ufage auquel je deftine cette Machine, afin que l'on ne penfe pas qu'il eft ici queftion d'une Montre de poche (a), & comme telle éprouve toues fortes de mouvemens & de pofitions; & ce n'eft nullement fa deftination. (*Voyez Supplément*, Introduction, les motifs qui me déterminent à ne pas adopter les Montres de poche pour l'ufage dans la Navigation).

94. La Montre à Longitude portative qui m'occupe en ce moment, doit conferver, autant qu'il eft poffible, la pofition verticale, foit qu'elle foit à terre ou qu'elle foit placée dans le vaiffeau (*Supplément*, n° 951). Cependant l'obfervateur pourra la porter avec précaution dans fa poche, foit qu'il veuille fe fervir de cette Montre pour aller fur le pont du bâtiment prendre des hauteurs pour en conclure la longitude, ou pour aller à terre faire des obfervations; mais elle n'eft pas conftruite pour la porter habituellement comme une Montre de poche, quoiqu'elle réuniffe les mêmes propriétés: enfin étant à terre cette Montre peut fervir d'Horloge aftronomique en l'accrochant verticalement à un clou; mais dans tous les cas appuyée & fixée de manière que le mouvement de vibration du balancier ne puiffe imprimer fon action à la boîte & la faire ofciller.

C'eft pour remplir les différens ufages que je viens d'énoncer que la boîte de cette Montre a la même forme que celles

(a) Une Montre de poche ne peut pas avoir un régulateur fi puiffant, le balancier doit être encore plus petit & plus léger; elle doit être réglée rigoureufement dans toutes les pofitions, &c.

des Montres de poche. Dans le n° 47 la platine-cadran est attachée par quatre vis sur le rebord pratiqué à la batte de la boîte.

95. La Montre portative verticale, d'après ce qui précède, ne diffère de la Montre verticale, décrite dans le Chapitre précédent ; 1° que parce que la Montre portative n'a pas de suspension, & que sa boîte est de la forme ordinaire ; 2° que le mouvement a moins de hauteur.

96. 3° Que le balancier ou régulateur en est plus petit & plus léger, afin d'être moins susceptible des agitations qu'elle peut éprouver lorsqu'on la porte dans sa poche, & au moment de la faire servir aux observations pour lesquelles elle est destinée.

97. 4° Le balancier de la Montre portative doit battre un plus grand nombre de vibrations.

98. 5° Dans les Montres qui sont maintenues constamment dans une même position horisontale ou verticale par une suspension, il suffit que le balancier soit mis parfaitement d'équilibre pour que l'on soit assuré que de très-petits changemens de position ne puissent affecter la marche de la Montre ; mais lorsque la montre n'a pas de suspension, & qu'elle est destinée à pouvoir être portée dans la poche, il est alors indispensable de régler la Montre par diverses positions ; ainsi dans la Montre portative, n° 47, il faudra, comme je l'ai fait dans ma première Montre à longitude, placer des petites masses à la circonférence du balancier. (Voy. *Supplément*, n° 295, 351, 642).

Construction de la Montre à Longitude portative.

99. Le balancier de la Montre portative fait six vibrations par seconde, = 360 vibrations par minute, = 21600 vibrationt par heure ; son diamètre est de 12 lignes.

100. L'échappement à vibrations libres, le même décrit dans le Chapitre précédent.

101. Dans ma première Montre à Longitude portative, décrite, *Supplément*, n° 345, j'avois employé six rouleaux pour la réduction

des frottemens des pivots du balancier ; je n'emploie pas
ici cette difpofition, quoique plus avantageufe , parce que
le travail en devient trop confidérable : j'adopte au contraire la conftruction de l'Horloge n° 36, décrite n° 194
du *Supplément* : la même de la Montre verticale dont j'ai
donné la conftruction dans le Chapitre précédent : ici le
balancier n'a que trois rouleaux pour la réduction de fes
frottemens ; mais le pivot qui fupplée aux trois rouleaux
fupprimés, fe trouve fort éloigné du balancier, tandis que
le pivot qui tourne entre les rouleaux eft fort près du balancier ; en forte que le pivot qui tourne dans le trou du
pont ne fupporte que la quatrième ou cinquième partie
de la pefanteur du balancier. Pour donc obtenir dans la
Montre portative le même avantage , il faut néceffairement que le mouvement ait une certaine hauteur, & que le
balancier foit placé le plus près poffible du point de contact du pivot qui tourne entre les rouleaux , afin que les
rouleaux fupportent la plus grande partie de fon poids, &c.
Ainfi au lieu de placer, comme dans la Montre verticale
n° 46 , les rouleaux au milieu de la hauteur de la cage,
il faudra les porter plus près de la troifième platine ou du
balancier.

102. Pour éloigner le pivot de balancier qui roule dans
le pont le plus qu'il fe pourra du balancier, il faut que
ce pont paffe en dehors de la platine - cadran , & autant
que le permettra la courbure du verre, en ménageant feulement la place néceffaire pour placer fous le verre une calote pour recouvrir le pont & garantir le pivot de la pouffière ; cette calote pareille à celle *N* de la *fig.* 8 , Planche I.

103. Les bouts des pivots du balancier doivent rouler
fur des rubis comme dans la Montre verticale.

104. La conftruction de la Montre portative fera donc
la même que celle verticale n° 46 ; ainfi le profil de la
Montre eft le même quant à la difpofition ; il en différera
feulement par la hauteur qui doit être moindre ; ainfi la
cage du rouage de la Montre portative aura deux lignes

D

de moins en hauteur. Or pour conferver à la fufée la hauteur néceffaire, il faudra faire paffer la roue de minutes dans l'épaiffeur de la feconde platine qui fera percée en conféquence, & faire un pont porté par le dehors de cette feconde platine ; ce pont portera le pivot de minutes, celui de la roue moyenne & celui de fufée.

105. Pour donner à cette Montre une forme plus commode & en faciliter l'exécution, il faut donner un plus grand diamètre au rouage que je n'avois fait dans les premières Montres de cette efpèce ; & il faudra employer un verre courbé pour la lunette, & le fond de la boîte aura une courbure à peu près égale à celle du verre : ces courbures ferviront à donner $1°$ plus de longueur à l'axe de balancier pour porter, comme je l'ai dit ci-devant, le pivot plus loin du balancier pour égalifer les frottemens, ce qui eft abfolument néceffaire lorfque l'on n'emploie que trois rouleaux (Supplément, n° 294) ; $2°$ pour donner plus de longueur au quarré de fufée ; $3.°$ la courbure du fond de la boîte fervira à loger le pont du pince-fpiral ; mais pour placer également la lame compofée, il fera néceffaire de fendre la quatrième platine afin que la lame defcende jufqu'au-deffus du fpiral & du rouleau qui fe démonte ; car fi on plaçoit cette lame comme dans le profil, *fig.* 1, Planche I, la boîte deviendroit trop haute : on évitera cette difficulté en fendant la quatrième platine ; & pour conferver à cette platine toute la folidité néceffaire, on emploira un quatrième pilier.

106. Dans la difpofition que je viens d'indiquer pour la pofition de la lame compofée, la vis qu'elle porte pour agir fur la palette du pince-fpiral ne pourra pas être placée au milieu de la largeur de la lame, il faudra au contraire que cette lame foit un peu coudée vers le bout qui porte la vis afin que la lame étant logée plus bas la vis aille regagner l'élévation du milieu de la largeur de la palette. C'eft d'après ces obfervations préliminaires que j'ai tracé le plan de la Montre à longitude portative dont je vais donner la defcription.   (|

Defcription de la Montre à Longitude portative , N. 47.

PLANCHE II, *figures 3 & 4.*

107. La Montre portative eft compofée de quatre platines , deux grandes & deux petites , formant entr'elles trois cages, la première pour le rouage , la feconde pour le balancier, & la troifième cage pour les rouleaux , comme on le voit *fig.* 1 , Planche I.

108. Le profil de la Montre verticale n° 46 , repréfenté *fig.* 1 , Planche I , fervira également ici à la defcription de la Montre portative en indiquant les changemens néceffaires pour donner moins d'élévation au mouvement de la Montre portative ; car les deux Montres ne différent que par-là feulement & par le nombre des vibrations de leurs balanciers.

109. *A A, fig.* 1 Planche I , eft la première platine de cadran ; cette platine porte quatre piliers qui ont quatre lignes de hauteur , le diamètre de la platine eft de trente lignes, fon épaiffeur demi-ligne : *B B* eft la feconde platine qui avec la première *A A* forme la cage du rouage ; cette platine *B B* a vingt-huit lignes $\frac{1}{2}$ de diamètre , & demi-ligne d'épaiffeur.

110. La quatrième platine *C C* porte quatre piliers à double bafe fur lefquels fe place la platine *D D* pour former la cage des rouleaux , & les pivots de ces piliers s'affemblent avec la feconde platine *B B* du rouage pour former la cage du balancier : les deux platines *C C, D D* ont vingt-deux lignes de diamètre , & un peu moins de demi-ligne d'épaiffeur ; la hauteur de la cage des rouleaux doit être d'une ligne $\frac{1}{4}$, & celle du balancier une ligne $\frac{1}{4}$.

111. *F* eft la roue de fufée , *c* fon quarré ; elle porte à fon centre le pignon de renvoi des heures : *E* le rochet auxiliaire , & *X* fon cliquet : *N* la fufée , & *d* fon crochet, lequel doit être à fleur du dedans de la platine *BB*, à caufe

qu'ici la cage eſt plus baſſe ; & par la même raiſon la fuſée doit avoir un peu moins de hauteur.

112. La roue de minute *H* doit être par la même rai-ſon logée dans l'épaiſſeur de la platine *B B* : *f* eſt le pivot prolongé de la roue de minutes pour porter l'aiguille.

113. *G* eſt la roue des heures , *b* le pivot qui porte l'aiguille.

114. *I* eſt la roue moyenne , & *g* ſon pignon.

115. *K* la roue de ſecondes , *h* ſon pignon, *i* le pivot prolongé pour porter l'aiguille.

116. *L* la roue d'échappement, *l* ſon pignon : *Q* ſon pont.

117. *m* le cercle d'échappement , *n o* la détente d'é-chappement.

118. *MM* le balancier, *p m o* ſon axe : *P o* le pont du balancier , lequel doit être ſaillant en dehors de la platine-cadran , pour éloigner le pivot du balancier du balancier même.

119. 1 , 2 , 3 , ſont les rouleaux , & *p* le pivot du ba-lancier qui tourne entre ces trois rouleaux : *q* la virole de ſpiral fixée par une vis de preſſion ſur le bout de l'axe du balancier.

120. *s* , *t* , *x* eſt le pince-ſpiral dont les pivots roulent dans le double pont *Y V*.

121. *S T* eſt la lame compoſée dont le bout agit par la vis *z* qu'elle porte ſur la palette *y* du pince-ſpiral ; mais dans la Montre portative la lame compoſée doit être moins élevée que dans la *figure* 1 , Pl. I : le bord *T* doit affleurer avec le dedans de la platine *C C*, laquelle doit être fendue depuis ſon cen-tre vers *T* pour loger la lame.

122. Dans la *fig.* 1 de la Pl. I, on vient de voir l'élévation des pièces les plus importantes de la Montre , & dans les *figures* 3 & 4, Planche II , on verra la vraie poſition de toutes les parties de la Montre & leurs grandeurs.

123. *A A* , *fig.* 3, Pl. II, repréſente le dehors de la platine-cadran (ou du plan de la Montre) ; ſur cette platine ſont rivés les piliers 1, 2, 3, 4 : *B* eſt le barillet : *C* le rochet d'encliquetage du grand reſſort ; cet encliquetage eſt placé

au-dehors de la platine-cadran, de même que le cadran O des heures, celui M des minutes & celui S des secondes : G est la roue des heures, a le pignon porté par le centre de la roue de fusée F : E le rochet auxiliaire, & X son cliquet. Le pignon a mène la roue des heures : e est le pignon de minutes, H la roue de minutes, I la roue moyenne, & g son pignon : K la roue de secondes, & h son pignon : h D le pont de précaution pour garantir le pivot de cette Montre, lorsque l'on remonte le rouage : L la roue d'échappement, l son pignon, Ql le pont de cette roue ; mq le cercle d'échappement, on la détente d'échappement, T son pont : r le ressort de la détente, & t le ressort de la levée : f est le plot du garde-chaîne, fd la direction du garde-chaîne, d le crochet de fusée : Po le pont du pivot de balancier : 5, 6, 7, 8, les pivots des piliers à double base des cages du régulateur.

124. BB, *fig.* 4, Pl. II, représente le dehors de la seconde platine du rouage : 4, 5, 6, 7 sont les bouts des pivots des piliers de cette cage : CC la platine des-piliers de la double cage qui sert à loger le balancier & les rouleaux : MM le balancier : 1, 2, 3 les rouleaux : 8, 9, 10, 11 les piliers à double baze.

125. D la barette du rouleau n° 1 qui doit se démonter pour ôter le balancier portant son spiral : c, d, e, f l'ouverture fait à la platine CC des piliers pour loger le spiral, pour le passage du rouleau & pour loger la lame composée (n° 105).

126. RS est le pont de la lame composée, portant au bout S la mâchoire formée par une plaque & deux vis pour fixer le bout S de la lame : STy est la lame composée, dont la vis χ agit sur la palette y du pince-spiral : VY est le double pont qui porte le pince-spiral : ef est le ressort qui presse le pince-spiral contre la vis de la lame : E est le pont du piton : F le piton de spiral : gh le ressort virole qui sert à fixer le piton de spiral : ab le pont qui porte les trous des pivots de fusée de minute & moyenne ; & NN l'ouverture faite à la platine BB pour loger la roue de minute (n° 104).

Dimensions de la Montre Portative.

127. La roue de fusée fait un tour en quatre heures, elle a quatre-vingt dents & neuf lignes $\frac{9}{12}$ de diamètre ; elle engrène dans le pignon de minutes qui a vingt dents & deux lignes $\frac{6\frac{1}{2}}{12}$ de diamètre.

128. La roue de fusée porte à son centre le pignon de renvoi des heures ; ce pignon qui est en cuivre, a vingt-quatre dents & trois lignes de diamètre ; il est creusé dans son épaisseur pour loger la goutte qui retient la fusée.

129. La roue des heures a soixante-douze dents & huit lignes $\frac{5}{12}$ de diamètre.

130. La roue de minutes a quatre-vingt-seize dents & dix lignes de diamètre ; elle engrène dans le pignon de la roue moyenne : ce pignon a douze dents & une ligne $\frac{3\frac{3}{4}}{12}$ de diamètre.

131. La roue moyenne a quatre-vingt-dix dents , son diamètre neuf lignes $\frac{6}{12}$, engrène pignon douze de secondes , lequel a une une ligne $\frac{3\frac{3}{4}}{12}$ de diamètre.

132. La roue de secondes a cent vingt dents (1), son diamètre neuf lignes $\frac{5}{12}$, engrène dans le pignon 10 de la roue d'échappement.

(1) Si on vouloit que le balancier ne fît que cinq vibrations par seconde , la roue de secondes devroit dans ce cas n'avoir que cent dents , & le pignon d'échappement ayant dix dents , la roue d'échappement quinze dents , ce qui donne trois cent vibrations par minute , dix-huit mille par heure ; mais dans cette disposition on observera qu'avec l'échappement libre dont un battement de l'aiguille répond à deux vibrations du balancier , l'aiguille de secondes ne doit battre juste sur la division du cadran que de deux en deux secondes ; car en supposant l'aiguille d'accord au 60 du cadran, le premier battement de l'aiguille après 60 sera de $\frac{4}{5}$ de secondes, (puisqu'une vibration du balancier est de $\frac{1}{5}$ de seconde) ; le second battement répondra à $\frac{4}{5}$ de seconde ; le troisième a $\frac{6}{5} = 1$ seconde $\frac{1}{5}$; le quatrième battement répondra à $\frac{8}{5}$ = une seconde $\frac{3}{5}$. Enfin le cinquième battement de l'aiguille répondra à $\frac{10}{5}$ de seconde = deux secondes. L'observateur étant accoutumé à cette subdivision , peut s'en servir utilement pour juger la marche de la Montre par les fractions que donne l'aiguille.

133. La roue d'échappement a quinze dents & fept lignes de diamètre ; le cercle d'échappement deux lignes $\frac{1}{2}$ de diamètre.

134. Les roues doivent être plus minces que celles de la Montre verticale , à proportion de la diminution de force motrices ; j'ai donné (n° 78 & fuiv.) l'épaiffeur des roues de la Montre verticale.

Dimenfions des pivots.

135. Pivots de fufée, 1 ligne.

De minutes , o lignes $\frac{12}{48}$.

Moyenne , o lignes $\frac{8}{48}$.

Secondes , o lignes $\frac{5}{48}$.

D'échappement , o lignes $\frac{4}{48}$.

Des rouleaux , o lignes $\frac{3}{48}$.

Du balancier ,

Celui du pont , o lignes , $\frac{3}{48}$.

Celui qui tourne entre les rouleaux , o lignes $\frac{10}{48}$.

Du pince-fpiral , o lignes $\frac{4}{48}$.

136. La Montre à longitude portative , que je viens de décrire , pourra paroître à quelques perfonnes d'un trop grand volume ; mais j'ai cherché à conftruire une bonne Montre qui ne fût pas d'une exécution trop difficile ; cependant un artifte habile peut encore exécuter une bonne Montre en réduifant les dimenfions de n° 47. Celles de ma feconde Montre à longitude , repréfentée Planche III , *figure* 4 & *fig.* 5 , du *Supplément* , & décrite n° 369 & fuivans du même ouvrage , & ces deux Montres ont la même conftruction & ne diffèrent que par leurs dimenfions ; en forte que tous les détails que j'ai donnés pour la Montre portative, n° 47, font également applicables à ma deuxième Montre à longitude du Chapitre XIII, première Partie du *Supplément.*

137. Pour aider encore plus à faciliter l'intelligence

de cette Montre portative, je joins ici la copie de l'inftruction que j'ai envoyée à M. Martin mon Elève à Brest,
en même tems que le plan de la Montre.

Instruction sur l'exécution de la Montre à Longitude
portative, N° 47.

1 3 8. La platine-cadran sera faite de la grandeur juste
pour entrer sur la *batte* de la boîte, à laquelle elle sera
attachée par quatre vis ; cette platine a trente lignes de diamètre. La seconde platine sera de la grandeur du rebord
intérieur de la batte afin qu'elle y entre librement ; c'est à
peu de chose près la grandeur du plan ou vingt-huit
lignes de diamètre.

1 3 9. La construction de la Montre portative est absolument la même que celle de la Montre verticale, dont
elle diffère seulement en ce qu'elle est moins élevée & que
le balancier fait des vibrations plus promptes, (cinq vibrations par seconde).

1 4 0. L'échappement de la Montre portative sera le
même que celui de la Montre verticale ; mais la roue
n'aura que quinze dents, & son pignon sera de dix dents faites
à la main, & la roue de secondes sera de cent dents (1),
ce qui donne trois cent vibrations par minute, ou dix-
huit mille par heure.

1 4 1. Dans cette disposition des vibrations, l'aiguille de
secondes ne battera juste sur les divisions du cadran que de
deux en deux secondes, dans l'intervalle elle marquera
les fractions $\frac{2}{5}$ de secondes, $\frac{4}{5}$, $\frac{6}{5}$, $\frac{8}{5}$, & enfin le battement de la deuxième seconde tombera juste sur la division ;
j'adopte cette disposition dans ma Montre, parce que quatre vibrations par secondes sont trop lentes pour une Montre

_____

(1) Les autres roues & les autres pignons de la Montre seront des mêmes nombres
que dans la Montre verticale ; les roues devront être plus minces & plus légères
que celles de la Montre verticale.

portative,

portative , ce qui l'expofe à être dérangée par les agitations ; & les vibrations, fix par fecondes, font trop promptes & augmente trop les frottemens fur-tout ceux de l'é-
chappement.

Elévation du rouage de la Montre Portative , N.° 47.

142. Le mouvement fera compofé de quatre platines ,
deux grandes & deux petites , formant entr'elles trois cages , comme dans la Montre verticale ; la premiere cage ,
pour le rouage , aura quatre piliers ayant jufte quatre lignes
de hauteur ; la cage du balancier aura une ligne $\frac{1}{4}$ de
hauteur ; la cage des rouleaux aura une ligne $\frac{3}{4}$ de hauteur ; les deux petites cages du balancier & des rouleaux
feront formées par quatre piliers à double bafe qui s'affem-
bleront à l'ordinaire avec la feconde grande platine.

143. Il faudra faire des noyures aux platines de la cage
des rouleaux , afin de donner plus de longueur aux axes des
rouleaux ; le rouleau fupérieur ou n° 1 fe démontera
comme dans la Montre verticale au moyen du paffage
fait à la platine.

144. Il faudra placer le balancier le plus près poffible
du point des contacts du pivot qui tourne entre les rouleaux , afin que les rouleaux fupportent la plus grande
partie de fon poids. Pour cet effet , au lieu de placer ,
comme dans la Montre verticale , les rouleaux au milieu de
la hauteur de la cage , il faudra les porter plus près de la
platine du côté du balancier , pour éloigner le pivot de
balancier qui roule dans le pont le plus qu'il fe pourra du
balancier ; il faut que ce pont paffe en-dehors de la platine-cadran autant que le permettra la courbure du cryftal ,
en ménageant feulement la place néceffaire pour placer la
calotte qui doit recouvrir le pont pour garantir le pivot de
la pouffière.

145. Le quarré de fufée doit de même aller tout près

E

du cryftal, & par conféquent lui donner toute la longueur qu'il peut avoir ; les bouts des pivots du balancier doivent rouler fur des rubis, comme cela a été fait dans la Montre verticale.

146. Pour conferver à la fufée le plus de hauteur qu'il fe pourra, il faudra que le crochet de fufée foit à fleur du dedans de la feconde platine ; mais pour cet effet, il faut que la roue de minute foit logée dans l'épaiffeur de la feconde platine qui fera percée en conféquence ; cette platine portera en-dehors un pont tel qu'il eft tracé fur le plan. Ce pont portera le trou du pivot de minutes, celui de la roue moyenne & celui de fufée.

147. Dans la Montre verticale la lame de compenfation eft placée en-dehors de la quatrième platine, & de forte que cela élève trop le mouvement dans la Montre portative ; il faudra que cette lame foit placée en partie dans l'épaiffeur de la quatrième platine qui fera fendue à cet effet, & pour conferver à cette platine toute la folidité, j'ai ajouté le quatrième pilier, & j'ai placé deux des quatre piliers fort près de la fente de la platine : le plan en indiquera la pofition.

148. La lame compofée aura une ligne $\frac{1}{7}$ de largeur, & allant un peu en pointe, en forte que le bout qui porte la vis ait un peu plus d'une ligne.

149. L'épaiffeur de l'acier de la lame fera de $\frac{6}{48}$, & le cuivre de la même épaiffeur que l'acier.

150. Dans la difpofition que je viens d'indiquer pour la pofition de la lame compofée, la vis qu'elle porte pour agir fur la palette du pince-fpiral ne pourra pas être placée au milieu de la largeur de la lame, il faudra au contraire que cette lame foit un peu coudée vers le bout de la vis afin qu'elle aille regagner la palette.

151. Le pince-fpiral fera fait d'une feule pièce qui formera la palette & le quarré de la boîte : & la palette devra être à la même hauteur du deffous du quarré, afin d'ap-

procher le plus près qu'il se pourra du pont du pince-spiral ;
par ce moyen on aura moins besoin de *descendre* la vis de la
lame de compensation de la maniere expliquée ci-dessus.

152. Le pont de la lame composée devra aller jusqu'au
fond de la boîte ; & pour perdre moins de hauteur, il faudra que la vis de la mâchoire de la lame composée mise au
bout du pont soit très-petite & ait aussi une petite tête ;
l'autre vis de la mâchoire pourra être plus forte, afin de
rendre la pression qui fixe le bout de la lame plus sûre.

153. C'est d'après l'élévation du pont de la lame composée, réglée comme je viens de le dire, par la boîte , que l'on
déterminera la forme de la lame pour que la vis aille agir sur la
palette du pince-spiral ; & comme la boîte a dix lignes $\frac{1}{2}$ de
profondeur à l'endroit où répond le pont de la lame , on
n'aura pas , je pense, besoin de couder la lame , en sorte que
la vis portée par la lame correspondra tout naturellement
ou à peu près à la hauteur où elle doit agir sur la palette ;
& pour cet effet , la virole du spiral doit être courte &
approcher tout contre les rouleaux.

154. Le pont du pince-spiral devra être plus élevé que celui
de la lame composée , & autant que le permettra la courbure
du fond de la boîte , laquelle est plus profonde à l'endroit
où ce pont est placé qu'elle ne l'est vis-à-vis le pont de la
lame composée.

155. Les cadrans de la Montre portative seront faits
en argent comme ceux de la Montre verticale , & ils devront être ajustés de la même maniere par des pieds aussi
en argent rivés sur les cadrans & goupillés en dedans de
la platine ; mais il sera sûrement nécessaire de faire des
noyures en dedans la platine pour loger les goupilles du cadran des heures, afin que les pieds soient à fleur de la
platine , autrement les pieds toucheroient à la roue des
heures.

156. Quant aux deux autres cadrans ils seront goupillés à l'ordinaire à fleur de la platine , parce que rien n'approche assez de ces pieds pour devoir y nuire.

157. L'encliquetage de fusée sera logé dans la fusée, & la goutte qui retient la roue de fusée sera logée dans l'épaisseur du pignon de renvoi comme cela a été fait pour la Montre verticale : on peut aussi faire une noyure en dedans de la platine-cadran , pour obtenir plus de place à la goutte & mettre une tetine rivée pour le trou du pivot de fusée.

158. Le balancier aura douze lignes de diamètre , il devra peser environ 40 grains ; je dis environ, par les raisons suivantes.

159. Le ressort-moteur tirera quatorze gros du levier, c'est-à-dire une once $\frac{3}{4}$ comme celui de la Montre verticale, & il restera encore assez de vuide au haut du ressort.

160. Le barillet doit être fait avec du cuivre épais, bien durci de la même maniere que celui d'une Montre ; le rebord qui soutient la chaîne doit être mince , afin que la chaîne puisse descendre jusqu'à la hauteur du crochet de fusée.

161. Quoique le balancier de la Montre portative doive avoir une force de mouvement plus petite que celle du balancier de la Montre verticale n° 46 ; je suppose que la force motrice sera la même , parce que le balancier de la Montre portative faisant des vibrations plus promptes , exigera plus de force motrice à proportion de l'augmentation de sa vîtesse.

162. Pour donner plus de hauteur au barillet & obtenir une surabondance de force motrice , afin que le ressort ne soit pas dans un état forcé ; il seroit convenable de faire des noyures aux deux platines du rouage & à moitié de leur épaisseur : par ce moyen le barillet seroit un peu plus haut que la cage.

163. Je dois ici faire une observation à laquelle il est important d'avoir attention , c'est que dans les Horloges à longitudes, de grandeur ordinaire, comme n° 46, 45 , &c. je règle & détermine toujours absolument toutes les dimensions du régulateur , c'est-à-dire, le diamètre du balancier ;

sa pesanteur, l'étendue de ses oscillations, la force du spiral, &c ; & c'est d'après ces données que j'établis la force
motrice. (D'ailleurs à peu près réglée d'avance); & cela est
toujours facile lorsque l'on n'est pas borné pour les dimensions du barillet ; mais dans une Montre dont le volume
est borné comme il l'est ici dans celle portative : il est
nécessaire de régler & de fixer premièrement la force
motrice ; & c'est d'après cette force donnée que l'on doit
partir pour déterminer la pesanteur du balancier & la force du ressort-spiral ; & il faut encore que cette
pesanteur du balancier & la force du ressort-spiral soient
données d'après l'étendue des arcs que le balancier doit
décrire, condition qui dépend encore de la quantité de force
motrice.

164. Quant à la quantité d'étendue des arcs décrits
par le balancier, il est prouvé qu'il est avantageux de
faire décrire au balancier les plus grands arcs possibles ;
1° parce que l'on parvient plus facilement à l'isochronisme ;
2° parce que dans une Montre portative lorsque le balancier décrit de grands arcs, il est moins susceptible des agitations du *porté*.

165. Le balancier, d'après ce qui précède, devra décrire
des arcs de 420 degrés, arc total, ou le demi-arc de 210 degrés, c'est-à-dire 30 degrés au-dessus du demi-tour.

166. Le spiral sera nécessairement plus foible que celui
de la Montre verticale, ainsi il faudra le tenir un peu plus
étroit & aussi plus mince.

167. Le spiral devra avoir six tours au moins, car étant
plus long il en sera plus foible.

168. Le piton de spiral sera de la grandeur de celui
de la Montre verticale, on peut le tenir un peu plus mince
afin qu'il soit plus léger ; il sera fait en acier de même &
de la même disposition.

169. La boîte du pince-spiral sera faite en cuivre bien
durci, cela sera préférable à l'acier.

170. Tout ce qui conftitue le pince-fpiral, c'eft-à-dire fon quarré, la tige & la palette fera un peu plus petit que dans la Montre verticale, afin qu'il foit le plus léger poffible.

REMARQUE.

171. Lorfque l'on aura exécuté une premiere fois la montre portative d'après les règles dont je viens de donner les détails, il fera beaucoup plus facile d'en exécuter une feconde ; car alors toutes les dimenfions feront rigoureufement fixées ; enforte que la force motrice fera donnée, puifqu'en faifant un barillet de même hauteur, & le reffort ayant le même nombre de tours, on aura certainement la même force. Et fi d'ailleurs il y avoit quelque différence on la corrigeroit par le diamètre de la fufée, en tenant celle-ci plus grande, fi le levier marque moins de degrés ; ou plus petit, fi ce même levier en marquoit plus : la pefanteur du balancier feroit auffi la même, & le fpiral ayant même épaiffeur, largeur & nombre de tours que celui employé à la premiere Montre exécutée, on auroit auffi par-là la même étendue d'arcs décrits par le balancier dans la feconde Montre.

172. C'eft par ces confidérations que l'on fent la néceffité d'adopter une conftruction & d'en fuivre les dimenfions lorfque la machine remplit l'objet que l'on a en vue ; mais avant d'arriver à ce point défirable, j'avoue qu'il faut du tems, lors fur-tout que les obfervateurs qui doivent faire ufage des Montres à longitudes, contrarient les principes mêmes de vos recherches en afferviffant le volume & la forme de ces machines à leurs commodités ; c'eft fous ce point de vue que l'on doit confidérer les Montres portatives; j'efpère cependant qu'en cédant au goût de la plupart des navigateurs, on peut obtenir encore de très-bonnes machines, mais leur conftruction & l'exécution en eft beaucoup plus pénible.

Dimenſions des Pivots de la Montre à Longitude portative,
N° 47.

173. Pivots de fuſée, une ligne de diamètre.
De minutes, o lignes $\frac{12}{48}$.
Moyenne, o lignes $\frac{3}{48}$.
De ſecondes, o lignes $\frac{5}{48}$ ou $4\frac{1}{2}$.
D'échappement, o lignes $\frac{3}{48}$.
Des rouleaux, o lignes $\frac{3}{48}$.
Pince-ſpiral, o lignes $\frac{4}{48}$.

La Montre portative doit être réglée par diverſes poſitions.

174. **La** Montre portative n'ayant pas de ſuſpenſion &
étant deſtinée à pouvoir au beſoin être portée dans la poche,
il eſt néceſſaire qu'elle ſoit réglée par ſes diverſes poſitions
verticales & horiſontales. Pour cet effet, il faut placer à la
circonférence du balancier, dans l'épaiſſeur de ſon champ,
quatre petites maſſes ; ces maſſes ſeront placées à angle droit
l'une de l'autre : *(Voyez Supplément,* no 642), leſqu'elles pour-
ront ſe démonter, ſans démonter le balancier ; par ce
moyen, en rendant l'une ou l'autre de ces maſſes plus légère, ou
en eñ mettant de plus peſantes, on réglera la Montre
dans ſes poſitions.

De la Boîte, pour la Montre Portative.

175. **La** boîte de la Montre portative eſt, comme je
l'ai dit, de la forme ordinaire des Montres de poche,
& je l'ai fait exécuter en argent par un monteur de boîtes;
mais comme on ne trouve des ouvriers de cette eſpèce
que dans les grandes villes où on fabrique de l'Horlogerie,
on peut ſuppléer à cet obſtacle en faiſant les boîtes de
ces ſortes de Montres de la forme des tabatières rondes,

ou à peu près comme le tambour de la Montre verticale n° 46 , ou Planche I , *figures* 7 & 8. L'Artiste qui , étant placé dans un Port de mer , voudra entreprendre le travail des Montres à longitudes , pourra facilement faire exécuter , par un ouvrier ordinaire , la boîte de la Montre ; & sans secours étranger il pourra exécuter en entier toutes les parties des Montres à longitudes , au grand ressort près qu'il se procurera facilement en envoyant à Paris un barillet sur lequel il fera faire tout de suite le nombre de ressorts qu'il voudra , en limitant au faiseur de ressorts le nombre de tours que le ressort doit faire dans le barillet.

176. Quant à l'exécution de la boîte de la Montre , cette boîte sera composée d'une virole soudée à la soudure *forte* , comme celle des barillets de Pendule ; le fond de cette boîte sera rapporté à drageoir : ce fond sera convexe , de la forme d'un cryftal , si on le veut ; mais je préférerois le tenir plat , en donnant tout desuite à la virole toute la hauteur nécessaire pour loger le mouvement , sans avoir besoin de la courbure qui n'est faite que pour donner au pont du pince-spiral la hauteur dont il a besoin au-dessus du pont de la lame composée (n° 154).La batte & la lunette seront faites chacune avec une bande de cuivre en planche , & fondés ensuite, écroui & tourné sur un maudin de la forme convenable.

177. On peut se dispenser de faire une charnière à la lunette , mais l'attacher à la *batte* par deux vis. Pour cela il faut que la glace , portée par la lunette , soit percée d'un trou pour le passage de la clef , lorsque l'on remonte la Montre ; car d'ailleurs l'observateur n'a jamais besoin d'ouvrir la lunette , on évite par-là l'introduction de la poussière. Pour plus de facilité , il faut employer un verre plat ; & dans ce cas , il faut donner à la lunette la hauteur nécessaire pour loger le quarré de fusée & le pont du balancier ; & pour cela , il faut près de deux lignes d'intervalle entre le verre & le dehors de la platine-cadran. Le trou fait au verre de la boîte devra être recouvert par une petite plaque de cuivre pour garantir le mouvement de la poussière.

178.

178. Pour loger le mouvement de la Montre portative le tambour aura en dedans, depuis la batte onze lignes de profondeur. La lunette fera élevée de trois lignes en tout au plus ; enforte que la totalité de la boîte avec le fond du tambour fera de quinze lignes ou environ la moitié du diamètre du tambour. On fe rappellera qu'il n'eft pas ici queftion d'une Montre de poche, mais d'une petite Horloge à longitude, à l'ufage des Navigateurs, & qu'ils peuvent feulement, au befoin, porter dans la poche pour faire leurs obfervations, foit fur le pont du vaiffeau, ou foit à terre, (n° 94) ; par conféquent cette hauteur de la boîte ne leur paroîtra pas incommode.

179. L'anneau ou *pendant* de la boîte fera attaché par deux vis au haut du tambour ; le pendant portant pour cela une affiette à peu près pareille à celle de la fufpenfion verticale, vue Planche I, *figure 8*, mais qui fera plus petite.

180. Lorfque la Boîte fera exécutée felon l'idée que je viens d'en donner, il faudra en polir toutes les parties, enfuite on vernira cette boîte avec le vernis dit Anglais, dont on trouvera tous les procédés ci-après, à la fuite du Chapitre V, addition Article III.

CHAPITRE III.

Montre à Longitude horifontale, ayant une fufpenfion, le balancier faifant deux vibrations par fecondes.

181. Pour rendre les Horloges & les Montres à longitudes plus utiles à la navigation, j'ai toujours penfé qu'il étoit indifpenfable de placer deux de ces machines fur

F

chaque vaiſſeau , mais de combinaiſon différente (1) ; l'une
plus portative pour porter l'heure de la terre au vaiſſeau, &c.
c'eſt la deſtination des deux Montres que j'ai décrites dans
les Chapitres précédens ; & l'autre qui reſtant à demeure
dans le vaiſſeau , ſerve de régulateur ; c'eſt pour remplir
cette deſtination que j'ai conſtruit les deux Montres dont
je vais traiter dans ce Chapitre & le ſuivant.

182. Pour rendre les Montres de la premiere eſpèce
plus portatives , je leur ai donné la poſition verticale , parce
qu'elle eſt plus commode ; le balancier eſt , par les mêmes
motifs plus petit & plus léger , & fait des vibrations promptes. Pour obtenir des Montres de la ſeconde eſpèce une
plus grande régularité dans la marche , il faut que la poſition de ces machines ſoit horiſontale , que le régulateur ait
une plus grande puiſſance ; & pour réduire les frottemens
des pivots du balancier , il faut qu'il faſſe des vibrations
plus lentes ; (*Traité des Horloges marines* , nᵒˢ 824 & 825 :
Eſſai , nᵒ 1825.

*Conſtruction de la petite Horloge ou Montre à Longitude
horiſontale. Nᵒ 48.*

183. Le balancier de cette petite Horloge ou *Régulateur*
fera deux vibrations par ſeconde.

184. L'échappement ſera à vibrations libres, de la conſtruction décrite ci-devant (nᵒ 42), ainſi l'aiguille de ſecondes battra les ſecondes.

185. La compenſation des effets du chaud & du froid ſera
produite par une lame compoſée.

186. La poſition de cette Horloge ſera horiſontale ,
& portée par une ſuſpenſion pareille à celle décrite ci-devant
(nᵒ 89 & ſuiv.).

187. Le bout inférieur de l'axe de balancier qui

_____

(1) Introduction. Supplément , page ij.

doit être très-dur roulera fur une diamant rofe , parfaitement poli & bien plat.

188. Le pivot inférieur de l'axe de balancier tournera entre trois rouleaux.

189. Le pivot fupérieur de l'axe de balancier roulera dans le trou d'un pont, & il devra être autant éloigné qu'il fera poffible du balancier , afin d'égalifer les frottemens (*Suppl.* n° 294).Pour cet effet, ce pont devra paffer en dehors de la platine-cadran & aller jufqu'à la glace de la lunette , étant cependant recouvert par une calotte.

190. La platine du balancier devra être graduée en degrés du cercle, afin que le tambour étant percé vis-à-vis du midi des cadrans , on puiffe obferver l'étendue des arcs , & faire ufage de la table compofée des arcs & de la température (*Supplément* , n° 14 & fuiv.).

191. Dans cette petite Horloge dont le balancier a des vibrations lentes , la force motrice doit être très-petite ; ainfi il faut employer un petit barillet comme celui de n° 46. Or ce barillet ayant peu de hauteur, la fufée devra avoir un moindre nombre de tours de chaîne ; par conféquent la roue de fufée devra faire un tour en fix heures , ce qui n'exigera que cinq tours de chaîne pour que l'Horloge marche trente heures fans être remontée.

192. Cette petite Horloge fera compofée de quatre platines de même grandeur , formant enfemble trois cages comme dans la Montre verticale n° 46. (n° 23). La premiere cage contiendra le rouage , la feconde le balancier , & la troifieme les rouleaux.

Defcription de la Montre ou petite Horloge horifontale , N° 48 , à demi-fecondes.

193. *AA* Pl. II , *fig.* 5 , repréfente le dehors de la platine-cadran (ou le côté du plan) ; fur cette platine font rivés les piliers 1 , 2 , 3 , 4 : *B* eft le barillet : *C* le rochet

d'encliquetage du barillet ; cet encliquetage eſt placé en dehors de la platine des piliers , ainſi que le cadran *O* des heures , celui *M* des minutes , & celui *S* des ſecondes : *G* eſt la roue des heures : *a* le pignon porté par le centre de la roue de fuſée : *F* eſt la roue de fuſée : le pignon *a* conduit la roue des heures : *e* eſt le pignon de minutes : *H* la roue de minutes : *g* le pignon de la roue de moyenne *I* : *h* le pignon de ſecondes : *K* la roue de ſecondes : *l* le pignon de la roue d'échappement : *L* la roue d'échappement : *Q l* le pont de cette roue : *m* le cercle d'échappement : *n o* la détente d'échappement , & *T* ſon pont ; *r* ſon reſſort : *t* le reſſort de la levée ; *P o* le pont du pivot ſupérieur du balancier.

194. *f* eſt le plot du garde-chaîne , *f d* la direction du garde-chaîne : *v x* ſon reſſort : *d* le chochet de fuſée : *E* le rochet auxiliaire de la fuſée , & *X* ſon cliquet : *N* eſt le rochet d'encliquetage de la fuſée : *D h* le pont de précaution qui garantit le pivot de la roue de ſecondes : 5 , 6 , 7, les bouts des pivots de piliers des cages du balancier & des rouleaux.

195. *S r* repréſente la détente d'arrêt du balancier ; laquelle eſt fixée en dehors de la platine-cadran par une vis à portée ; cette détente qui tourne à frottement fort eſt formée par une cheville de cuivre , fixée ſur la pièce *S r* : cette cheville traverſe les deux platines du rouage pour aller appuyer ſur la circonférence du balancier.

196. *B B* , *fig. 6* , repréſente le dehors de la ſeconde platine du rouage : 4, 5, 6, 7, les bouts des pivots des piliers de la cage du rouage : *CC* eſt la quatrième platine ſur laquelle ſont rivés les trois piliers à double baſe 8, 9, 10 pour former la cage du balancier & celle des rouleaux : *M M* eſt le balancier : 1 , 2 , 3 , les rouleaux : le rouleau 1 eſt celui qui ſe démonte à travers l'ouverture *c, d, e, f* faite à la quatrième platine : *a , b* eſt la barette de ce rouleau , attachée à la platine par deux vis.

197. *E* eſt le pont recoudé en dedans de la cage pour porter le piton *F* du ſpiral.

198. *R S* eſt le pont à mâchoire qui ſert à fixer la lame de compenſation *S T z* : *z* eſt la vis portée par le bout mobile de la lame pour agir ſur la palette *y* du pince-ſpiral *x y*.

199. *V Y* eſt le double pont du pince-ſpiral.

Dimenſions de la petite Horloge horiſontale N° 48, à demi-ſecondes.

LES CAGES.

200. Les quatre platines qui forment les trois cages de l'Horloge auront chacune trente-trois lignes de diamètre.

La hauteur des piliers de la cage du rouage ſera de douze lignes.

La cage du balancier aura trois lignes $\frac{1}{2}$ de hauteur.

La cage des rouleaux aura trois lignes $\frac{1}{2}$ de hauteur.

LE ROUAGE.

201. La roue de fuſée a cent vingt dents & quatorze lignes $\frac{1}{2}$ de diamètre ; elle engrène dans le pignon de minutes qui a vingt dents & deux lignes $6\frac{1}{12}$ de diamètre ; la roue de fuſée fait donc un tour en ſix heures.

202. Le pignon de renvoi porté par le centre de la fuſée, a cinq lignes $\frac{2}{3}$ de diamètre & trente-huit dents. Ce pignon engrène dans la roue des heures, laquelle a ſoixante-ſeize dents & onze lignes de diamètre.

203. La roue de minutes a cent vingt-huit dents, ſon diamètre treize lignes $\frac{2}{12}$; elle engrène dans le pignon de ſeize dents de la roue moyenne. Ce pignon a une ligne $\frac{8}{12}$ de diamètre.

204. La roue moyenne a cent vingt dents & 12 lignes

$4\frac{1}{12}$ de diamètre ; elle engrène , dans le pignon seize de la roue de secondes ; le diamètre du pignon est d'une ligne $\frac{8}{11}$.

205. La roue de secondes a quatre-vingt-seize dents & dix lignes de diamètre ; elle engrène dans le pignon de la roue d'échappement. Ce pignon a seize dents & une ligne $\frac{8}{12}$ de diamètre.

206. La roue d'échappement a dix dents & six lignes de diamètre.

207. Le barillet a onze lignes $\frac{1}{2}$ de diamètre ; sa hauteur est de cinq lignes $\frac{1}{4}$.

Le Régulateur.

208. Le balancier a vingt-quatre lignes de diamètre , & pèse cent quatre-vingt grains.

209. Le spiral est de même force que celui de n° 36 ; voyez *(Supplément , n° 32).*

210. Les rouleaux ont quatorze lignes de diamètre.

211. La lame composée a dix-neuf lignes $\frac{1}{2}$ de longueur; largeur au bout fixe cinq lignes , à l'autre deux lignes $\frac{1}{2}$; elle a deux rangs de rivets, épaisseur de l'acier $\frac{7}{48}$, du cuivre $\frac{7}{48}$.

Dimensions des Pivots.

212. Pivots de fusée , 1 ligne $\frac{1}{12}$.
De minutes , 0 lignes $\frac{14}{48}$.
Moyenne , 0 lignes $\frac{10}{48}$.
De secondes , 0 lignes $\frac{7}{48}$.
D'échappement , 0 lignes $\frac{5}{48}$.
Détente d'échappement , 0 lignes $\frac{4}{48}$.
Des rouleaux , 0 lignes $\frac{5}{48}$.
Du balancier, celui des rouleaux , 0 lignes $\frac{12}{48}$.
Du pont , 0 lignes $\frac{4}{48}$
Du pince-spiral , 0 lignes $\frac{4}{48}$.

CHAPITRE IV.

Montre à Longitude, à suspension & horisontale, le balancier battant quatre vibrations par seconde, ou N° 45 réduite.

213. La disposition ou construction de l'Horloge n° 45, ne diffère de celle que j'ai décrit dans le Chapitre III, que par le nombre des vibrations du balancier, je dois donc me dispenser de répéter tous les détails de sa construction, d'autant plus que je dois donner dans le Chapitre V tous les procédés d'exécution de cette machine, N° 45, ce qui comprendra également toutes ses dimensions : je me bornerai donc ici à donner la description abrégée de cette petite Horloge.

214. L'échappement de cette petite Horloge, est le même décrit ci-devant (n° 42 & suiv.).

215. La suspension est la même décrite ci-devant (n° 89).

Description de la petite Horloge ou Montre à Longitude, N° 45.

216. *A A*, Planche II, *figure* 7, représente le dehors de la platine-cadran ; sur cette platine sont rivés les piliers 1, 2, 3, 4 : *B* est le barillet : *C* le rochet d'encliquetage du grand ressort ; cet encliquetage est placé au dehors de la platine des piliers, ainsi que le cadran *O* des heures, celui *M* des minutes, & celui *S* des secondes : *G* est la roue des heures : *a* le pignon porté par le centre de la roue de fusée *F* ; ce pignon mène la roue des heures : *e* est le pignon de minutes : *I* la roue moyenne, & *g* son pignon : *K* la roue de secondes, & *h* son pignon : *L* la roue d'é-

chappement , & *l* fon pignon : *Q l* le pont de cette roue: *m q* le cercle d'échappement : *o n* la détente d'échappement, *T* fon pont : *r* le reſſort de la détente : *t* le reſſort de la levée d'échappement : *P o* eſt le pont du pivot ſupérieur du ba-lancier : *f* eſt le plot du garde-chaîne : *f d* la direction du garde-chaîne , *v x* ſon reſſort ; *d* le crochet de fuſée : *E* le rochet du reſſort auxiliaire , & *X* ſon cliquet : *N* le rochet d'encliquetage de la fuſée : 5, 6, 7 les pivots des piliers à double baſe des cages de balancier & des rouleaux.

217. *B B, fig.* 8, repréſente le dehors de la ſeconde platine du rouage : 4, 5, 6, 7, ſont les pivots de la cage du rouage : *C C* la platine des piliers de la double cage des rouleaux & du balancier : *M M* eſt le balancier ; 1, 2, 3 , les rouleaux : 8, 9, 10, les piliers à double baſe.

218. *R S* repréſente le pont de la lame compoſée : *S T* eſt cette lame portant la vis *z*, qui agit ſur la palette *y* du pince-ſpiral *x y* : *V Y* eſt le pont du pince-ſpiral ; *E* le pont du piton : *F* le piton.

219. *a b* le reſſort-virole de preſſion du piton.

220. Le mouvement de cette Horloge doit être placé ſur la ſuſpenſion repréſentée Planche II, *figures* 1 & 2.

CHAPITRE V.

Abrégé des opérations de Main-d'œuvre pour l'exécution des petites Horloges à Longitude , N°s 45 & 46, conſtruites d'après N° 36.

221. **P**OUR exécuter avec ſûreté & préciſion une Hor-loge à Longitude , il eſt néceſſaire que l'Artiſte qui voudra tenter ce travail ſoit inſtruit des principes qui ont ſervi de

baſe

bafe à la compofition de cette Machine ; qu'il connoiffe bien la conftruction de l'Horloge, enfin qu'il ait un plan bien fait de l'Horloge, & de fes dimenfions. Suppofons ces diverfes connoiffances acquifes, & que l'Horloge que l'Artifte fe propofe d'exécuter foit celle N° 45, décrite ci-devant, Chapitre IV, (n° 213 & fuiv.), & repréfentée Planche II, *figures* 7 & 8.

222. La théorie & les principes de conftruction des Horloges marines font établis avec beaucoup d'étendue dans la première Partie du Traité des Horloges marines, auquel je renvoie ; on doit également confulter le Supplément au *Traité des Horloges Marines*, & particulèrement le Chapitre IX, première partie, n° 227, qui traite des principes de conftruction des petites Horloges à Longitudes portatives ; & enfin le Chapitre XI, première Partie qui contient la defcription & les dimenfions de la petite Horloge n° 36. Je me borne donc ici donner les dimenfions de la petite Horloge n° 45, & à traiter des opérations de main-d'œuvre de cette Machine.

223. La petite Horloge n° 45 eft le reffort réglé par une fufée, elle eft horifontale ; le balancier fait 4 vibrations par fecondes, = 14400 par heures ; la compenfation eft produite par une lame compofé ; le fpiral eft trempée, plié ifochrône, l'échappement libre ; la palette moblile fur l'axe de la détente d'échappement ; l'Horloge eft portée par une fufpenfion ; l'axe du balancier tourne entre trois rouleaux, difpofés comme dans le n° 36, *Supplément*, n° 294.

224. La pointe inférieure de l'axe de balancier roule fur un diamant rofe, parfaitement plan & poli ; cette pointe doit être confervée la plus dure qu'il eft poffible.

Le bout des pivots inférieurs de la roue de fecondes, celui de la roue d'échappement, celui de la détente d'échappement, & les pivots du pince-fpiral roulent fur des coquerets d'acier fort dur. On fera donc des noyures dans l'épaiffeur de la feconde platine pour les roues de fecondes, d'échappement & de la détente, afin d'y faire defcendre les portées des pivots, qui fans cela deviendroient trop longs.

G

Tous les autres pivots de l'Horloge rouleront sur leurs portées.

Dimensions de toutes les parties de l'Horloge.

DES CAGES DE L'HORLOGE.

226. Les platines ont 32 lignes $\frac{1}{2}$ de diamètre, & $\frac{1}{2}$ lig. d'épaisseur.

227. Les piliers du rouage ont 10 lignes de hauteur.

228. La cage du balancier doit avoir 3 lignes de haut. Celle des rouleaux, 3 lignes.

229. Ces deux cages sont formées par trois piliers à double base, dont la hauteur est de 6 lignes $\frac{1}{2}$, à cause de l'épaisseur de la troisième platine ; reste donc 3 lignes pour la hauteur de chaque cage.

Dimensions du Rouage.

230. La roue de fusée a quatre-vingt dents ; son diamètre 12 lignes $\frac{9}{12}$, engrène dans le pignon de minutes, lequel a vingt dents & 3 lignes $3\frac{1}{12}$ de diamètre ; épaisseur de la roue $\frac{2\cdot8}{12}$ lignes.

231. Le pignon de renvoi des heures, porté par la roue de fusée, a vingt-quatre dents, son diamètre 4 lignes $\frac{1}{12}$.

232. La roue des heures a soixante-douze dents ; son diamètre 11 lignes $\frac{7}{12}$, épaisseur $\frac{14}{14}$.

233. La roue de minute a cent vingt-huit dents, son diamètre 13 lignes $\frac{4}{12}$, épaisseur $\frac{14}{14}$; elle engrène dans le pignon de roue moyenne, lequel a seize dents & une ligne $\frac{4}{12}$ de diamètre.

234. La roue moyenne a cent vingt dents, son diamètre 12 lignes $4\frac{1}{12}$, épaisseur $\frac{12}{12}$, engrène dans le pignon 16 de la roue de secondes ; ce pignon a une lig. $\frac{4}{12}$ de diamètre.

235. La roue de se secondes a cent vingt dents, son diamètre 12 lignes $4\frac{1}{2}$, épaisseur $\frac{6}{24}$; engrène dans le pignon 16 de la roue d'échappement; ce pignon a une ligne $\frac{9}{12}$ de diamètre.

236. La roue d'échappement a seize dents & 8 lignes de diamètre, son épaisseur $\frac{7}{48}$.

237. Le rochet auxiliaire de la fusée a 12 lignes de diamètre & soixante-douze dents, épaisseur $\frac{11}{48}$.

238. Le rochet d'encliquetage de la fusée a quarante-une dents, son diamètre 9 lignes, épaisseur $\frac{1}{4}$ ligne.

239. Le rochet d'encliquetage du barillet, a 5 lignes $\frac{1}{2}$ de diamètre & quinze dents.

Dimensions du Moteur.

240. Le barillet a 13 lignes de diamètre en dehors de la virole, sa hauteur 6 lignes $\frac{1}{2}$.

241. L'arbre du barillet a une ligne $\frac{9}{12}$; c'est la partie qui roule dans le trou du barillet, le pivot du quarré une ligne $\frac{5}{12}$.

242. Largeur du ressort moteur 5 lignes $\frac{7}{12}$, sa longueur deux pieds huit pouces; il fait huit tours, & tire deux onces $\frac{1}{4}$ du levier.

243. La fusée fait sept tours $\frac{1}{4}$, son diamètre à la base 10 lignes, & 5 lignes au sommet.

Dimensions du Régulateur.

244. Le balancier fait quatre vibrations par seconde, a 18 lignes de diamètre; il pèse soixante-douze grains, & décrit 150 d. demi-arc; le spiral a cinq pouces de longueur, largeur demi-ligne, il fait cinq tours; les rouleaux ont quatorze lignes de diamètre, & $\frac{3}{48}$ d'épaisseur.

G 2

Diamètre des Axes ou tiges, & des Pivots.

245. L'axe de fusée a une ligne $\frac{4}{12}$ de diamètre, ses pivots, une ligne $\frac{2}{12}$. ◆

Tige de minute, une ligne, ses pivots $\frac{16}{48}$.

De roue moyenne, o lignes $\frac{10}{12}$, ses pivots $\frac{12}{48}$.

Le tigeron sur lequel est chassé le pignon, a $7\frac{1}{12}$ lignes.

La tige de secondes, o lignes $\frac{8}{12}$, ses pivots $\frac{9}{48}$.

Tigeron du pignon $7\frac{1}{12}$.

La tige de la roue d'échappement, o lignes $\frac{6}{12}$, ses pivots $\frac{4}{48}$.

Ainsi la tige doit être diminuée après que le pignon est chassé, le trou du pignon ayant o lignes $7\frac{1}{12}$ de diamètre.

Des rouleaux, o lignes $\frac{6}{12}$ pivots $\frac{4}{48}$.

Grosseur des trous des Roues & Rouleaux.

246. Rochet de fusée, 2 lignes $\frac{1}{2}$.

    Rochet auxiliaire, 1 ligne $\frac{3}{12}$.

    Roue de fusée, 2 lignes $\frac{3}{12}$.

    Le trou du pignon de renvoi des heures, aura juste 2 lignes $\frac{1}{12}$.

    Le trou de la fusée doit avoir 2 lignes justes de diamètre.

    Le trou du balancier, 1 ligne.

    Le trou du cercle d'échappement aura $\frac{11}{12}$ de lignes.

    De minute, 1 ligne $\frac{11}{12}$.

    Moyenne, 1 ligne $\frac{7}{12}$.

    De secondes, 1 ligne $\frac{4}{12}$.

    D'échappement, 1 ligne

    Des heures, 1 ligne $\frac{11}{12}$.

    Des cadrans, 1 ligne $\frac{3}{12}$.

    Des rouleaux, 1 ligne.

Remarque.

Il est donc nécessaire d'avoir des arbres à vis dont les grosseurs soient faites sur les trous ci-dessus, & que les tasseaux soient aussi des grosseurs données, ou au moins que la roue qui doit entrer juste sur l'arbre à vis entre un peu à force sur le tasseau.

247. J'indiquerai ici tous les procédés de main-d'œuvre selon l'ordre qu'il faut suivre pour l'exécution de ces petites Horloges.

248. Deux objets essentiels doivent diriger l'Artiste dans l'exécution d'une machine ; *la perfection de la main-d'œuvre & la diligence dans les opérations.* Voyez *Traité des Horloges Marines*, n° 1152.

249. Les procédés de main-d'œuvre que je vais indiquer sont dictés sous les deux points de vue que je viens d'énoncer ; les moyens les plus sûrs pour la perfection & les plus courts pour y arriver, *Traité des Horloges Marines*, n° 1153.

Du Plan ou calibre de l'Horloge.

250. Le Plan d'une machine aussi importante que l'est une Horloge Marine, n'est autre chose que la composition ou l'invention même de cette Horloge. Or les régles qui ont servi à cette composition renferment toutes les connoissances de Méchanique, de Physique qui doivent en diriger la combinaison ; il est aisé de concevoir qu'il seroit fort long, d'établir des règles pour servir de base à la formation d'un tel plan, qui suppose d'ailleurs le génie de l'invention, lorsqu'il est question de nouvelles machines, & ce génie ne peut être véritablement utile que lorsqu'il est dirigé par la théorie. Voyez *Traité des Horloges Marines*, n° 1155.

251. Le plan des Horloges à Longitudes doit toujours être tracé sur une plaque de cuivre comme l'est celui de n° 45 &

& de n° 46. Les roues & les pignons font marqués par leurs véritables grandeurs & les engrènages mêmes indiqués auſſi exactement qu'il eſt poſſible.

252. J'ai également marqué ſur le Plan toutes les autres parties quelconques de la machine ; l'échappement, la compenſation, les ponts, leurs vis, les cadrans, &c. Ces poſitions étant une fois bien déterminées : on n'a qu'à les tranſporter ſur les cages de l'Horloge, en appliquant alternativement le plan ſur toutes les platines, à meſure qu'on a une pièce à placer ſur l'une d'elles, *Traité des Horloges*, n° 1157.

253. Pour tranſporter ſûrement & exactement dans les cages de l'Horloge les poſitions de toutes les pièces qui ſont marquées ſur le plan, je perce ſur ce plan les trous des *tenons* ou rapporteurs qui doivent ſervir à arrêter le plan ſur les platines, afin de pouvoir percer à chacune d'elles les trous des pièces qu'elles doivent porter ; & je perce ces trous des pieds à toutes les platines de la manière que je l'expliquerai ci-après, afin de pouvoir appliquer le plan ſur chacune de ces platines, pour y percer les trous des pièces qu'elles doivent porter ou aſſembler, *Traité des Horloges*, n° 1157.

Diviſion des opérations de main-d'œuvre dans les Horloges à Longitudes.

254. Pour remplir les deux objets eſſentiels de la main-d'œuvre, la perfection & la promptitude, il faut claſſer les différentes parties de l'exécution d'une machine ſelon qu'elles requièrent plus ou moins de délicateſſe, (*Traité Horl.* n° 1159) afin de ne pas placer entre des travaux rudes, des opérations délicates ; ainſi l'ordre naturel doit partager en quatre parties les opérations de main-d'œuvre d'une Horloge à Longitude, exécutée par le même Artiſte.

1°. L'ébauchage de toutes les parties de la machine.

2°. L'exécution de ces mêmes pièces prêtes à être placées, comme, par exemple, les roues, les rouleaux, les pignons, les axes, les reſſorts, ponts, &c.

3°. *Le finiſſage de toutes les parties de la machine*, qui comprend l'exécution des pivots, les dentures, les engrènages, les trous des pivots, mettre les roues & rouleaux en cage, l'échappement, les effets du méchanifme de compenſation, l'ajuſtement des aiguilles, &c.

4°. Enfin les épreuves ſervant à donner à toutes les parties de la machine, le degré de précifion requis.

Je vais indiquer en abregé ces diverſes opérations.

Première Partie de la Main-d'œuvre des petites Horloges à Longitudes, N°^{os} 45 & 46.

ÉBAUCHAGE.

255. On commence par couper en morceaux quarrés les quatre platines; on les ébarbe & les écrouit ; il eſt préférable de les forger ou écrouir avant de les mettre rondes.

256. On coupera des bandes de cuivre, d'épaiſſeur convenable, pour faire les cadrans, roues, rouleaux, rochets, le fond du barillet & ſon couvercle, & on les écrouïra.

257. On prendra du cuivre épais dans lequel on coupera des bandes propres à faire les piliers & tous les ponts de l'Horloge, & on les écrouïra.

258. On coupera les platines en rond, on percera les trous pour les ajuſter ſur l'arbre à vis, & on les tournera de grandeur & d'épaiſſeur.

259. On coupera de même toutes les roues, on les percera & ajuſtera ſur les arbres à vis de groſſeur convenable ; on les tournera de grandeur & d'épaiſſeur.

260. On tournera les piliers de hauteur & de la groſſeur donnée par le plan.

261. On limera plattes la platine & les roues.

262. On préparera les ponts que l'on figurera ſelon les

mefures tracées fur le plan , & d'après le modèle qu'on a
fous les yeux, ou d'après un profil de l'Horloge.

263. On montera le barillet tout prêt à recevoir l'arbre,
& felon les procédés indiqués Eſſai ſur l'Horlogerie, n° 791.

Ebauchage des pièces d'acier.

264. On coupera l'acier pour faire les pignons, & on
le fera recuire ; on coupera de même l'acier pour toutes les
tiges, tant du rouage que des rouleaux de l'axe de balancier : on les ébauchera à la lime prêtes à tremper. On
donnera plus de longueur , à ces tiges que les cages
n'ont de hauteur, fur-tout pour celles des roues des heures ,
de minutes & de fecondes , à caufe qu'elles portent les
aiguilles, & on fera un plus grand nombre de tiges que
l'on n'en a befoin , afin d'avoir à choifir , & pour fuppléer
en cas d'accident. On percera les pignons, & on les tournera de groffeur & d'épaiffeur : on trouvera la groffeur des
pignons par la méthode du n° 1168, Traité des Horloges
Marines.

265. On pourra préparer des tiges en acier d'Allema-
gne, pour faire les vis : & on préparera ces vis : on ébauchera l'arbre de barillet, felon les dimenfions données ; la
tête de l'arbre ayant le tiers de diamètre du dedans du
barillet (Eſſai ſur l'Horlogerie , n° 817), & celui de fufée,
le crochet de fufée, le garde-chaîne, le reffort auxiliaire, &c.

266. On trempera toutes les tiges , l'arbre de barillet ;
& on fe fervira de l'outil à tremper, dans lequel on placera
toutes les tiges : on le fera chauffer jufqu'à ce que les pièces
qu'il contient foient d'un rouge cerife : on les blanchira
avec de la ponce , & on les fera revenir d'un bleu gris.

267. Pour faire revenir les tiges préparées pour l'axe de
balancier, on aura attention qu'un des bouts ne foit revenu
que jaune, ce fera celui qui roulera fur le diamant.

Seconde

Seconde Partie de la Main-d'œuvre.

L'exécution & préparation de toutes les pièces de l'Horloge.

1°. Monter les Cages.

268. Le bord du Plan de l'Horloge est marqué d'un repaire qui répond au midi du cadran ; ce repaire est formé par un trait droit *a b*, Planche II, *figure 9*, & par un trait oblique *a c* : on marquera sur chaque platine ce repaire du plan ; mais en observant que le trait oblique devenant plus grand à chaque platine, il indique l'ordre des platines. On marquera donc avec le plan le repaire à la première platine qui est celle des piliers ou de cadran ; avec celle-ci on marquera le repaire à la deuxième ; & avec la deuxième, la troisième, & ainsi de suite ; ensorte que le plan & les quatre platines appliquées l'une sur l'autre, le repaire soit indiqué comme dans la *fig. 9*. Cette marque du repaire indique le rang des platines & le sens de leur position lorsqu'elles seront montées avec leurs piliers.

269. On aura l'attention en marquant les traits de repaire de choisir pour la platine-cadran la plus épaisse des platines, parce qu'elle porte les piliers & toutes les cages. Après celle-là la platine la plus épaisse est la quatrième, parce qu'elle porte les piliers des cages du régulateur.

270. Cela ainsi préparé on prendra la première platine que l'on placera sur l'arbre à vis qui a servi à la tourner : on appliquera sur cette platine le plan de l'Horloge, vu en dehors par le côté des cadrans, on fera coincider les traits de repaire *a* du plan & de la platine qui doivent être dans le sens où ils ont été tracés. On serrera l'écrou de l'arbre pour fixer le plan & la platine l'un sur l'autre en ce point prescrit ; en cet état, on percera à la platine les trois trous de tenons, percés sur le plan : pour percer ces trous, on se servira de l'outil à percer droit.

H

271. On prendra la feconde platine , on pofera fur fon côté de deffus, le plan, le côté du cadran toujours en dehors : on fera coincider les traits de repaire , & on percera les trous des tenons comme on a fait pour la première platine : on fera la même opération aux troifième & quatième platine.

272. Les trous des tenons ou *rapporteur* ainfi percés exacte-ment aux quatre platines , on fera trois chevilles prefque cylindriques pour entrer dans les trous des rapporteurs. Ces goupilles ferviront toutes les fois qu'on aura befoin d'appliquer le plan fur une des platines pour y percer les trous des pièces de Horloge.

273. On prendra la première platine, on appliquera le plan deffus à fon repaire & dans le fens du repaire , on fixera le plan fur la platine, par le moyen des trois chevilles que l'on chaffera un peu à forcé , on percera les trous des quatre piliers du rouage.

274. On prendra la quatrieme platine fur laquelle on appliquera le plan , les repaires fe correfpondant, & dans le fens de ces repaires on affemblera cette platine & le plan par les tenons , & on percera les trois trous des piliers des ca-ges du régulateur.

275. On affemblera la premiere & la feconde platine par le moyen des tenons , & felon la direction des repaires, on percera à la feconde platine les trous des quatre piliers, on percera enfuite avec un plus gros foret ces trous de piliers ; mais ce foret plus petit que le plus petit des pivots des piliers , on aggrandira les trous , on féparera les platines pour achever d'aggrandir les trous felon les pivots des piliers qu'on marquera de repaire : on adoucira la place des piliers à la première platine, on fera les chamfrains, & on rivera ces piliers ; la cage du rouage fera montée.

276. On affemblera felon le fens des repaires la feconde, la troifième & la quatrième platine , on les fixera enfemble par les tenons : on percera à toutes trois les trous des pi-liers percés à la quatrième platine , on les aggrandira , & on rivera les trois piliers fur la quatrieme platine, &c. Les

cages de l'Horloge ainſi montées on percera les trous des goupilles à tous les piliers.

Percer à chaque platine les trous des pièces qu'elle doit porter , & d'après le plan de l'Horloge.

277. Les cages étant montées, & les trous des goupilles des piliers étant percés, il faut percer à chaque platine les trous des pièces qu'elle doit porter.

278. On prendra à cet effet la premiere platine ſur le dehors de laquelle on appliquera le calibre ſelon le ſens des repaires , on fixera enſemble le plan & la platine par les goupilles ; on percera 1° le trou de la fuſée en ſe ſervant d'un foret qui ſoit juſte de la groſſeur du trou fait au plan ; 2° le trou du cliquet auxiliaire ; 3° le trou de la roue de ſecondes ; 4° le trou du barillet ; 5° les trous de la détente d'arrêt de balancier ; 6° le trou du balancier ; 7° le trou de la vis du pont de précaution de la roue de ſecondes ; 8° les trous des vis & des pieds des trois cadrans des heures, des minutes & des ſecondes.

279. Mais je dois obſerver ici qu'il ne faut pas percer les trous des pivots de la roue des heures, de la roue de minutes, ni de celle de roue moyenne, parce que ces trous ne doivent être percés qu'après que l'on aura fait les engrènages de ces roues, de la maniere qu'on l'expliquera en ſon lieu. J'obſerve de plus que pour percer tous les trous des roues & des rouleaux il faut ſe ſervir de l'outil à percer droit.

280. On ôtera le plan de deſſus la premiere platine, & on l'appliquera ſur la ſeconde platine, on les fixera & aſſemblera par les goupilles & à leurs repaires.

281. On percera à la ſeconde platine les trous ; 1°. du balancier ; 2° de la roue d'échappement, toujours avec un foret de groſſeur ; 3° de la détente d'échappement ; 4° le trou de la vis du pont de balancier ; 5° le trou de la vis du pont de la roue d'échappement ; 6° le trou de la vis du

H 2

pont de la détente d'échappement ; 7º les deux trous des vis des reſſorts d'échappement ; 8º le trou du plot ou garde-chaîne ; 9º le trou de la vis du reſſort de garde-chaîne ; 10º le trou de la cheville d'arrêt de la détente du balancier.

282. On ôtera le plan de deſſus la ſeconde platine, & on l'appliquera ſur le dehors de la quatrieme platine, qui eſt celle des piliers du régulateur. Le côté du plan ſur lequel ſont tracés les rouleaux, le balancier, &c. ſera en dehors : on mettra le plan à ſon repaire, on le fixera à la platine par les goupilles.

283. On percera ſur la quatrième platine 1º le trou du balancier ; 2º les trous des trois rouleaux ; 3º les deux trous des vis de la barette du rouleau qui doit ſe démonter ; 4º le trou de la vis du pont de la lame compoſée ; 5º le trou de la vis du grand pont du pince-ſpiral ; 6º le trou de la vis du pont qui doit porter le piton du ſpiral ; 7º le trou du reſſort-virole qui doit fixer le piton ; & enfin le trou du reſſort du pince-ſpiral ; cela fait on ôtera le plan.

284. On aſſemblera la troiſième platine ſur les piliers de la quatrième pour former la cage des rouleaux, on mettra les goupilles, on prendra l'outil à planter pour marquer à la troiſieme platine les trous des rouleaux & celui du balancier : on démontera la cage, & on percera les trous des pivors de la troiſieme platine avec l'outil à percer droit.

285. On aſſemblera la cage du rouage, on mettra les goupilles, & on marquera ſur la ſeconde platine avec l'outil à planter, les trous de la roue de fuſée, du cliquet auxiliaire, de la roue de ſecondes & du barillet : on percera ces trous avec l'outil à percer droit.

Remarque sur le fendage & l'arrondissement des roues
& des pignons.

I.

286. Quant on fend pour la premiere fois des roues & des pignons (1), & que l'on les arrondit, il est nécessaire de faire des roues d'essais & des pignons d'essais pour chaque espèce de roue & de pignon. Ces roues & ces pignons d'essais serviront à trouver les fraizes & les limes convenables, soit à égalir, soit à arrondir & à marquer sur les *daussiers* ou portes-limes, des repaires pour chaque roue & pignons.

I I.

287. Dans la disposition que je donne aux rouages de mes Horloges les diamètres & les nombres sont donnés pour n'employer que deux sortes de fraize pour toutes les roues du rouage ; savoir, la fraize qui fend la roue de fusée, sert aussi à fendre la roue des heures & le pignon de renvoi porté par la fusée ; & l'autre fraize fend les roues de minutes, moyenne & de secondes, de même aussi la lime à égalir & celle à arrondir la roue de fusée, sert aussi à arrondir la roue des heures & le pignon de renvoi ; & la lime à égalir & celle à arrondir, qui sert pour la roue de minutes, arrondira également les roues moyenne & de se-

---

(1) J'ai supposé en traitant de l'exécution de la Montre N° 45, que l'Artiste qui voudra en faire une pareille, sera muni de tous les instrumens nécessaires, & que les pignons seront faits à l'outil ; mais comme une si grande quantité d'outils ne sont pas à la portée de tous, même des Artistes habiles, j'observerai ici que les pignons faits à la main étant exécutés avec soin, peuvent donner d'aussi bons engrènages que les pignons faits à l'outil ; mais pour cela il est indispensable de donner le plus de nombres possibles à ces pignons, c'est-à-dire, qu'ils soient au moins de dix, & préférablement de douze dents, & celui de fusée de quatorze dents ; le nombre des dents des roues seront donc diminués en proportion de celles des pignons (*Essai*, n° 1514).

condes. Ces fraifes & ces limes étant une fois trouvées on doit les mettre à part & marquer à quelles roues elles fervent.

288. De même pour les pignons, la fraize qui fend le pignon de la roue moyenne fert à fendre celui de fecondes & d'échappement, & de même de la lime à égalir & à arrondir.

Le pignon de minutes eft fendu avec une fraize plus groffe, & la lime eft aufli différente; l'une & l'autre, étant trouvées, on doit les mettre à part, & marquer le repaire au dauffier.

Epaiffeur des fraizes propres à fendre les roues & pignons de l'Horloge N° 45, mefurées avec le compas à fpiral.

289. La fraize pour fendre la roue de fufée, celle des heures, & le pignon de renvoi, a $\frac{11}{48}$ lignes d'épaiffeur.

La fraize pour fendre les roues de minutes moyennes & & de fecondes, a $6\frac{1}{48}$ d'épaiffeur.

La fraize pour fendre le pignon de 20 minutes, a $\frac{10}{48}$ d'é-paiffeur.

Les fraize pour fendre les pignons 16 des roues moyennes, de fecondes & d'échappement, a $5\frac{1}{48}$ d'épaiffeur.

La fraize pour fendre la roue de fufée de la petite Hor-loge verticale N° 46, celle des heures & le pignon de ren-voi, a $8\frac{1}{48}$ d'épaiffeur

Celle du pignon de minutes $\frac{7}{48}$.

Les autres roues & les pignons font fendus avec les mêmes fraizes des roues de minutes N° 45. Et pour les pignons 12, on fe fervira de la même fraize que pour les pignons 16 N° 45, la même chofe pour les limes à arrondir.

Fendre les roues & les pignons.

290. Pour fendre les roues avec toute la précifion requife, il faut que les taffeaux fur lefquels elles doivent être fendues, foient tournés parfaitement ronds, que les roues entrent juftes fur ces taffeaux ; & il faut de plus qu'après que les roues font fendues, on agrandiffe peu leurs trous, afin de ne pas les déjetter, ce qui rendroit la roue mal ronde, & par conféquent inégale, même après qu'elle auroit été tournée : il faut donc régler la groffeur des taffeaux proportionnément à la grandeur des roues, & fur-tout ne pas perdre de vue que l'on doit tenir les affiètes des roues les plus petites poffible, afin que les roues foient très-legères. (*Supplément*, nº 242). Les roues étant faites d'après les mefures & avec les foins que j'ai indiqués, on pourra les fendre ainfi que les pignons.

Arrondir les pignons, les tremper & les polir.

291. Les pignons étant fendus, il faudra premiérement paffer une lime douce fur toutes les faces, afin d'ôter la bavure & de dreffer ces faces très-proprement, afin que l'on n'ait pas befoin d'y toucher lorfqu'ils feront arrondis ; d'ailleurs, étant ainfi dreffés, on voit mieux la figure du pignon à mefure qu'on l'arrondit ; cela ainfi préparé, on travaillera à arrondir les pignons fur l'outil, opération qui doit être faite avec un grand foin ; il eft fur-tout effentiel que l'arbre ou axe fur lequel on les place pour les arrondir, foit de très-bon acier trempé bien dur & tourné parfaitement rond ; la jufteffe du pignon dépend particuliérement de cette condition, & également de la perfection que l'on a employée dans l'exécution des petits taffeaux qui fervent à fendre les pignons, bien entendu que les pignons doivent entrer bien jufte & un peu à force fur ces taffeaux. Tout cela bien entendu, on prendra le pignon d'effai de 10 de

la roue de minutes : on fera entrer le pignon à frottement avec la main feulement fur l'axe qui doit fervir à l'arrondir : on choifira une lime à égalir de force convenable, on l'effayera en obfervant de ne pas la faire entrer tout de fuite au fond fans favoir fi la lime eft bien *centrée*, c'eft-à-dire, fi les dents font bien dirigées au centre. Lorfque la lime fera bien centrée on la fera enfoncer de la quantité néceffaire pour dreffer le fond des aîles du pignon : on fera ainfi le tour du pignon, & de forte que toutes les dents aient exactement le même enfoncement fixé par l'outil.

292. On prendra une lime à arrondir d'épaiffeur & de figure convenable : on *centrera* la lime de forte que les deux côtés foient également arrondis, & que les dents foient parfaitement droites & arrondies des deux côtés de la même maniere : on fera le tour du pignon en laiffant une légère marque au haut des aîles : on fera monter un peu le chariot de l'outil pour atteindre les marques du tour, & on achevera d'arrondir le pignon.

293. On mefurera le diamètre du pignon avec un calibre ; & s'il a plus de 3 lignes $3\frac{1}{4}\frac{1}{12}$ (diamètre donné ci-devant n° 230) : on fera monter un peu le chariot pour mettre le pignon à fa véritable groffeur : on arrondira donc tout le tour du pignon, & de forte que la lime ne morde plus fur aucune aîle, enforte que le pignon puiffe être réputé parfaitement rond.

294. Le pignon d'effai étant ainfi arrondi & les limes centrées, on fera des repaires aux dauffiers à égalir & à celui à arrondir ; chacun de ces dauffiers doit être marqué & défigné par fon ufage ; fur celui à égalir, on écrira à la pointe, *égalir* ; & fur l'autre, *arrondir*, afin de ne pas les confondre.

295. Le pignon d'effai de minutes étant arrondi on arrondira le pignon de minutes même pendant que les limes font fur les dauffiers & à leurs repaires, opération qui devient facile & prompte lorfque les limes font choifies, repairées, &

fixées

fixées au dauſſier ; on mettra ce pignon de groſſeur comme on a fait pour celui d'eſſai.

296. On prendra le pignon 16 d'eſſai , & on choiſira les limes à égalir & à arrondir , en employant les mêmes procédés indiqués pour le pignon d'eſſai de 20 dents , on centrera les limes , marquera leur repaire , on mettra de groſſeur ce pignon qui doit avoir une ligne $\frac{8}{12}$ de diamètre.

297. Tout étant ainſi préparé on arrondira les pignons de 16 pour les roues moyennes de ſecondes & d'échappement , que l'on mettra de groſſeur ; & pour abréger les opérations lorſqu'on aura égali un pignon & que les aîles auront l'enfoncement convenable , on paſſera la lime à égalir à tous les autres pignons de même nombre & dimenſion ; tous les pignons étant égalis on les arrondira ſucceſſivement; car le premier qu'on arrondit étant de groſſeur , on arrondit de ſuite les autres qui ſe trouvent alors néceſſairement au même diamètre , puiſque l'on n'a pas dérangé l'outil à arrondir.

298. Tous les pignons étant arrondis on les trempera en les faiſant chauffer dans un bout de canon de cuivre ou de fer , pour ne pas brûler les aîles , on les chauffera avec un chalumeau & une chandelle ; la couleur du pignon doit être d'un rouge ceriſe; après la trempe on blanchira les pignons avec de la ponce & on les fera *revenir* bleu vif.

299. On polira tous les pignons par les procédés ordinaires,

300. Les faces des pignons ſeront faites avant d'ennarbrer ces pignons ; les faces ſeront faites en les poliſſant ſimplement à plat , après avoir été adoucis avec une lime de fer & de la pierre à huile ; les pignons étant bien nétoyés , on polira la face avec un morceau de glace & de la potée d'étain d'Angleterre.

I

Préparer les tiges pour ennarbrer les pignons.

301. Lorsqu'on a fait l'ébauchage de l'Horloge, on a préparé & trempé & fait revenir toutes les tiges & arbres tant des roues, rouleaux que du barillet & du cliquet auxiliaire, &c. maintenant il faut tourner toutes ces tiges & les mettre sur les grosseurs désignées ci-devant, n° 245.

302. La première opération pour tourner une tige après la trempe, c'est de faire les pointes qui n'ont été faites qu'à la lime ; pour faire parfaitement les pointes, je me sers d'une broche à lunette dans laquelle je fais tourner le bout conique de la tige, & je fais la pointe qui saillit la lunette avec le burin ; ainsi préparée, j'ôte la broche à lunette & fais tourner la pointe faite au burin sur une broche d'acier trempé, portant des petits points ; alors je tourne le cône de la pointe qui n'est encore fait qu'à la lime ; je remets de nouveau ce cône ainsi tourné dans le trou de la broche à lunette, & je tourne de nouveau la pointe ; je replace de nouveau cette pointe sur un petit point de la broche d'acier, & je tourne de nouveau le cône, j'en fais autant à l'autre pointe de la tige ; j'ébauche & tourne la tige à sa grosseur ; & avant d'ajuster le pignon, je retourne encore les pointes de la tige au burin, & de même du cône, afin d'assurer la plus grande perfection & rondeur au pignon. Enfin, lorsque ce pignon est ennarbré, & que pour lever des pivots il faut couper de la tige, je tourne de nouveau les pointes au burin sans me servir de la lime à pivot, j'ai indiqué de suite ce moyen pour faire parfaitement les pointes, parce qu'il est très-important à la perfection de la main-d'œuvre, car c'est en tournant parfaitement ronde les tiges & les pivots qu'on parvient à réduire les frottemens, (*Supplément*, n° 647). Sans cette perfection, les roues ni les pignons ne peuvent être tournés ronds, &c.

303. Les tiges & les axes de l'Horloge étant tournés &

mifes de groffeurs , il faut travailler à monter la roue de
fufée ; on chaffera fur fa tige l'affiète fur laquelle doit être
rivé le rochet d'encliquetage & qui doit porter la fufée ; mais
il faut d'abord chercher quelle doit être la place de ce rochet,
& c'eſt ici qu'il faut régler l'élévation de toutes les pièces
du rouage dans la cage.

Élevation du rouage de l'Horloge ou profil.

304. Dans le profil de l'Horloge N° 36 , repréſenté
figure 1 , Planche III , du *Supplément*, la hauteur de la cage
eſt de quatorze lignes ; mais dans le mouvement de l'Horloge
N° 45 nous ne donnons que douze lignes de hauteur à
la cage, du rouage ; il faut donc réduire le profil de la *fig. 1*,
Planche III du Supplément , d'après cette hauteur de la cage , en voici les mefures. Dans la Planche I , *fig. 1* , du préfent
ouvrage on voit également la difpofition que doit avoir le
mouvement de l'Horloge N° 45 , qui n'en diffère que par une
plus grande hauteur.

305. La hauteur de la fufée fera de 5 lignes $\frac{1}{2}$, non
compris l'épaiffeur du crochet qui fera de $\frac{14}{14}$ d'épaiffeur ;
le deffous du crochet de fufée fera élevé de deux lignes
au-deffus de la feconde platine.

306. Le rebord fupérieur du barillet fera élevé à la même
hauteur que le deffus du crochet de fufée , afin que la corde
agiffe parallèlement fur le garde-chaîne. Le rebord du barillet
aura $\frac{2}{3}$ d'épaiffeur , ainfi le deffous du barillet fera élevé
d'une ligne $\frac{2}{12}$ au-deffus de la feconde platine.

307. L'intervale entre le rochet auxiliaire & la roue de
fufée fera de demi-ligne jufte , ce qui règle l'épaiffeur du
reffort auxiliaire à $\frac{5}{12}$ environ pour qu'il agiffe fans frotter.

308. L'épaiffeur du pignon de renvoi, porté par la roue
de fufée peut être de $\frac{9}{12}$ lignes.

309. La goutte qui fixe la roue de fufée fur fon axe,
peut avoir $\frac{4}{12}$, afin qu'elle n'approche pas trop près de la

I 2

platine fupérieure du rouage , & que l'huile du pivot ne puiffe s'y introduire & s'échapper du trou.

3 1 0. Il ne fera pas néceffaire de creufer le pignon de renvoi pour loger la goutte , la cage a affez de hauteur pour éviter cette creufure.

3 1 1. Le pont du balancier aura toute la hauteur de la cage ; il ne fera pas néceffaire de percer la platine-cadran, on évite la calotte pour recouvrir ce pont ; la cage ayant douze lignes de haut le pivot fupérieur du balancier fera fuffifamment éloigné du balancier pour égalifer les frottements.

3 1 2. Le pont de la roue d'échappement aura cinq lignes de haut en deffus.

3 1 3. La roue de fecondes fera élevée de 2 lignes $\frac{1}{4}$ au-deffus de la feconde platine.

3 1 4. La roue de minutes paffera au-deffous du crochet de fufée avec le jeu convenable feulement pour n'y pas toucher.

3 1 5. La roue moyenne paffera au-deffous du pignon de minutes avec un intervalle de $\frac{1}{3}$ de ligne pour ne pouvoir toucher à ce pignon.

3 1 6. La roue des heures paffera au-deffus de la roue de fufée, avec un intervalle égal à l'épaiffeur de la roue des heures ou à peu près.

3 1 7. La roue d'échappement fera mife à fleur du deffus de la feconde platine, avec un intervalle d'environ l'épaiffeur de la roue, ou $\frac{1}{4}$ lignes.

3 1 8. Le deffous du cercle d'échappement fera exactement à la hauteur du deffus de la feconde platine, l'épaiffeur du cercle d'échappement $\frac{1}{12}$ lignes , ce qui doit déterminer l'élévation de la roue d'échappement.

3 1 9. La hauteur du cliquet auxiliaire fera donnée par celle du rochet auxiliaire lui-même, lorfque la roue de fufée fera mife en cage.

3 2 0. Les rouleaux feront placés au milieu de la hauteur de leur cage, & auffi près qu'il fe pourra l'un de l'autre,

pour ne pouvoir se toucher ; le rouleau qui se démonte sera
marqué n° 1 , il sera le plus près du dedans de la quatrième
platine. Le rouleau le plus éloigné de cette platine est celui
qui est sous le pont du piton , il sera marqué n° 3 ; l'autre rouleau qui sera entr'eux deux sera n° 2.

321. Le balancier sera placé à demi-ligne de distance
du dessus de la troisième platine , afin de laisser au-dessus
assez de place pour les masses.

322. Le pont de la détente d'échappement aura trois lignes
de haut en dessus.

323. Le premier pont du pince-spiral sera élevé au-dessus
de la platine de la quantité requise pour loger la virole entre
le dessous du pont , & le rouleau le plus élevé, c'est-à-dire,
environ une ligne d'intervalle entre lui & la platine.

324. Le second pont du pince-spiral aura cinq lignes ½
en dessus.

325. Le pont de piton de spiral descendra jusqu'au
milieu de la hauteur de la cage des rouleaux.

*Monter la roue de fusée & le barillet , les mettre en
cage , ainsi que le cliquet auxiliaire ; faire les encliquetages , le garde-chaîne & la clef , &c.*

326. L'élévation de toutes les parties de l'Horloge étant
réglée , comme on l'a fait par l'article précédent , on peut
travailler sûrement à monter la roue de fusée , & les autres
pièces de l'Horloge.

327. On prendra donc l'arbre de fusée dont on diminuera le bout d'en bas , en le rendant un peu en pointe,
de la figure d'un bon écarissoir , pour recevoir l'assiette du
rochet d'encliquetage : cette assiette doit être prise dans du
cuivre épais , bien forgé en quarré, de la grosseur de quatre
lignes & demie ; on en coupera un bout ayant six lignes ½
de long, ce qui forme la hauteur de la fusée , qui doit

être ajustée sur cette assiète ; & on réservera de plus la partie de la rivure du rochet d'encliquetage de la fusée.

328. On percera le trou de cette assiète avec un foret un peu plus petit que le bout inférieur préparé de l'axe de fusée : on aggrandira ce trou pour faire entrer l'assiète sur ce bout préparé de l'axe ; & si l'axe n'a pas la figure convenable pour le trou de l'assiète, on le tournera : on observera que la partie supérieure de l'axe doit avoir une ligne $\frac{1}{12}$ de grosseur, comme il a été dit ; ainsi il ne faut pas le diminuer plus que de cette quantité : on aggrandira donc le trou de l'assiète en conséquence & de maniere qu'étant chassée à force sur l'arbre de fusée, le bout d'en bas qui représente le bas de la fusée soit à la distance de deux lignes de la platine ; mais comme on a dû tenir l'arbre de fusée plus long qu'il n'est nécessaire, on n'aura pas besoin d'être si précis dans les mesures : on observera aussi qu'avant de chasser l'assiète, il faut adoucir & polir le bout inférieur de l'arbre de fusée ; on aura donc aggrandi le trou de l'assiète en conséquence & pour que l'arbre ait une ligne $\frac{4}{12}$ au plus gros du trou.

329. Le trou de l'assiète ainsi disposé, il faudra tourner cette assiète & préparer la partie de la rivure du rochet de fusée, & de même le canon sur lequel doit être ajusté la fusée dont le trou a deux lignes ; mais il faut, pour le moment, laisser deux lignes $\frac{1}{2}$ de grosseur à cette partie de l'assiète ou du canon. L'arbre & l'assiète étant ainsi préparés, on nétoyera le trou du canon & la partie polie de l'arbre, & on chassera l'assiète sur l'arbre & fortement, en frappant avec un marteau sur le bout supérieur de l'arbre, & plaçant un morceau de cuivre sur la pointe de l'arbre pour ne pas la gâter.

330. L'assiète étant chassée sur l'arbre, & à la hauteur déterminée, on tournera le bout supérieur de l'arbre, en allant en diminuant depuis l'assiète jusqu'au bout ; la partie près l'assiète ayant une ligne $\frac{1}{12}$ de diamètre, on achevera de

tourner la partie de l'affiète qui forme la rivure, on fera entrer le rochet sur cette partie; & après avoir fait le chanfrein pour la rivure, on rivera le rochet, on tournera la rivure & cette face du rochet que l'on tiendra un peu en creux pour qu'elle joigne bien le rochet auxiliaire, & on l'adoucira.

331. On fera l'affiète de la roue de fufée, dont le bout du canon doit porter le pignon de renvoi : le gros de l'affiète eft en deffous pour former l'intervale entre la roue de fufée & le rochet auxiliaire, pour former la place du reffort ; cet intervalle doit être de demi-ligne, qui eft l'épaiffeur de l'affiète, après qu'elle eft finie & la roue rivée ; le canon qui porte le pignon de renvoi, devra être mis à la groffeur du trou de ce pignon ; lorfque la roue fera rivée, on préparera donc l'affiète felon les méfures ci-deffus. Le trou de cette affiète étant aggrandi avec un bon écarriffoir doit entrer fur l'arbre environ à une ligne & demie de diftance du rochet, afin d'avoir dequoi tourner l'arbre & l'ajufter & le polir lorfque la roue fera rivée fur le canon, & on rivera la roue ; enfuite on tournera la rivure à fleur, & on diminuera le canon jufqu'à ce qu'il entre jufte dans le trou du pignon & fans aggrandir ce trou, parce qu'ayant été tourné fur un arbre liffe, fi on l'aggrandiffoit, on pourroit le mettre mal droit &, que pour l'arrondir fur l'arbre, ce pignon fe trouveroit mal arrondi.

332. On coupera le bout du canon à fleur du pignon, & on achevera de tourner l'affiète pour qu'elle n'ait que demi-ligne d'épaiffeur pour la place du reffort auxiliaire.

333. On tournera l'arbre de fufée avec grand foin pour qu'il entre jufte dans le canon de la roue de fufée, & fans que celle-ci balote, & petit à petit pour que l'affiète foit éloignée d'une ligne du rochet de fufée ; on adoucira l'arbre & le polira jufqu'à ce que la roue de fufée approche feulement du rochet de l'épaiffeur du rochet auxiliaire qui doit être placé entre ce rochet & l'affiète : on aggrandira le

trou du rochet auxiliaire pour qu'il entre librement contre le rochet ; en cet état il faut que l'affiette de la roue de fufée touche au rochet auxiliaire , & qu'elle tourne librement & jufte. Si elle l'eft trop , on ufera encore de l'arbre avec du rouge , & on fera la goutte qui doit retenir la roue de fufée ; cette goutte eft en acier : on ajuftera la fufée fur fon canon , lequel doit entrer jufte dans le trou de la fufée : la bafe de la fufée doit être creufée pour loger l'affiette du rochet : on fera le crochet de fufée : on le fixera par deux vis à têtes noyées fur le bout du fommet de la fufée ; ces vis feront placées près du centre.

On fixera par deux vis à têtes noyées la fufée avec le rochet d'encliquetage de la fufée.

334. On terminera les dents du rochet d'encliquetage de la fufée & celles du rochet auxiliaire , & on fera l'encliquetage de la fufée ; on fera le reffort auxiliaire dont le diamètre fera de dix lignes , & l'épaiffeur de demi-ligne au plus : on percera les trous pour les deux chevilles , on le trempera & fera revenir gris : on l'adoucira , percera les trous des chevilles à la roue de fufée & au rochet auxiliaire , & on fixera ces chevilles , l'une d'un côté du reffort , & l'autre à l'autre côté.

335. On fixera le pignon de renvoi des heures fur la roue de fufée par deux petites vis à têtes noyées, les têtes du côté de l'affiette de la roue.

336. On fera les pivots de l'arbre de fufée ; pour cet effet on remontera toutes les parties qui compofent la roue de fufée , on la préfentera fur la cage , on marquera la place du pivot d'en-bas dont la portée doit être diftante de deux lignes de la feconde platine : on tournera donc cette partie pour former le pivot. Cette partie ainfi établie , on démontera la fufée & on fera les pivots felon les mefures données.

337. Pour polir les pivots & leurs portées , on fe fervira d'une lime d'acier non trempée & de rouge d'Angleterre le plus fin.

338.

338. Les pivots étant faits on mettra la fufée en cage ; pour cet effet, on percera les trous avec un foret plus petit que les pivots, & on fe fervira de l'outil à percer droit, placé en dehors de la platine, qui fervira en même tems à aggrandir droit le trou avec cet outil ; & pour achever de l'aggrandir on fe fervira d'un bon aleſoir qui durcira & polira le trou.

339. La roue de fufée étant mife en cage, on fera le garde-chaîne dont la pofition eſt donnée par le plan : on percera d'après ce plan appliqué fur le deſſus de la feconde platine & fixé par les chevilles, le trou du plot, celui du reſſort, & le trou qui indique la longueur du garde-chaîne & fa direction perpendiculaire avec le crochet.

340. On fera le quarré de l'arbre de fufée, on ajuſtera la goutte, & on fera la clef.

341. On montera le barillet, on en fera les pivots felon l'élévation donnée pour le barillet, & on le mettra en cage : on fera le quarré de l'arbre pour le rochet : on étampera en quarré le trou : on finira les dents du rochet, & on fera l'encliquetage : on fera les pivots du cliquet auxiliaire, & on le mettra en cage felon la pofition du plan : on fera le reſſort de ce cliquet : on fera une fente à la troifieme & à la quatrieme platine au-deſſus de la patte de ce reſſort & vis-à-vis, afin de pouvoir l'ôter & remettre lorſque toutes les cages font aſſemblées.

Pofer les Ponts, &c.

342. On poſera les ponts du mouvement de l'Horloge, celui du balancier, de la roue d'échappement, de la détente d'échappement, le pont de précaution de fecondes, auxquels on mettra les pieds : on fera les creuſures ou noyures pour les portées inférieures des pivots de fecondes, d'échappement & de la détente d'échappement : on fera les coquerets d'acier pour recevoir les bouts de ces pivots, on les trempera & polira : on poſera les ponts de la lame compofés fur

K

la quatrième platine, la barette du rouleau, le pont du pince-
fpiral & le pont du piton.

343. Pour placer le pont du piton de fpiral ; il faudra
auparavant tracer fur la quatrième platine les ouvertures faites fur le plan pour le paffage du rouleau qui fe démonte,
pour la place du fpiral, & l'ouverture pour le paffage du
pont du piton de fpiral : ces ouvertures ainfi tracées on les
percera & limera exactement, d'après ces traits, enfuite on
pofera le pont de piton & l'attachera par une vis & deux
pieds.

344. Tous les ponts étant pofés & leurs pieds étant mis,
on marquera à ces ponts, au moyen de l'outil à planter, les
points pour les trous de pivots ; on commencera par le pont
du balancier, lequel étant attaché fur la feconde platine,
on pofera cette platine fur l'outil, le trou percé à cette
platine pour le balancier répondant à la pointe inférieure de
l'outil, avec l'autre on marquera le trou du pivot au pont :
on fera la même chofe pour le pont de la roue d'échappement,
au pont de la détente d'échappement, au pont de précaution
de la roue de fecondes porté par la premiere platine.

345. Pour marquer les trous des pivots du pince-fpiral,
on attachera ce double pont fur la quatrième platine, &
on mettra en place la troifième platine avec fes goupilles :
on placera la pointe de l'outil à planter fur le trou fait à la
troifieme platine pour le balancier, & avec l'autre pointe
on marquera fur le pont du pince-fpiral le plus élevé, &
lequel doit avoir fes pieds faits : on marquera, dis-je, la
place du trou du pivot du pince-fpiral. On démontera ce
premier pont fans déranger le fecond fixé à la platine, & on
marquera de même à ce fecond pont le trou du pivot.

346. On percera tous les trous des pivots qu'on a marqués aux ponts : on fera à la feconde platine le paffage du
cercle d'échappement, lequel devra paffer à travers cette
platine pour monter & démonter le balancier. Pour cet effet
on prendra fur le plan avec un compas la grandeur de ce cercle qui eft trois lignes $\frac{1}{11}$, & on tracera fur la feconde platine

autour du trou du balancier ce cercle ; mais on devra tracer ce paſſage plus grand que le cercle d'environ $\frac{1}{4}$ de ligne : on percera ce trou ou paſſage du cercle de balancier à la ſeconde platine : on aggrandira le trou de la troiſieme
platine qui marque la poſition du balancier ; ce trou ſera
d'une ligne $\frac{7}{12}$, groſſeur d'un taſſeau de la machine à fendre
ſur lequel cette troiſieme platine devra être placée pour graduer les degrés du cercle ſervant à l'étendue des arcs ; mais
cette graduation ne ſera pas faite en ce moment, on attendra de graduer en même tems les cadrans après qu'ils
feront poſés.

Énarbrer les Pignons.

347. Lorſqu'on a préparé les tiges du rouage , &c. on
a dû leur donner plus de longueur que la hauteur des cages,
ſur-tout pour celles qui ſont deſtinées aux roues des heures,
de minutes & de ſecondes, dont les pivots prolongés portent
les aiguilles. Cela ſuppoſé on mettra la roue de fuſée toute
montée dans la cage : on mettra les goupilles aux piliers.

348. On prendra la tige deſtinée au pignon de minute,
on la préſentera ſur le bord de la cage , près la roue de
fuſée : on laiſſera déborder la tige du côté du cadran de la
quantité requiſe pour la longueur du pivot , c'eſt-à-dire, environ deux lignes : on marquera au-deſſous de la roue de
fuſée , à demi-ligne de diſtance , un trait avec une lime qui
indiquera la portée qui doit être faite à la tige pour former
le tigeron qui doit recevoir le pignon.

349. On tournera la tige pour former ce tigeron que l'on
mettra à la groſſeur du trou de pignon , & de ſorte que le
pignon entre à deux lignes de diſtance du tigeron ; alors on
prendra un archet de crin pour tourner ce tigeron parfaitement rond pour faire entrer le pignon à une ligne & demie
de diſtance : on polira & uſera le tigeron, de ſorte que le
pignon étant mis à force & chaſſé, ne ſoit diſtant que d'une

K 2

dèmi-ligne de la portée à laquelle il ne faut pas qu'il touche.

350. On préparera de la même maniere les tigerons des pignons de roue moyenne de fecondes, & la tige de la roue d'échappement, en fe réglant pour la formation des portées des tigerons fur les mefures qui ont été données ci-devant pour l'élévation du rouage ou profil, ou très-apppro-chant, puifque les tiges ayant plus de longueur qu'il n'eft befoin : on a la facilité de monter le tout un peu plus ou un peu moins pour l'amener à fa véritable hauteur lorf-qu'on établira les portées des pivots.

351. Les pignons ainfi ajuftés fur leurs tigerons, il faudra nétoyer leurs trous ainfi que leurs tiges, & on chaffera par un petit coup de marteau chaque pignon, en frappant fur un morceau de cuivre pofé fur la pointe de la tige ; on ne frappera pas trop fort crainte de faire fendre les pignons ; d'ailleurs un léger coup de marteau fuffit pour fixer les pignons de feize, & un peu plus fort pour celui de minutes qui eft plus fort.

352. Lorfque les pignons ainfi enarbrés ont été exé-cutés avec foin, les tiges bien tournées, alors ces pignons doivent tourner parfaitement rond, c'eft ce que l'on véri-fiera ; & fi cela n'étoit pas, on rejetteroit les pointes pour mettre les pignons ronds ; mais fi on a bien opéré, on ne doit pas avoir befoin de toucher aux pointes.

353. Les pignons ainfi enarbrés, il faudra tourner les tiges en achevant de leur donner la groffeur convenable.& données ci-devant, on les tournera en allant un peu en pointe felon la forme d'un bon écariffoir, afin qu'en ajuftant les affiètes, elles portent dans toute leur longueur. On achevera de les tourner parfaitement rondes avec un archet de crin.

354. On polira toutes les tiges, & elles feront prêtes à recevoir les affiètes.

355. On préparera de même, tournera & polira la tige

de la roue des heures & les tiges des rouleaux, après les avoir mifes de groffeur & de forme convenable, & prêtes à recevoir les affiètes.

356. On préparera toutes les affiètes des roues & des rouleaux, lefquelles feront faites avec du cuivre en planche & bien écroui, & rendu quarré : on coupera ces affiètes de longueur néceffaire & à peu près telles qu'elles font repréfentées *fig.* 1, Planche III du Supplément. Je dois même obferver ici qu'il eft dangereux de donner trop de longueur à ces affiètes, parce qu'en les chaffant elles courbent les tiges, lorfque ces affiètes font trop longues, & qu'elles n'ont pas été percées bien droites ; le mieux même eft de les percer fur le tour.

357. On aggrandira les trous des affiètes, afin de les faire entrer fur leurs tiges à la hauteur convenable déterminée pour l'élévation des roues, en fe réglant d'abord fur celle de la roue de minutes qui paffe fous le crochet de fufée pendant que fon pignon répond à la roue de fufée ; mais on conçoit qu'elles ne doivent avoir ces pofitions déterminées que lorfque les affiètes font chaffées à force fur leurs tiges ; d'ailleurs il eft bon de ne pas chaffer l'affiète trop avant fur la tige, il vaut mieux avoir à la reculer fur le tour au burin lorfqu'elle eft fixée.

358. Lorfque les trous des affiètes font mis de groffeur on les lime en rond & on les tourne fur un arbre liffe, en préparant en gros l'affiète, la rivure & le canon.

359. Toutes les affiètes, tant des roues que des rouleaux & de la roue des heures étant tournées, on les chaffera fur leurs tiges ; mais plus que l'on ne fait pour les pignons, & par les mêmes moyens un morceau de cuivre pofant fur la pointe de la tige & un marteau.

Ajufter les roues & les rouleaux fur leurs affiètes.

360. Je dois obferver ici qu'il eft néceffaire d'apporter beaucoup de foins & de précifion pour bien placer les roues fur les élévations qui ont été fixées , parce que les pignons ayant peu de longueur , pour peu que la roue fût mal placée en hauteur, elle n'engrèneroit pas bien dans le pignon ; & il faut au contraire que la roue foit placée felon le milieu de la longueur des aîles. Je vais indiquer des moyens certains de les placer juftes en hauteur.

361. La première opération à faire, c'eft de limer toutes les roues & les rouleaux exactement à l'épaiffeur pefcrite ci-devant n° 230 & fuiv.

362. Je prends le pignon de minutes & le préfente fur le bord de la cage près la roue de fufée , & de forte que le pignon déborde également l'épaiffeur de la roue ; avec un petit maître-danfe je mefure la diftance du deffous du pignon au dedans de la platine des piliers , & j'ai par conféquent jufte la place où la portée du pivot de minutes doit être formée ; d'après cette mefure du maître-danfe je lève légérement fur le tour la portée du pivot , mais fans mettre le pivot de groffeur. Cette portée bien établie , ce que je vérifie en préfentant de nouveau le pignon fur la cage ; je leve légérement la portée du pivot inférieur , mais très-jufte felon la hauteur de la cage.

363. J'ôte la roue de fufée de la cage & prends avec le maître-danfe la diftance de la portée du pivot fupérieur ou du quarré de cette roue jufqu'au-deffous du crochet de fufée & un quart de ligne de plus : cela repréfentera la pofition de la roue de minutes que nous favons devoir paffer fous le crochet. Le quart de ligne ajouté repréfente le jeu entre cette roue & le crochet ; cette mefure prife avec le maître-danfe , je prends le pignon de minutes que je place fur le tour ; je pofe un des bras du maître-danfe fur la

portée du pivot fupérieur de ce pignon, & l'autre me marque la quantité dont je dois reculer la portée de l'afliète qui doit recevoir la roue, je recule cette portée felon cette mefure, & diminue enfuite la partie de l'afliète qui doit entrer dans le trou de la roue & former la rivure. Pour opérer plus sûrement, je fais entrer un arbre lifle dans le trou de la roue de minutes, j'en prends la groffeur de cet arbre en dedans de la roue, & tout près avec un calibre à pignon je tourne la rivure en la laiffant un peu forte, j'aggrandis foiblement le trou pour le faire entrer à force fur l'afliète, & je recule la partie de la rivure pour ne laiffer que ce qui eft néceffaire pour la rivure ; & avec ces précautions je fuis certain que lorfque la roue fera mife en cage le pignon fera à l'élévation déterminée, par rapport à la roue de fufée, & que la roue de minutes paffera fous le crochet de fufée avec le jeu requis pour n'y jamais toucher.

364. Pour placer avec la même précifion le pignon de roue moyenne, & la roue moyenne même felon l'élévation prefcrite, je prends avec le maître-danfe la diftance qu'il y a depuis la portée du pivot fupérieur de minutes jufqu'au bout de la rivure de l'afliète ; cette quantité repréfentera la diftance de la face extérieure du pignon de roue moyenne jufqu'à la portée du pivot, parce que la faillie de la portée de la rivure hors de la roue repréfentera la quantité dont le pignon de roue moyenne doit déborder la roue de minutes ; je place donc le pignon de roue moyenne fur le tour, j'appuie un bras du maître-danfe fur le dehors de la face du pignon du côté du tigeron ; l'autre bras du maître-danfe indique la place de la portée du pivot fupérieur de cette roue, je lève exactement cette portée d'après cette mefure & je lève enfuite la portée du pivot inférieur pour qu'elle foit jufte de la hauteur de la cage.

365. J'ai dit ci-devant en donnant l'élévation de l'Horloge que la roue moyenne doit paffer au-deffous du pignon de

minutes avec un intervale égal au moins à l'épaisseur de cette roue, on prendra donc avec le maître-danse la distance depuis la portée du pivot inférieur de minutes, jusques au-dessous du pignon ; c'est-à-dire, à deux épaisseurs de la roue moyenne au-dessous de ce pignon, on aura la quantité dont on doit reculer l'assiète, ce que l'on fera sur le tour ; ensuite on présentera à côté l'une de l'autre les deux tiges & verra si la place de la roue est véritablement assez éloignée du pignon de minutes ; on diminuera l'assiète pour mettre la partie de la rivure à la grosseur du trou par la méthode prescrite ci-dessus pour la roue de minutes : on fera entrer à force la roue moyenne sur son assiète, & on reculera la portée de la rivure qu'on laissera déborder suffisamment de la roue pour obtenir une bonne rivure ; on levera l'autre portée de ce pignon en se réglant sur l'élévation du pont.

366. Pour déterminer par la même méthode la hauteur que le pignon de secondes doit avoir en cage, on prendra le maître-danse dont on posera un bras sur la portée inférieure du pignon de la roue moyenne, & on ajustera l'autre bras à l'ouverture nécessaire pour affleurer le dehors de la partie de la rivure de l'assiète du même pignon : cela représentera la surface supérieure du pignon, c'est-à-dire, sa distance au-dessus de la seconde platine de secondes ; on placera ce pignon sur le tour, & on levera la portée inférieure du pignon de secondes, d'après cette mesure donnée ; mais on observera que cette portée ne doit pas rouler sur la platine : ici c'est le bout du pivot qui doit rouler sur un coqueret d'acier mis en dehors de la seconde platine : on n'enfoncera donc pas trop avant cette portée, parce qu'il faudra lorsqu'on fera le pivot lever une seconde portée qui descende dans l'épaisseur de la platine, à cause de la noyure qu'il faut faire à cette platine pour que le pivot affleure le dehors de la platine ; on lèvera de même la portée du pivot supérieur en se réglant sur la hauteur de la cage, on

tournera

tournera la portée de la roue de fecondes, & la reculera jufqu'à ce que le deffous de cette roue fe trouve élevé de deux lignes ¼ au-deffus de la feconde platine, ou, ce qui revient au même, de la portée du pivot inférieur de feconde ; on ajoutera la roue fur l'affiète, & on reculera la portée de la rivure en laiffant la quantité requife pour river la roue. On prendra avec le maître-danfe ou un calibre à pignon la diftance de la portée de la rivure jufqu'à la portée du pivot de fecondes, on aura la hauteur qu'il doit y avoir depuis le deffous du pignon d'échappement jufqu'à la platine ; on reculera d'après cette mefure la portée de l'affiète du pignon d'échappement, & on marquera fur la tige cette mefure pour une portée légère ; & comme la roue de doit pas être tout-à-fait à fleur de la platine, on tournera l'affiète en conféquence, & de forte qu'il y ait un *jour* de 6/41 entre la roue & la platine.

367. Le bout du pivot inférieur de la roue d'échappement doit rouler fur un coqueret d'acier, comme celui de fecondes ; ainfi la vraie portée du pivot doit defcendre dans la noyure de la platine ; mais on lèvera cette portée lorfqu'on fera les pivots & que les creufures feront faites aux platines.

Faire l'axe de Balancier, monter le Balancier & le cercle d'échappement.

368. Toutes les tiges qui doivent être employées à l'Horloge doivent être faites avec l'acier le plus fin ; mais on doit fur-tout choifir le plus excellent pour former l'axe de balancier, & on doit employer les plus grands foins à la trempe des tiges difpofées pour cet axe ; j'ai déja dit qu'il en falloit préparer plufieurs afin d'avoir à choifir. J'ai dit auffi que pour tremper les tiges on devoit fe fervir de l'outil à tremper, & que pour faire revenir les tiges deftinées

L

à l'axe de balalancier, il falloit conferver une pointe qui ne fût revenue que jaune. Ces tiges ainfi préparées ont dû être mifes à part afin de n'être pas confondues avec les autres tiges dont d'ailleurs elles différent , parce qu'elles font plus longues , & par le bout qui n'eft revenu que jaune; c'eft ce bout qui doit former la pointe inférieure du balancier, & qui doit rouler fur le diamant.

369. On prendra une de ces tiges ainfi préparées, & on en fera les pointes par la méthode prefcrite ci-devant (n° 302,) & avec tous les foins poffibles ; on tournera la tige & on fera une marque au bout revenu bleu pour indiquer que c'eft le bout fupérieur, & fur lequel doit être formé le pivot. Cette marque indiquera une portée de pivot , tandis que le bout inférieur fera effectivement celui dont la trempe eft la plus forte.

370. L'axe de balancier doit avoir $\frac{2}{12}$ de ligne de dia- mètre : on le réduira donc à cette groffeur à l'endroit où doit être placée l'affiéte de balancier ; car cet axe doit aller en diminuant de l'endroit de cette affiéte au bout inférieur , & de même en diminuant en allant au bout fupérieur.

371. On percera, aggrandira & tournera l'affiéte du ba- lancier, ajuftera & polira le bout de la tige inférieure, enfuite on chaffera cette affiéte.

372. On préparera une feconde affiéte pour porter le cercle d'échappement ; cette affiéte qui doit être très-courte fera chaffée par le bout fupérieur de l'axe, & arriver à la hau- teur convenable pour que le balancier étant un peu au-deffus de la troifième platine, le cercle d'échappement foit à fleur de la feconde platine, & qu'en même-tems le bout infé- rieur de l'axe déborde la quatrième platine d'environ une ligne. J'obferve ici que je préfère employer deux affiétes courtes pour le balancier & fon cercle d'échappement, plu- tôt que d'en faire une feule qui, devenant trop longue, fe- roit expofée à courber l'axe de balancier en la chaffant.

373. Je dois obferver encore qu'il eft à propos pour

éviter que les affiètes ne courbent les tiges, de les percer toutes fur le tour.

374. On fera le cercle d'échappement pris dans de l'acier plat fondu ; ce cercle doit avoir trois lignes $\frac{1}{12}$ de diamètre, & $\frac{1}{12}$ d'épaiffeur étant tourné ; on percera le trou & l'aggrandira à la groffeur de $\frac{11}{12}$ de lignes : on tournera le cercle fur un arbre liffe fur les mefures données.

375. Le balancier a dû être tourné en même tems que les roues, & fes croifées également faites : on ajuftera donc d'abord le balancier fur fon affiète ; pour cét effet on tournera petit à petit l'affiète jufqu'à ce que le balancier y entre un peu à force : on adouc'ra l'affiète foit le canon qui entre dans le trou du balancier, & jufqu'à ce que le balancier tienne un peu à frottement ; mais on obfervera qu'il ne faut pas aggrandir le trou du balancier pour former cet ajuftement, parce qu'il faut pouvoir au befoin remettre le balancier fur l'arbre à vis qui a fervi à le tourner.

376. On ajuftera avec les mêmes foins & par les mêmes procédés le cercle d'échappement fur fon affiète & de même fans aggrandir le trou du cercle, afin qu'étant remis fur fon arbre liffe il tourne toujours droit.

377. Le balancier ainfi ajufté on le fixera fur fon affiète au moyen de trois petites vis à têtes noyées. (On fera un repaire au balancier avec fon affiète, lorfqu'on aura percé le trou de la premiere vis) ; on placera la vis le plus près du centre qu'il fera poffible, afin que le centre du balancier foit plus petit & le plus léger qu'il fe pourra ; ici le centre du balancier doit avoir au plus deux lignes $\frac{1}{12}$: on fixera de même le cercle d'échappement fur fon affiète par une petite vis noyée, placée tout près du centre : le cercle doit entrer jufte, mais facilement fur fon affiète, afin que lorfqu'on fera l'échappement on puiffe aifément démonter ce cercle,pour le mettre de grandeur. Le cercle d'échappement doit porter une petite pièce d'acier en forme d'équerre qui forme une dent qui fert à élever la détente d'échappe-

L 2

ment, on fera cette pièce dont la dent qu'elle forme doit être à égale distance du centre & de la circonférence du cercle d'échappement (n° 51) : on attachera donc cette pièce sur le cercle d'échappement dans cette position au moyen d'une petite vis à tête noyée : on terminera l'assiette du balancier dont le diamètre sera comme le centre des croisées de deux lignes $\frac{4}{12}$; l'assiette du cercle pourra être un peu plus petite : on polira les assiettes après avoir diminué les canons pour rendre toute cette partie très-légère.

Exécution de la détente d'échappement , de la levée d'échappement , du ressort de la détente & celui de la levée.

378. La détente d'échappement doit être chassée à force sur son axe ; mais on ne la fixe de cette manière qu'après que la détente est trempée & adoucie, & que ses effets en ont été faits ; mais il n'est pas encore question des effets, il faut seulement pour le moment préparer les pièces.

379. La tige de la détente doit avoir environ cinq lignes de longueur , & $\frac{20}{48}$ de diamètre ; on la préparera donc d'après ces mesures, on levera une portée à une ligne du bout, & on fera un pivot de $\frac{12}{48}$ de diamètre, lequel servira à recevoir la détente.

380. Pour faire la détente, on prendra de l'acier fondu plat de $\frac{8}{12}$ de ligne d'épaisseur : on percera le trou & l'aggrandira pour le faire entrer sur le pivot de la tige ; mais il ne doit pas entrer jusqu'à la portée , seulement à un quart de ligne de distance, afin qu'après la trempe on ait dequoi chasser la tige ; la détente porte deux bras, l'un plus long, dont le talon doit arrêter la roue d'échappement ; & l'autre plus court, lequel doit servir à porter une cheville, sur laquelle la palette doit agir pour élever la détente & dégager la roue. Ce bras court est situé vers le cercle d'échappement ,

fur lequel il ne devra pas toucher lorfque les effets feront faits.

381. On figurera la détente telle qu'elle eft tracée fur le plan, mais en la tenant plus large & plus longue, afin d'avoir affez de matière lorfque l'on fera les effets de l'échappement. On entaillera le deffous de la détente à moitié fon épaiffeur entre le centre & le talon fur lequel doit agir la roue, lequel talon doit avoir toute l'épaiffeur de l'acier : on formera au centre un canon en deffous, que l'on tournera avec un arbre liffe ; cette entaille & ce dégagement à moitié épaiffeur, fervira pour que le reffort de la détente agiffe en deffous fur la cheville qui fera placée à cet ufage, lorfque l'on fera les effets de l'échappement.

382. Pour exécuter la levée d'échappement, on prendra du petit acier d'Angleterre quarré, ayant une ligne de groffeur : on percera un trou à demi-ligne de diftance du bout pour former le canon & le petit talon qui doit porter la cheville ; le trou du canon de la détente doit avoir $\frac{8}{48}$ de ligne de diamètre étant aggrandi.

383. On figurera la palette & fon talon & le canon avant de la féparer du morceau d'acier quarré fur laquelle on l'a prife, cela eft plus commode pour la travailler ; enfuite on la coupe de longueur d'après les mefures du plan. La longueur de la palette eft déterminée d'après la règle que je me fuis prefcrite ; c'eft que l'action de la dent fur la palette fe faffe à égale diftance de la circonférence du cercle d'échappement au centre du même cercle ; & c'eft cette règle qui détermine la longueur de la palette : on l'exécutera donc en conféquence : on tourne le canon & on acheve de terminer le talon & la levée.

384. Il faudra percer un trou au talon pour recevoir la cheville fur laquelle le reffort doit agir : cette cheville aura $\frac{3}{48}$ de ligne de diamètre ; mais pour percer cette cheville, il faudra préfenter la levée fur le plan, la pointe de l'arbre liffe pofant au trou de la détente & de la levée ;

cette levée étant dirigée au centre du balancier, on marquera fur le talon la place de la cheville , & d'après la direction donnée au reffort, afin que l'action fe faffe dans la *ligne des centres*.

385. Je dois obferver ici que pour faciliter l'exécution de la levée, & même pour diminuer le frottement du trou du canon, qu'il feroit préférable au lieu de tenir le trou en acier de le percer plus grand & de le boucher avec un canon mince , fait d'excellent cuivre ou avec de l'or, après que la levée eft trempée. C'eft par cette raifon que j'ai dit que le trou du canon de la levée doit avoir $\frac{8}{48}$ de ligne.

386. On fera le reffort de la détente, lequel doit être pofé tout à plat fur la platine , afin de pouvoir agir au-deffous de la détente.

387. On exécutera de même le reffort de la levée : celui-ci doit être élevé , afin d'agir au-deffus de la détente fur la cheville qui fera portée par le talon de la levée d'échappement. On percera les trous des vis de ces refforts , qui feront à tête noyée : on percera également les trous pour les pieds de ces refforts, enfuite on trempera ces refforts , & on les fera revenir bleu pâle.

388. On trempera également la levée d'échappement: on fera revenir jaune feulement le canon & le talon, & le bout de la levée reftera de toute fa dureté.

389. On adoucira & polira cette levée : on ajuftera dans le trou du canon , la virole ou canon de cuivre ou d'or dont j'ai parlé ci-deffus (n° 385), laquelle on fera entrer à force : c'eft le trou de ce canon rapporté qui devra rouler fur la tige de la détente.

390. On fera les vis des refforts de détente & de levée d'échappement , & on pofera les refforts dans la pofition donnée par le plan , & fur les trous percés à cet effet , mais fans percer les pieds ; ce que l'on ne fera qu'en faifant les effets de l'échappement.

De l'exécution du méchanisme de compensation.

LA LAME COMPOSÉE.

391. La lame compofée de n° 45 , doit avoir vingt-une lignes de longueur; la largeur du bout fixé au pont eſt de cinq lignes ; & l'autre bout qui porte la vis , aura deux lignes $\frac{1}{2}$ de largeur : elle a deux rangs de rivets paralèlles aux côtés , dont la diſtance eſt d'une ligne ; la groſſeur des rivets de $\frac{2}{48}$ au plus.

L'épaiſſeur de la lame d'acier $\frac{7}{48}$; l'épaiſſeur de la lame de cuivre fera égale à celle d'acier , favoir $\frac{7}{48}$.

392. La groſſeur de la vis portée par la lame pour agir ſur le pince-ſpiral & régler l'Horloge , fera de $\frac{1}{12}$. Le trou pour le canon rivé ſur la lame compofée pour porter la vis $\frac{10}{12}$.

393. Pour exécuter la lame d'acier , on prendra de l'acier fondu en planches, on coupera une bande ayant cinq lignes de largeur & vingt-une de longueur : on la fera en pointe, le petit bout ayant deux lignes $\frac{1}{2}$: on amincira la lame , en ſorte qu'étant adoucie , elle ait $\frac{8}{48}$ d'épaiſſeur : on diviſera la largeur en quatre parties égales ſur chaque bout, & par les points de diviſion du bord , on tirera deux lignes, ſur leſquelles on marquera avec un compas les points pour percer les rivets diſtants entr'eux d'une ligne ; après avoir marqué un des côtés des rivets, on marquera les autres de l'autre côté , & de manière qu'ils ſe correſpondent ou ſoient paralelles entr'eux , ſelon le côté le plus large de la lame : on marquera au petit bout la place du trou de l'aſſiète qui doit porter la vis , & on percera ce trou de la groſſeur preſcrite.

394. Pour percer les trous des rivets on ſe ſervira de l'outil à percer droit.

395. Les trous des rivets étant percés , on fera à chacun d'eux un petit chanfrein pour la rivûre.

396. On trempera la lame ; mais pour empêcher qu'elle

ne fe courbe , on la placera entre deux plaques de fer
mince , de la longueur & largeur de la lame d'acier , ces
plaques doivent être percées de trous dans leurs longueurs
pour favorifer la trempe : on liera avec du fil de fer ces
trois pièces enfemble , & en cet état , on les fera chauffer
jufqu'à ce qu'elles foient d'un *rouge cerife* ; on trempera
le tout dans l'eau froide.

397. La lame d'acier étant trempée bien dur , on la
blanchira avec de la ponce & la fera revenir du bleu vif
jaunâtre. Si la lame étoit courbée, on pourroit la redreffer
en la faifant revenir fur une plaque de fer mife fur le feu,
comme on redreffe les reflorts : on adoucira & dreffera la
lame d'acier avec une lime détrempée & de la pierre à
huile , & l'ufera jufqu'à ce que fon épaiffeur foit exactement
dans toute fa longueur & largeur de $\frac{7}{48}$.

398. Pour faire la lame de cuivre , on écrouïra une
bande de cuivre , ayant au moins une demi-ligne d'épaiffeur,
propre à en faire plufieurs. Ce cuivre doit être rendu très-
dur & amené au marteau tout près de l'épaiffeur qu'elle doit
avoir.

399. On dreffera la lame à la lime , après l'avoir cou-
pée un peu plus longue & plus large que celle d'acier , &
on achevera à la mettre parfaitement d'épaiffeur dans fa
longueur & fa largeur avec la *pierre à l'eau* , & enfuite avec
le charbon , & de forte que cette épaiffeur foit exactement
de $\frac{7}{48}$.

400. On appliquera les deux lames l'une fur l'autre ,
les chanfreins des rivets de la lame d'acier étant en dehors ,
& on les ferrera l'une fur l'autre avec des tenailles à boucle , & entre la lame & la tenaille une carte : on fixera de
la forte le bout le plus large , laiffant déborder les deux
trous de rivets du bout : on percera ces deux trous à la
lame de cuivre , & on fera de petits chanfreins à cette
lame pour la rivure : on prendra des aiguilles à coudre de
groffeur à peu près des trous : on les fera revenir bleues,

on

on les limera pour les faire entrer dans les trous & les
chassera du côté de la lame de cuivre, & on rivera ces deux
premiers rivets : on ôtera la tenaille, & on percera deux
autres trous suivant ceux rivés, en se servant de l'outil à
percer droit : on fera les chevilles pour ces deux trous, en
les chassant à force toujours du côté de la lame de cuivre,
on les rivera, & ainsi de suite jusques au petit bout.

401. On percera au cuivre le trou fait à la lame d'acier
pour le canon : on fera ce canon que l'on rivera après avoir
taraudé son trou : on fera une fente au canon pour qu'il fasse
ressort : on fera la vis dont la tête portera un quarré pour faire
tourner cette vis & régler l'Horloge : cette vis devant agir sur
la palette d'acier du pince-spiral devra être faite en cuivre ou en
or, afin de diminuer le frottement ; car cette vis étant d'acier,
j'ai remarqué qu'elle fait une marque sur la palette qu'elle creuse.

402. On fixera le plus large bout de la lame composée
sur son pont, au moyen d'une traverse & de deux vis.

PINCE-SPIRAL.

403. Pour rendre le pince-spiral, plus simple le bras qui
porte la boîte doit être formé sur l'axe même, au lieu d'être
rapporté ; de même la palette, au lieu d'être rapportée est
formée sur l'axe & diamétralement opposée au bras, comme
cela est représenté Planche 1, *fig.* 13, ci-devant n° 39.

404. Pour exécuter l'axe du pince-spiral portant le bras &
la palette, on prendra de l'acier plat fondu.

405. L'axe du pince-spiral doit avoir $\frac{9}{12}$ lignes de diamètre ; le quarré pour recevoir la boîte doit avoir tout
fini $\frac{10}{48}$; sa longueur, cinq lignes : la palette doit avoir une
ligne de largeur & trois lignes & demie de longueur.

406. On exécutera donc cet axe portant le bras & la
palette d'après ces mesures, & étant bien tourné, limé &
figuré ; la face de la palette dirigée au centre de l'axe, &c.
on la trempera, & on fera revenir l'axe & le bras d'un
bleu fort vif ; mais la palette doit avoir toute la dureté de la

M

trempe ; ainſi pour faire revenir le reſte , on pincera la
palette avec une tenaille à vis qui l'empêchera de revenir :
on adoucira & polira toutes les parties de l'axe & de la
palette.

407. On fera la boîte du pince-ſpiral avec du cuivre
fort dur : on percera & étampera en quarré le trou pour
entrer ſur le bras , & on uſera petit-à-petit le bras avec
de la pierre à huile pour qu'il entre bien juſte avec un frottement léger dans toute la longueur du bras : on fera la vis
pour fixer la boîte ſur ſon bras.

PITON ET VIROLE DE SPIRAL.

408. Le piton de ſpiral doit avoir quatre lignes de longueur tout fini , & deux lignes & demie de largeur. L'é-
paiſſeur de la patte $\frac{8}{48}$; la mâchoire aura une ligne $\frac{4}{12}$ de
hauteur , & une ligne de largeur ; la vis qui preſſe & fixe
le ſpiral à fleur de deſſus de la patte.

La patte portera quatre vis pour caler le piton.

409. Le piton de ſpiral doit être fait en acier an-
glois fondu ; lorſqu'il ſera exécuté & bien adouci à la lime,
les trous des vis taraudés , &c. on le trempera & fera revenir bleu pâle : on l'adoucira à la pierre à huile , & on fera
les quatre vis à caler , & la vis, de preſſion portant un quarré
pour fixer le ſpiral : on fera également un couſſinet ſur
lequel doit agir la vis pour fixer le ſpiral , ce couſſinet en
cuivre entre juſte dans la mortaiſe du ſpiral.

VIROLE-RESSORT POUR FIXER LE PITON.

410. On exécutera la virole-reſſort qui doit ſervir à
fixer le piton de ſpiral ſur ſon pont : on exécutera également les deux vis de cette virole-reſſort, dont l'une attache ce reſſort-virole à la platine , & l'autre fixe le piton ;
mais on ne placera ces deux vis qu'après qu'on aura mis
le balancier en cage & que le ſpiral ſera exécuté.

411. La virole de fpiral aura une ligne $\frac{5}{12}$ de longueur toute finie ; fa groffeur doit être d'une ligne $\frac{9}{12}$; le trou de la virole fera de $\frac{7}{12}$; la virole étant tournée, on ajuftera deffus une plaque d'acier creufée du côté de la virole, & attachée par deux vis à tête noyée, on limera & trempera cette plaque ; & après l'avoir fait revenir, on l'adoucira, on fera les deux vis.

412. Tout au bout de la virole, du côté le plus petit du trou de cette virole, on placera une vis de preffion pour fixer la virole fur l'axe de balancier ; cette vis doit être placée à l'oppofite des vis de la plaque : cette vis aura une tête qui fera noyée dans l'épaiffeur de la virole ; mais fans que la tête porte fur le fond de la noyure, puifque c'eft le bout de la vis qui doit faire preffion fur le bout de l'axe.

De l'exécution du Spiral.

Voyez ci-après, addition au Chapitre V, article 11, & *Supplément*, n° 23.

De l'emboîtage du mouvement de l'Horloge, de l'exécution de la détente d'arrêt du balancier, l'ouverture du tambour pour avoir l'étendue des arcs.

413. Je fuppofe que l'on a fait exécuter la fufpenfion de l'Horloge, fon tambour, la batte & la lunette.

414. On fixera d'abord la batte fur le tambour : on marquera pour cet effet fur la batte la ligne de midi, en divifant cette batte en quatre parties, partant du milieu de la charnière ; le midi fera marqué à la première divifion à droite de la charnière, & paffer par la première à gauche. Cette ligne de midi doit correfpondre aux trous des pivots portés par le tambour pour former la fufpenfion ; la charnière de la lunette étant à gauche & répondant aux pivots portés

M 2

par le cercle de fufpenfion ; cette batte fera attachée par quatre vis au tambour.

4 1 5. On ajuftera la platine des piliers fur la batte : on dirigera le trait de repaire fait à fon bord, & lequel indique fon midi avec celui marqué à la batte : on attachera la platine fur la batte par quatre vis à tête plate.

4.1 6. On fera en face du midi, fur le tambour, une ouverture pour voir l'étendue des arcs. Cette ouverture fera placée au-deffus du pivot de fufpenfion du devant du tambour & à la hauteur requife pour répondre à la platine du balancier : cette ouverture aura quinze lignes de largeur & neuf lignes de haut ; elle fera recouverte par un cadre portant une glace courbée, ou fi on veut, par une pièce de cuivre entrant à couliffe fur le tambour & de maniere à être ôtée facilement lorfque l'on veut obferver l'étendue des arcs.

4 1 7. On fera faire la glace de la lunette ; cette glace ajuftée, on la fera percer d'un trou correfpondant au quarré de la fufée : on attachera fur la lunette une détente qui fervira à boucher ce trou pour empêcher la pouffière d'entrer. Cette détente fera preffée en dedans de la lunette par un reffort agiffant fur une cheville de la détente ; par ce moyen, dès qu'on a remonté le reffort moteur, la détente reprend fa place.

4 1 8. On exécutera la détente d'arrêt de balancier telle qu'elle eft marquée fur le plan ; cette détente confifte fimplement en une pièce de cuivre de neuf lignes de longueur, trois de largeur, & demi-ligne d'épaiffeur, attachée au milieu de fa longueur fur le dehors de la platine-cadran au moyen d'une vis à portée, afin que cette détente puiffe tourner à frottement, la détente porte à un bout une cheville de cuivre qui traverfe la cage du rouage pour aller arrêtee le balancier. Le bout de la détente, du côté de la cheville, eft terminé en pointe pour fervir d'index, qui répond aux lettres initiales *A* & *M*, pour marquer arrête

ou marche. Lorſque l'on pouſſe la détente vers l'une ou l'autre lettre, on arrête donc le balancier, on le fait marcher en lâchant cette détente.

Troiſième Partie de la Main-d'œuvre.

Du finiſſage de toutes les parties de l'Horloge à Longitude.

1°. DE L'EXÉCUTION DES PIVOTS.

419. L'exécution des pivots d'une Horloge ou Montre pour être faite avec plus de promptitude & de perfection, doit être diviſée en quatre tems ou opérations.

420. La première, c'eſt d'ébaucher ſucceſſivement tous les pivots, en leur laiſſant plus de groſſeur & de longueur qu'ils ne doivent en avoir, & couper les tiges trop longues.

421. La ſeconde, c'eſt de tourner ſucceſſivement tous les pivots de l'Horloge avec un archet de crin, & avec tous les ſoins poſſibles. Ces pivots doivent être parfaitement tournés ronds & unis; leurs portées faites au burin, bien planes, enſorte qu'il ne reſte qu'à les polir; il faut couper encore au burin ces pivots pour ne leur laiſſer que la longueur requiſe pour les polir; mais je dois obſerver ici que cette longueur des pivots ne doit pas être la même, même relativement à leur diamètre, parce que les gros pivots, depuis les plus gros juſqu'à ceux de ſecondes dont le diamètre eſt de $\frac{6}{48}$, doivent être polis en les faiſant rouler ſur leurs pointes : au lieu que les pivots de la roue d'échappement & ceux des rouleaux, en un mot tous les pivots au-deſſous de $\frac{4}{48}$, doivent être faits au bruniſſoir en les faiſant rouler ſur une broche en l'air du tour : or pour ce dernier moyen de terminer les pivots, on doit couper les pivots à leur juſte longueur, afin que le bruniſſoir puiſſe ôter plus facilement les traits du burin; au lieu que les pivots plus gros terminés ſur leurs pointes, doivent avoir pour longueur au moins

quatre fois le diamètre du pivot, afin d'avoir un appui pour la lime qui fert à les polir avec le rouge.

422. La troifième opération pour l'exécution des pivots confifte donc à les polir, favoir les gros pivots roulans fur leurs pointes en fe fervant d'une lime détrempée, parfaitement dreffées au moyen de rouge fin ; on polit en mêmetems le pivot & la portée ; & pour les pivots plus petits que $\frac{8}{14}$, on les polit au moyen d'un bruniffoir & de l'huile, le pivot roulant fur une broche en l'air, faite en acier trempé très-dure & dont la rainure a été polie.

423. Enfin la quatrième opération eft de couper de longueur tous les pivots de l'Horloge, & de terminer & de polir les bouts de ces pivots avec un bruniffoir, ayant foin qu'il ne refte pas de rebarbe.

424. On exécutera de cette manière tous les pivots de l'Horloge, tant ceux du rouage que des rouleaux du pince-fpiral, &c.

REMARQUE.

425. Avant de faire les pivots de la détente d'échappement, il faut premièrement faire le pivot de la palette, lequel eft formé par l'axe même. Ce pivot exige beaucoup de foins dans fon exécution, parce qu'il doit être diminué petit-à-petit, jufqu'à ce qu'il ait $\frac{1}{4}$ de ligne & qu'il entre bien jufte dans le trou du canon de la levée, & qu'étant poli, la levée foit bien libre, mais fans vaciller. Ce pivot de la levée étant fini, on ajuftera fur le bout une petite goutte en cuivre pour retenir la levée fur fon axe.

426. La levée d'échappement étant ainfi ajuftée, on fera les deux pivots de fon axe, & on levera les portées convenablement pour que la portée de la détente foit un peu plus élevée que la roue d'échappement.

427. Lorfqu'on levera les pivots inférieurs de la roue de fecondes, & de celle d'échappement, on fe fouviendra que les portées qui ont d'abord été marquées pour marquer

l'élévation des roues en cage marque l'affleure des platines,
& que les pivots inférieurs de fecondes & d'échappement ayant
des creúfures ou noyures dans l'épaiffeur de la feconde
platine, les véritables portées des pivots doivent defcendre
dans ces noyures.

De l'exécution des Pivots de Balancier.

428. On pourroit attendre pour exécuter les pivots de
balancier que les rouleaux fuffent mis en cage, leurs pivots
finis, &c.; mais il vaut mieux ne pas interrompre la fuite
du travail des pivots qui fe fera mieux en les exécutant
fucceffivement de la maniere expliquée ci-deffus. Pour donc
exécuter en même-tems les pivots de balancier, en fuivant
l'ordre indiqué : il faudra déterminer la place ou élévation
de ces pivots, ce qui n'eft pas auffi facile que pour ceux
des autres pièces. Je vais indiquer la méthode fûre & l'ordre à
fuivre pour les pivots de balancier.

429. 1°. Lorfque l'on aura fait à tous les pivots du
rouage & des rouleaux la première opération indiquée, c'eft-
à-dire, que ces pivots feront ébauchés, mais plus gros qu'ils
ne doivent être, on prendra les tiges des rouleaux n°ˢ 1 & 3,
on mettra les rouleaux 1 & 3 fur les affiettes de ces tiges,
fur lefquels ils doivent être mis un peu à force : on mettra
ces deux rouleaux dans leurs cages, en aggrandiffant les trous
faits aux platines pour ces pivots, & de forte que les pivots
y entrent librement. (Il n'y a pas de danger d'aggrandir ces
trous, puifqu'ils doivent être rebouchés, comme on le verra
ci-après).

430. On montera donc ces deux rouleaux en leur place
dans la cage : on mettra les goupilles : on prendra la feconde platine fur laquelle on placera la cage des rouleaux
& du balancier : on mettra les goupilles aux piliers à double
bafe qui s'affemblent avec cette feconde platine.

431. En cet état, on pourra déterminer à coup fûr la

place des pivots de l'axe de balancier ; car on fait que le
cercle d'échappement , & par conféquent l'affiète doit être
à fleur du dedans de la feconde platine ; donc en prenant depuis cette platine la jufte diftance au dehors du
rouleau n° 1 , on aura l'extrémité du pivot du balancier ;
& en prenant depuis cette même platine le dedans du rouleau n° 3 , on aura l'autre extrémité du même pivot. Pour
prendre ces mefures , on peut fe fervir d'une lame de cuivre
mince , fur laquelle on formera une double équerre pour
pofer fur le dedans de la feconde platine ; & la branche
du milieu entrant dans les trous des platines , on limera
le bout jufqu'à ce qu'il foit à fleur du dehors du rouleau
n° 1 , & on fera l'entaille pour le dedans du rouleau n° 3 : on
prendra ces mefures avec un maître-danfe , dont un bras ap-
puyera fur l'affiète du cercle qui repréfente le dedans de
la feconde platine ; l'autre bras marquera la place de la portée
du pivot ; & on fera les entailles à l'axe de balancier au bout
inférieur. Ce pivot ainfi marqué , on préfentera l'axe entre les
deux rouleaux paffant par les trous des platines ; mais on
obfervera qu'il faut donner plus de longueur au pivot pour
que les portées de l'axe ne puiffent jamais toucher aux rouleaux ; ainfi il faudra allonger le pivot par chaque bout de
l'épaiffeur d'un rouleau plus qu'on ne l'a d'abord marqué , &c.

432. Le pivot inférieur ainfi indiqué , & avant d'être
mis à fa groffeur , il faudra ajufter la virole de fpiral fur
le bout inférieur de l'axe faillant au dehors des rouleaux:
on obfervera pour cet effet qu'il faut placer la virole auffi près
qu'il eft poffible du rouleau n° 1 ; en conféquence on ne laiffera qu'un très-petit intervale entre la portée d'en bas du
pivot de balancier & la portée qui doit recevoir la virole.

433. On formera donc cette portée de la virole , &
on formera le pivot qui doit entrer dans la virole ; mais pour
donner le plus approchant la groffeur requife à ce pivot ,
on mettra la virole fur l'arbre liffe qui a fervi à le tourner,
& avec un calibre à pignon on prendra le plus gros du
trou par l'arbre liffe.

On

On diminuera donc le pivot de la virole pour l'amener à cette mesure, & on le tournera ainsi petit-à-petit jusqu'à ce qu'il entre juste sur la virole, & qu'il porte dans toute la longueur du trou ; mais la virole ne doit entrer jusqu'à la portée qu'après que le pivot de la virole est poli ; & encore la virole doit-elle entrer avec un leger frottement.

434. La virole ainsi ajustée, il faut couper au burin la partie de l'axe qui saille au dehors de la virole, & de maniere que la pointe conique de l'axe déborde la virole. Cette pointe de l'axe doit être tournée & faite avec beaucoup de soin, parce que c'est cette pointe qui doit rouler sur le diamant. On observera que cette pointe ou cône de l'axe ne doit pas être trop aigu, car pour que l'huile que l'on met sur le diamant pour adoucir le frottement, reste en place, il faut que ce cône fasse un angle d'environ quarante-cinq degrés, plus petit, l'huile s'en iroit. La pointe doit être un peu arrondie à peu près comme la pointe d'un pivot de $\frac{3}{48}$ lignes de diamètre.

435. Le bout de l'axe de balancier étant terminé, il faudra ajuster le diamant sur lequel la pointe de cet axe doit rouler & fixer ce diamant avec son coqueret sous le premier pont du pince-spiral. Voici de quelle maniere le diamant doit être ajusté.

436. On choisira un diamant taillé en *rose*, dont la base ou face soit parfaitement unie & polie. Cette face du diamant doit avoir au moins $\frac{8}{12}$ de lignes de diamètre.

437. Le diamant ainsi choisi sera fixé entre deux petites plaques de cuivre mince, qui formeront son coqueret. Ces deux lames seront liées ensemble par deux pieds ; l'une de ces plaques du coqueret sera percée d'un trou ou noyure faite quarrément pour recevoir la face du diamant, lequel sera retenu par la portée de la plaque ; ainsi cette face du diamant ne doit pas affleurer le dehors de la plaque, mais il doit rester une petite épaisseur pour soutenir la face de la rose ; l'autre plaque doit avoir un trou conique qui appuiera sur la partie conique de la rose, ce qui la retiendra & l'empêchera de remuer : ces deux

N

plaques ainfi affemblées avec la rofe, on aura un coqueret que l'on fixera fous le premier pont du pince-fpiral par une vis à tête plate, & de forte que le milieu de la rofe réponde au trou du pivot du pince-fpiral.

438. Maintenant il faudra préfenter le pont portant le diamant avec la pointe de l'axe de balancier ; & comme on a dû laiffer cette partie du pont plus épaiffe qu'il ne faut, il faudra l'amincir jufqu'à ce que l'affiète du cercle d'échappement foit à fleur du dedans de la feconde platine. On aura bien attention en faifant cet ajuftement, que le plan du diamant fe trouve en tout fens d'équerre avec l'axe de balancier, ou, ce qui revient au même, que l'axe de balancier étant en cage, foit vertical au plan de la rofe.

439. Pour achever ce qui concerne la préparation des pivots de l'axe de balancier, il ne refte plus qu'à lever & à ébaucher le pivot fupérieur de balancier, lequel doit rouler dans le pont ; mais ce pivot eft facile à déterminer, car puifque l'affiète du cercle d'échappement doit être à fleur du dedans de la feconde platine, il fuffira pour marquer la portée du pivot fupérieur, de préfenter l'affiète du cercle d'échappement fur la patte du pont de balancier & de marquer cette portée d'après le deffous du bec du pont : on ébauchera donc ce pivot en conféquence, & on le coupera de longueur ; les pivots de balancier étant ainfi préparés, on achevera de les tourner de groffeur & prêts à polir : celui du pont aura $\frac{4}{48}$, & celui des rouleaux $\frac{11}{48}$ de diamètre.

440. Les pivots de balancier étant tournés avec tous les foins poffibles, on les polira, & on terminera le bout du du pivot fupérieur après l'avoir coupé à fa jufte longueur, c'eft-à-dire à deux fois fon diamètre.

On achevera de la même maniere tous les pivots, tant du rouage que des rouleaux, &c. On coupera de longueur & on polira les bouts des axes de fufée & du barillet.

Ennarbrer les Roues & les Rouleaux ; les tourner
& dreſſer ; finir les Croiſées , &c.

441. On fera les chanfreins aux roues & aux rouléaux pour les rivures , & on les rivera ; je fais ces chanfreins tout ſimplement avec un outil à trois quarts ou triangle.

442. Les roues & les rouleaux étant rivés avec ſoin , il faut les dreſſer & les tourner légérement des deux côtés.

443. On emportera à la lime les traits du burin , en limant les roues & les rouleaux ſur un liége avec une lime douce , mais ſans toucher à la rivure qui doit reſter apparente pour plus de ſolidité.

On terminera les rivures & les aſſiètes ſur le tour , & on les polira.

Enfin on terminera les croiſées , tant des rouleaux que des roues , & celles-ci feront prêtes à arrondir.

Faire les dentures des Roues à l'outil à arrondir.

444. Avant d'arrondir les roues mêmes de l'Horloge ; il faut prendre les roues d'eſſai que l'on a dû préparer lorſ- que l'on a fendu le rouage de l'Horloge , ſavoir une roue de même diamètre , & même nombre que celle de fuſée , & une roue de même grandeur & même nombre que celle de minutes. Ces roues d'eſſai ſerviront à trouver les limes à égalir , & les limes à arrondir qui conviennent aux deux fortes de dents qui compoſent le rouage ; ces limes étant bien choiſies & amenées au point de faire les dents par- faitement droites , on fera des repaires ſur les plans mobiles du manche ou dauſſier de l'outil qui porte la lime pour amener l'outil au point de rendre les dentures parfaitement droites , on ſe ſervira de la vis de rappel portée par le dauſ- fier. Voyez *Traité des Horloges Marines* , n° 1126.

N 2

445. Les limes à égalir & celles à arrondir étant choifies, & le dauffier mis à fon repaire, on pourra travailler
d'abord à égalir, & enfuite à arrondir les roues de l'Horloge, opération qui doit être faite avec beaucoup de précaution, afin de ne pas diminuer la grandeur des roues,
mais arriver feulement au point que les dents foient arrondies
fans les accourcir ; il fuffit que l'éxtrémité de la dent foit
atteinte par la lime à arrondir & rien de plus.

446. On fera de cette manière & de fuite les dentures
de toutes les roues de l'Horloge, ainfi que celles du pignon de renvoi des heures porté par la fufée.

447. Pour faire ces dentures, on obfervera de ne pas
faire porter les roues par leurs pivots ; il faut au contraire,
qu'elles roulent fur les cônes qui terminent les portées,
ces cônes entreront dans les trous coniques des broches de
l'outil ; fans cette précaution, on feroit expofé à caffer les
pivots par l'effort que fait le dauffier, on lime fur l'axe
de la roue.

448. Pour foutenir encore mieux cet effort du dauffier &
de la lime, l'outil à arrondir porte un fupport que l'on fait
appuyer fur l'affiète de la roue ; par ce moyen, l'axe de la
roue ne fléchit pas. *(Traité des Horloges , n°. 1128.).*

Faire les Engrenages fur l'outil, & mettre les Roues
en cage.

Je vais indiquer ici l'ordre des procédés tels que je
les fuis.

449. Pour placer en cage la roue de fufée, je marque avec le plan ou calibre fa pofition fur le dehors de la
platine des piliers ; je perce le trou avec l'outil à *percer*
droit, & j'aggrandis le trou par le dehors de la platine.
L'outil à percer droit reftant en place, & fervant à aggrandir droit ; par cette méthode que j'emploie à tous les trous

des pivots le plus petit côté du trou se trouve du côté
le plus gros du pivot , & le frottement se fait contre la
portée ; par ce moyen , les pivots sont moins exposés à
casser , sur-tout ceux des rouleaux , & les pivots sont plus
libres dans leurs trous. Je finis de cette manière le trou
avec l'alezoir , toujours réglé par l'outil à percer droit.

450. Je marque l'autre trou de la fusée à la seconde
platine ; au moyen de *l'outil à planter*, je le perce & l'aggrandis selon la méthode que je viens d'exposer.

451. Je fais sur l'outil l'engrenage de la roue des heures avec le pignon de renvoi porté par la roue de fusée.

Pour marquer la position de cette roue sur la platine , telle
qu'elle est sur le plan , je prends avec un compas la distance dont cette roue est éloignée du centre des platines ,
& je trace une portion de cercle qui indique cette distance
vers l'endroit où cette roue doit être placée en cage. Je
pose la pointe de l'outil d'engrenage dans le trou du pivot
de fusée en dehors de la platine des piliers ; & avec l'autre
pointe de l'outil , j'appuie avec le compas & marque sur
la portion de cercle un point qui indique & la position de
la roue & son engrenage ; je prends l'outil à percer droit
que je centre sur le point marqué en dehors de la platine ,
& je perce & aggrandis ce trou selon la méthode indiquée ci-dessus. Je finis le trou avec un alezoir : or comme
les platines sont parfaitement dures & que les trous sont
encore durcis par l'alezoir , on n'aura pas besoin de reboucher les trous des gros pivots du rouage , sur-tout ayant
soin de tenir les engrenages à l'outil plus fort que foible.

452. Je marque avec l'outil à planter l'autre trou de
la roue des heures sur la seconde platine ; je le perce droit
avec l'outil & l'aggrandis , & je passe l'alezoir , ainsi la roue
des heures se trouve mise en cage.

453. Je fais sur l'outil l'engrenage de la roue de fusée
avec le pignon de minutes , & prends avec un compas la
distance de la roue de minute au centre des platines ; je
trace une portion de cercle sur le dehors de la platine des

piliers ; je pofe une pointe du compas dans le trou de la fufée , & avec l'autre pointe je forme un point fur la portion de cercle ; je perce & aggrandis, comme il eft dit ci-deffus, & termine le trou avec l'alezoir toujours réglé par l'outil à percer , placé en dehors de la cage ; je marque le trou à la feconde platine avec l'outil à planter , je le perce , aggrandis , &c.

454. Les trous des pivots de la roue de fecondes ont été percés ci-devant à la platine , parce que fa pofition doit être fixée , étant d'ailleurs réglée fur le plan par fon engrènage avec le pignon d'échappement. Ainfi pour mettre cette roue en cage , il faudra reboucher fes trous avec de bon cuivre de chaudière bien durci ; ces bouchons doivent être mis à vis & les trous percés fur le tour : on les rebouchera donc , & on les aggrandira avec l'outil à percer droit.

455. Lorfque la roue de fecondes fera mife en cage, on fera l'ajuftement du pont de précaution de cette roue. Pour cet effet , on aggrandira le trou qui a été fait à ce pont pour le paffage de la tige : on l'aggrandira donc de manière que le bout inférieur de la tige de cette roue y entre & avec affez de jeu : on préfentera ce pont fur la platine , la roue de fecondes étant en place, & on aggrandira & déjettera ce trou s'il eft befoin , ce que l'on verra en pofant la feconde platine.

456. La pofition de la roue d'échappement doit également être fixe & les trous font percés à la feconde platine & au pont : on rebouchera ces trous de la même manière que ceux de la roue de fecondes.

457. Toutes ces roues étant mifes en cage , de la manière que je viens de le dire , je fais enfin l'outil, l'engrènage de la roue de minute, avec le pignon de la roue moyenne, & je pofe une pointe de l'outil d'engrènage dans le trou du pivot de minutes , & je trace fur le dehors de la platine des piliers une portion de cercle qui indique l'engrènage de la roue de minute avec le pignon de la roue moyenne ; je fais également fur l'outil l'engrènage de roue moyenne

avec avec le pignon de fecondes ; je pofe la pointe du compas dans le trou du pivot de fecondes, & trace en dehors de la platine des piliers une portion de cercle qui coupe la portion de cercle déja tracée pour l'engrènage de minutes ; je marque un point par l'interfection de ces deux lignes, & j'ai la pofition de la roue moyenne ; je perce avec l'outil à percer droit ce trou, l'aggrandis, &c. & marque le trou correfpondant à l'autre platine avec l'outil à planter, je le perce, aggrandis, &c.

458. Je mets également en cage les rouleaux dont les trous doivent être rebouchés avec d'excellent cuivre de chaudière ; ces bouchons mis à vis & entrés fortement, je les aggrandis par la même méthode prefcrite, en employant l'outil à percer pour les aggrandir bien droits, & toujours par le dehors des platines.

On obfervera que s'il y a des roues trop hautes en cage, il faudra faire de légères noyures aux platines pour que les roues & rouleaux aient le jeu convenable en hauteur.

Enfin on mettra également en cage, par les mêmes procédés, le pince-fpiral & la détente d'échappement, dont les trous doivent être rebouchés.

Le pince-fpiral étant mis en cage, on exécutera le reffort, qui doit le preffer ; ce reffort eft porté par le fecond pont : il doit agir tout près du centre.

Finir les Engrènages.

459. Toutes les roues étant mifes en cage, je finis les engrènages en diminuant avec l'outil à arrondir les roues dont l'engrènage eft trop fort, ou en rebouchant les trous des roues dont l'engrènage eft trop foible ; mais j'évite ce dernier effet, par les précautions que je prends, en faifant les engrènages à l'outil qui d'ailleurs eft affez exact.

460. Les engrènages étant finis, & les dentures achevées, on adoucira toutes les roues à la pierre à l'eau, afin d'ôter les rebarbes, & ces roues feront prêtes à polir.

Remarque fur les Engrènages.

461. Pour examiner avec sûreté la nature des engrènages & juger s'ils font à leurs points, il faut percer
aux deux platines du rouage des trous qui répondent précifément à l'endroit où la roue engrène dans le pignon:
chacun de ces trous doit être dans la ligne des centres de
la roue & du pignon ; par ce moyen facile, on voit très-
bien comment les dents des roues agiffent fur ces pignons,
& fi les engrènages font trop forts ou trop foibles. *Voyez*
fur les Engrènages, *Effai fur l'Horlogerie*, (n° 590, n°s 1424,
1444, 974).

Pofer les Cadrans.

462. Avant de faire les noyures ou creufures pour
l'huile des pivots , il faut pofer les trois cadrans. Pour cet
effet, je commence par celui des heures, prends un arbre
liffe , dont le bout entre jufte dans le trou du pivot de
cette roue fait à la platine des piliers , je chaffe un bouchon
fur cet arbre, que je tourne jufte de la groffeur du trou du
cadran ; ce bouchon doit être chaffé de forte qu'en pofant
fur la platine le bout de l'arbre entre jufte dans le trou du
pivot : en cet état, je place le cadran fur la platine, centré par l'arbre , & fixé par une tenaille à vis ; je perce au
cadran les deux trous percés à la platine , l'un pour le pied,
& l'autre pour la vis qui fert à fixer le cadran ; j'aggrandis
par le dehors du cadran ces deux trous bien droits.

463. J'emploie les mêmes moyens pour centrer les deux
autres cadrans & pour percer les trous des vis & des pieds;
ayant foin, en les démontant , de faire des repaires fous
les cadrans & à la platine ; celui des heures, par un point;
& celui des minutes, par deux points ; celui de fecondes,

par trois points. Ces repaires placés auprès des pieds afin de ne pas se tromper.

464. On fera & chassera les pieds sur les trois cadrans, ensuite on fera les vis dont les têtes doivent être à cône & noyées dans l'épaisseur du cadran ; les vis sont placées du côté du 60 du cadran.

Faire les Noyures pour l'huile des Pivots.

465. Pour faire les noyures aux trous des pivots pour recevoir l'huile, il faut se servir de l'outil à noyure ou à percer droit.

466. Ces noyures doivent avoir juste la profondeur requise pour que le bout du pivot affleure le fond de la noyure.

467. On fera de cette manière toutes les noyures des trous des pivots tant du rouage que des rouleaux.

468. On observera que les trous des pivots qui roulent sur leurs pointes sur des coquerets d'acier, tels que celui d'en-bas de secondes : celui d'en-bas de la roue d'échappement, celui d'en-bas de la détente d'échappement, & celui du pince-spiral, ne doivent pas avoir de noyure ; ce sont les coquerets d'acier qui retiennent l'huile de ces pivots.

Mettre libre les Pivots de l'Horloge, tant du Rouage que des Rouleaux, &c.

469. Pour mettre parfaitement libre chaque pivot de l'Horloge dans son trou, il faut mettre successivement chaque roue & rouleau en cage, & aggrandir à mesure chaque trou reconnu trop juste ; & pour faire cette opération avec précision, on se servira également pour cette opération très-délicate de l'outil à percer droit.

470. On observera que les pivots ne doivent avoir dans

O

leurs trous que le jeu néceffaire pour que l'huile épaffie n'en gêne pas le mouvement , en général je donne peu de jeu aux trous des pivots.

471. Si on a trop aggrandi des trous, on les rebouchera ; on mettra libre de cette manière les roues & les rouleaux, la détente d'échappement, le pince-fpiral , &c.

Mettre le balancier en cage.

472. Avant de travailler à mettre le balancier en cage, il faudra monter le balancier fur fon axe , & le dreffer par les croifées , de manière qu'il tourne parfaitement droit : on montera également le cercle d'échappement : on aggrandira le trou fait au pont du balancier pour le pivot ; mais fans le reboucher encore, parce que pour le reboucher, il faut voir s'il n'a pas befoin d'être *dejetté,* pour mettre le balancier droit en cage.

473. Avant de mettre les rouleaux en cage , il faut les tourner parfaitement ronds , en les faifant tourner fur les cônes des porteés des pivots ; le bord des rouleaux doit être arrondi avec foin au burin fur le tour & tourné bien uni.

474. On remontera les deux rouleaux n° 2 & 3 dans leurs cages ; l'on mettra les goupilles de la cage des rouleaux : on metttra le balancier en place fur la troifième platine.

475. On mettra en place la feconde platine que l'on affemblera avec les trois piliers , cage du régulateur.

On mettra les goupilles.

On mettra en place le pont du balancier , fur la feconde platine on attachera ce pont par fa vis.

On mettra auffi le pont du pince-fpiral qui porte le diamant pour maintenir l'axe ; & fi le pont du balancier eft trop bas , on le limera pour que cet axe ait le jeu convenable en hauteur.

476. En cet état , en tenant la cage verticale, le pivot

d'en-bas du balancier, pofant entre les deux rouleaux, on verra fi le balancier eft droit en cage, & quel fera le rouleau qui demande à être diminué pour mettre le balancier droit ; mais avant de diminuer les rouleaux, il faut préfenter le rouleau n° 1, afin de voir s'il peut entrer à fa place, c'eft-à-dire, fi les rouleaux font trop grands ; car s'ils n'ont que la grandeur requife, il faudra mettre le balancier droit en cage en ettirant le trou du pivot du pont de balancier.

477. Mais en fuppofant que les rouleaux font plus grands qu'il n'eft befoin, on les diminuera petit-à-petit, & de maniere à mettre droit le balancier en cage, on démontera en conféquence le balancier & les rouleaux pour les diminuer.

478. On aura attention à ne tourner & diminuer que petit-à-petit les rouleaux, car fans cette précaution on feroit obligé de rapprocher un des rouleaux, en rebouchant les trous de fes pivots, & il faut que lorfque le rouleau n° 1 eft en cage, & que le pivot du balancier eft jufte, entre les trois rouleaux, il faut, dis-je, que ce rouleau n° 1 foit parfaitement droit en cage.

479. Les rouleaux étant ainfi mis de grandeur & tournés parfaitement ronds, les bords arrondis, &c. on les démontera ainfi que le balancier, & on paffera un bruniffoir à pivots avec de l'huile fur le bord des trois rouleaux.

480. On rebouchera avec d'excellent cuivre de chaudière le trou du pivot, au pont du balancier, & on l'aggrandira droit & libre, en rebouchant ce trou : on l'étire, s'il en eft befoin, pour achever de mettre le balancier droit en cage.

481. On remontera les rouleaux & le balancier, & on verra fi le pivot fupérieure du balancier eft libre dans fon trou ; & fi le balancier eft droit en cage, on corrigera l'un & l'autre felon le befoin.

482. Enfin le balancier mis libre & droit en cage, le

rouleau n° 1 étant aussi droit en cage , lorsque le pivot
inférieur du balancier est juste entre les trois rouleaux ; en
cet état, on percera un trou pour un pied à chaque bout
de la barette du rouleau n° 1 , on fera & chassera ces
pieds à la barette.

483. Pendant que le balancier est remonté , il faudra
poser la vis du piton & celle du ressort-virole de pression de ce
piton ; mais pour placer exactement la vis du piton à la place
qui lui convient , il faudra monter sur la virole de spiral, un
des ressorts spiraux que l'on a exécuté , on mettra la virole
& le spiral à sa place sur le pivot prolongé de l'axe de balancier ; en cet état , on posera le piton sur son pont , lequel
on attachera à la platine. On fera entrer le bout du spiral
dans la mâchoire du piton : & on fixera ainsi le piton avec le
bout extérieur du spiral.

484. Le piton ainsi fixé au spiral , on marquera un point
pour la place de la vis , dans le milieu de la longueur de la
fente du piton ; & le piton placé lui-même au milieu de la
largeur de son pont ; on percera & taraudera le trou de la
vis du piton : on finira la vis, & on la mettra en place ,
ainsi que la virole - ressort. En cet état , on marquera sur
la platine la place de la vis qui doit fixer le bout du ressort
de la virole : on percera & taraudera cette vis que l'on
terminera , &c.

485. On démontera le balancier & les rouleaux : on
allongera tant soit peu, avec une lime à queue de rat , un
des trous des pieds de la barette , afin qu'en éloignant
la barete , on puisse donner la liberté convenable au pivot de balancier entre les rouleaux : on aggrandira en
conséquence le trou de la vis de ce même bout de la barette,
on adoucira les rouleaux avec la pierre à eau.

Graduer les Cadrans & la troisième Platine pour indiquer les Arcs décrits par le Balancier ; faire graver les chifres & ajuster les aiguilles des Heures , Minutes , & de Secondes ; mettre le noir dans les gravures, &c.

486. Pour graduer les trois cadrans & la platine du balancier , il faut d'abord les adoucir avec la pierre à l'eau, ensuite avec un compas portant une pointe à couper : on tracera profondément les cercles qui doivent terminer les divisions des cadrans & de la platine du balancier ; les cadrans selon la proportion indiquée *figure* 5 , Planche VI du *Supplément*, & la platine pour que les divisions soient marquées par le dehors du diamètre du balancier.

487. On posera les trois cadrans sur la platine des piliers , & on les attachera avec leurs vis , afin de tracer un trait fin à chaque, lequel passe par le centre du trou du pivot , & par le milieu de la vis pour indiquer le 60.

488. La platine du balancier aura deux cercles de division , l'un pour les degrés placés tout près le balancier, & l'autre pour les divisions de dix en dix degrés , & de cinq en cinq degrés ; c'est sur ce cercle que les chifres seront gravés ; celui-ci sera en dehors des gradations des degrés. Il n'est pas nécessaire que les divisions de degrés en degrés soient graduées dans toute la circonférence , mais seulement une portion depuis 90 d. à 150 d. ; mais les divisions de 10 en 10 d. se feront dans toute la circonférence de ce cercle.

489. La portion du cercle graduée de degrés en degrés, devra être placée dans la direction du midi du cadran , afin qu'elle se présente sur le devant du tambour pour être mieux vues.

490. Pour donc déterminer sur la platine la place de ces graduations en degrés , on tirera une ligne qui passera par le centre de la platine & par le centre du balancier. L'endroit où cette ligne coupe le cercle des divisions sur le devant

du balancier, fera le 120ᵉ degré ; 30 degrés feront gradués en fus, jufqu'à 150 ; & 30 en deſſous, pour 90. Cette ligne repréſentera auſſi le milieu de l'ouverture du tambour.

491. On placera donc la platine fur le taſſeau de la machine à fendre ; & l'alidade étant fur le nombre 360, on fera correſpondre la ligne de 120 avec le tracelet : on graduera tout le tour du cercle extérieur de 10 degrés en 10 degrés, & enſuite de 5 en 5 degrés ; enſuite on graduera les degrés de un à un, depuis cette ligne 30 en fus & 30 au-deſſous, on les marquera par des chifres : & du 120 en deſſous en allant à droite : on comptera juſqu'à 0, que l'on marquera un 0, pour repréſenter le point de repos du balancier, c'eſt-à-dire, que ce point à la ligne de 120ᵈ., il y aura effectivement 120ᵈ. d'intervale.

492. On graduera de même les cadrans de minutes & de fecondes fur le nombre foixante, en commençant par les diviſions de 5 en 5 minutes, enſuite on graduera les minutes.

493. Le cadran des heures fera gradué avec le nombre 48, afin de le diviſer en heure, demie & quart.

Voyez *Traité des Horloges Marines*, n° 1256, la manière de graduer les cadrans, &c. ; & *Supplément*, la deſcription de l'inſtrument à graduer, n° 510.

494. Les cadrans & la platine étant gradués on paſſera la pierre pour ôter les rebarbes, & on fera graver les chifres, enſuite on remplira la graduation & les chifres de cire noire, en faiſant chauffer ces pièces avec une chandelle. Cette opération faite, il faut emporter avec la ponce, & enſuite avec la pierre toute la partie de cire qui recouvre les diviſions.

495. Pour achever ce qui concerne cette partie, il faudra ajuſter les aiguilles ; & pour cet effet, faire des canons qui entrent juſte fur les bouts prolongés des pivots des heures, de minutes & de fecondes ; avant de river les canons fur les aiguilles, il faudra polir ces aiguilles après les avoir adoucies à la pierre à l'huile : les aiguilles polies & fixées fur leurs canons, on les bleuira.

Faire l'Echappement libre de l'Horloge.

1°. Fendre la Roue d'échappement, & finir les dents.

496. La roue d'échappement doit être fendue toute ennarbrée , afin d'être plus juste : on tournera donc cette roue parfaitement ronde , & de la grandeur donnée par le plan : on tournera cette roue , en la faisant rouler sur les points coniques des portées des pivots.

497. Pour fendre la roue d'échappement , il faut avoir un tasseau fait exprès , & qui soit juste de la grandeur du fond des dents. Pour l'Horloge n° 45 , ce tasseau a juste six lignes & demie de diamètre.

498. La fraize qui doit fendre une roue d'échappement, comme celle de n° 45 , à échappement libre , doit être droite d'un côté , & ce côté n'est pas taillé ; c'est le côté gauche , & c'est ce côté qui forme le devant des dents : le bord de la fraize est quarré & taillé ; son épaisseur est de $\frac{1}{12}$ de ligne , c'est ce bord qui forme le fond des dents : l'autre côté , qui est celui à droite , est incliné d'environ 45 degrés , & il est taillé ; c'est ce côté qui forme le derrière des dents , & rend ce derrière incliné.

499. On placera cette fraize sur l'arbre ou porte-fraize de la machine à fendre , ayant soin de bien serrer l'écrou. On placera sur l'arbre de la platte-forme un tasseau à vis dont la pointe tourne bien rond , afin de servir à centrer la fraize ou plutôt à la déjetter à gauche de cette pointe de toute l'épaisseur du bord de la fraize , afin que les dents de la roue ne soient pas dirigées au centre , mais plutôt rendue un peu à rochet , afin que ce soit la pointe de la dent qui agisse plutôt que sa face.

500. La fraize mise hors du centre de la quantité susdite, on fixera les vis du porte-fraize , & de sorte que celui-ci n'aie pas de jeu sur les pointes des vis qui le portent.

501. On retirera le tasseau à pointe qu'on avoit mis sur l'arbre de la platte-forme, & à sa place on mettra le tasseau qui doit servir à fendre la roue d'échappement & on le fixera.

502. On avancera ou reculera le coulant qui porte l'*H* de la machine à fendre, jusqu'à ce que la fraize affleure le bord du tasseau, ce qui réglera l'enfoncement de la roue, on fixera le coulant par sa vis.

503. On retirera les quatre vis portées par le tasseau, & on placera la roue sur le tasseau, en faisant entrer le pignon de la roue dans le trou du canon de ce tasseau : on recouvrira la roue par la rondelle du tasseau ; & on mettra les quatre vis, mais sans fixer la roue seulement qu'en la frappant légèrement on puisse la rendre concentrique à l'axe de la platte-forme.

504. Pour centrer parfaitement la roue on se servira du compas à michromètre que j'ai disposé à cet effet, & dont on trouve la description, Essai sur l'Horlogerie, n° 446 & 447. La roue étant parfaitement centrée, on serrera les 4 vis du tasseau pour la bien fixer ; en cet état, la roue sera prête à fendre.

505. La roue d'échappement de l'Horloge n° 45, doit avoir seize dents ; & pour la fendre, on se servira du nombre 96 de la platte-forme.

506. On placera donc la pointe de l'alidade sur ce nombre & rendra cette alidade fixe, tant par sa pointe que pour l'empêcher de s'écarter du cercle de division 96 : on fendra une dent, on sautera, ou comptera six points du diviseur ; & au sixième, on mettra l'alidade dans le point de division : on fendra une seconde dent, & ainsi de suite, jusqu'à ce que l'on ait fait le tour.

507. Revenu à première dent fendue, on avancera d'un point, & on taillera du côté du plan incliné pour emporter le trop de matière qui remplit l'intervale d'une dent à l'autre : on passera de même un second point, on taillera cet intervale, & ainsi de suite, jusqu'à ce que la dent étant terminée en pointe naye plus que la force convenable, &

telle

telle qu'on le voit dans les *figures* 4 & 5 , Planche I. On usera & taillera de la même manière tous les intervales des autres dents de la roue.

508. La roue étant fendue , on l'ôtera de deſſus le taſſeau ; & avec une lime douce , on ôtera les rebarbes des deux côtés de la roue.

509. Avant de terminer & adoucir les dents de la roue, il faudra *friſer* les pointes des dents ; pour cet effet, on la placera ſur le tour , les pointes de l'axe tournant ſur les broches à lunette du tour : on diſpoſera le ſupport dans une poſition paralelle à l'axe de la roue ; ce ſupport étant élevé à la hauteur du haut des dents , on appuiera ſur le ſupport une lime douce, plate à barette , & on friſera légèrement les pointes des dents , au moyen d'un archet de crin ; en-ſorte que l'on n'ôte que les bavures ſeulement de ces pointes.

510. On prendra une lime à barette batarde pour limer le fond des dents , dont on ôtera les marques de la fraize , & en ſuivant exactement la courbure de ce fond ; enſuite on adoucira ce fond avec une lime plus douce , on tirera en long ce fond , & on paſſera le bruniſſoir. Pour faire cette première opération du fond des dents, on atta-chera une petite planche mince à l'étau ; cette planche percée d'un trou pour loger le pivot & le bout de l'axe, afin que la roue puiſſe poſer à plat ſur la planche.

511. On ôtera cette planche de l'étau , & à ſa place on mettra un bouchon de liége , ſur lequel on fera appuyer le côté incliné d'une dent ; & en prenant la lime à barette la plus douce , on limera le devant de la dent pour ôter les marques de la fraize. Cette opération exige les plus grandes pré-cautions pour ne pas rendre les dents inégales en limant plus d'une dent que de l'autre : on doit ſur-tout ménager les pointes des dents ; pour cet effet , on doit commencer à limer vers le fond des dents , & allant petit-à-petit juſ-qu'à ce que la pointe ſoit atteinte , & qu'il ne paroiſſe aucune marque de la fraize : on fera la même opération à toutes

P

les faces des dents , & enfuite au derriere, c'eft-à-dire , à la partie inclinée , & avec les mêmes précautions , enforte que les dents foient terminées en pointes & pas trop aiguës , mais reftant un petit plat imperceptible.

§ 12. Les faces des dents étant ainfi adoucies , on les tirera en long de même que le derriere de ces dents , & on paffera un bruniffoir fur toutes les faces de devant & de derrière.

§ 13. Enfin avec un bruniffoir doux à pivot on ôtera les petites carres des pointes des dents , tant fur la face que fur le côté incliné , opération qui s'exécutera en pofant la roue fur la planche que l'on attachera à l'étau.

§ 14. Les dents de la roue étant ainfi terminées , on adoucira les deux plans de la roue avec une pierre douce à l'eau , ce qui ôtera les rebarbes , & cette roue fera prête à polir.

§ 15. La roue d'échappement étant finie , il faudra remonter le balancier dans la cage avec les rouleaux ; pour cet effet , il faudra nétoyer la 2e , la 3e & la 4e platine , & les trous des pivots, tant des rouleaux que de la roue d'échappement , & de la détente & de leurs ponts. On nétoyera de même les pivots des rouleaux de la roue de la détente d'échappement : on placera le cercle d'échappement fur fon affiète, attaché par fa vis ; & fi ce cercle entroit trop jufte fur fon affiète , il faudroit remettre l'axe fur le tour pour diminuer l'affiète , enforte que ce cercle entre librement , parce que le balancier étant tout monté dans fes cages , il fera néceffaire , en démontant le pont de balancier feulement , de pouvoir ôter le cercle , foit pour le mettre de grandeur , ou foit pour exécuter les effets de l'échappement, comme on le verra ci-après , & cela fans être obligé de démonter le balancier de dedans les cages.

§ 16. On mettra également le balancier fur fon axe , & à fon repaire , on le fixera par les trois vis , on nétoyera les pivots du balancier.

5 1 7. Tout étant ainsi préparé, on mettra en cage les rouleaux n°s 2 & 3, & on mettra les goupilles pour fixer la troisième & la quatrième platine ou cage des rouleaux : on mettra le balancier sur la platine à sa place ; on posera la seconde platine sur les trois piliers qui l'assemble avec la cage du régulateur : on mettra les goupilles, on mettra en place le pont du balancier, en tenant la cage verticalement, de manière que le pivot inférieur de balancier, appuie sur les rouleaux qui sont en cage.

5 1 8. En tenant la cage dans la position susdite on mettra en place le rouleau n° 1, & le fixera avec sa barette, & de sorte que le pivot n'ait pas de jeu entre les rouleaux, mais sans être trop juste.

5 1 9. On mettra en place le premier pont du pince-spiral, lequel porte le diamant sur lequel doit rouler la pointe inférieure de l'axe de balancier.

5 2 0. On posera la cage, montée horizontalement sur une *main*, la seconde platine qui doit porter l'échappement étant en haut, par conséquent le balancier pouvant tourner horizontalement sa pointe roulant sur le diamant, en un mot, dans sa position naturelle, & qui servira à l'exécution des effets de l'échappement qui se produiroit selon l'ordre que je vais indiquer.

Mettre le Cercle de grandeur.

5 2 1. La première opération qu'il faut faire, c'est de diminuer le cercle d'échappement, & de sorte qu'il entre juste entre deux dents de la roue. Pour cet effet, il faut ôter la vis de ce cercle, & sans démonter le balancier élever ce cercle assez pour qu'on puisse mettre la roue d'échappement à sa place ; alors en laissant descendre le cercle sur la roue, on verra de combien il anticipe de trop sur les pointes de deux dents.

5 2 2. On ôtera le pont du balancier, & on retirera le

cércle de deffus fon axe, & on le mettra fur l'arbre liffe
qui a fervi à le tourner ; on diminuera donc un peu de fon
diamètre, & on le préfentera de nouveau fur l'axe du balancier : on répétera cette opération jufqu'à ce que le cercle entre dans l'intervalle de deux dents de la roue, mais
fans forcer, & plutôt avec un jeu léger, c'eft-à-dire, qu'en
touchant à la roue & la pouffant en avant & en arrière, il
y ait un très-petit jeu.

DÉTENTE.

§ 23. Le cercle d'échappement étant mis de grandeur, & la
roue étant *en cage* avec fon pont, ainfi que celui de balancier :
on remettra la vis qui fixe le cercle fur fon affiète : on mettra
la détente d'échappement en cage avec fon pont, & fans
fa palete : or il arrivera néceffairement que le petit bras
de la détente, fitué devers le cercle d'échappement fera trop
long & touchera au cercle, enforte que la détente ne pourra
pas entrer à la place ; on limera donc de ce bras pour l'ac-
courcit, afin qu'il ne puiffe pas toucher au cercle d'échappement, & on doit accourcir ce bout avec précaution, car c'eft
lui qui doit porter la cheville fur laquelle la palette doit
agir pour élever la détente. On fera approcher le bout de
cette détente contre la dent de la roue d'échappement fur
laquelle elle doit agir pour arrêter cette dent & fufpendre l'action de la roue fur le balancier, tandis que celui-ci
tournera librement : mais comme le long bras de la détente a été tenu plus long qu'il ne faut, le talon qu'il porte
ne doit pas devoir entrer fous la dent : on verra combien
on devra limer de ce talon pour le faire entrer fur le devant
la dent.

§ 24. On démontera la détente, & on limera du bout
du talon un peu obliquement, & jufqu'à ce que le bout
commence à entrer fous la face de la dent.

§ 25. Lorfque le bout du talon fera conduit à ce point,
on démontera la détente, on ôtera l'axe de la détente, &

avec un compas dont une pointe entrera dans le trou fait
pour le pivot de l'axe ; avec l'autre pointe on marquera
une portion de cercle qui passera par l'extrémité angulaire
du talon au point connu qui entre sous la face d'une dent :
on tracera aussi sur le talon ou palette un trait intérieur qui
fixe l'épaisseur de cette palette qui peut-être de ¼ de ligne :
on limera le bout du talon selon cette portion de cercle, mais
sans emporter le trait : on limera de même le dedans du
talon selon le trait du compas, on terminera le bout de ce
talon en plan incliné pour faciliter le dégagement de la dent
lorsqu'elle échappe : on limera le dedans du bras de la
détente, lequel doit être dirigé au centre & on l'adoucira :
on replacera la détente sur son axe, & on mettra la détente en cage pour voir si on a assez limé pour que ce talon
entre sous la dent : or comme il est ici question d'une
extrême précision, on ne doit limer que petit à petit ce talon
en lui conservant toujours la forme de portion du cercle,
& il faut même qu'étant bien adouci & dressé ce talon'
n'entre sous la roue qu'en forçant légèrement, afin qu'après
qu'il sera trempé le cercle d'échappement aie un petit jeu
entre les deux dents de la roue, & également avec le
devant ou face de l'une des pointes de ces dents, & le
derrière ou côté incliné de l'autre pointe de ces dents, &
cela lorsqu'on appuie la roue contre la détente ; & pour
qu'après la trempe cette condition indispensable aie lieu, il
faut que pour le moment le talon de la détente ou portion de cercle qui le termine ait un peu plus de longueur,
quitte après la trempe à user un peu avec la pierre à huile
pour l'amener à cet état.

Effets des Ressorts, &c.

526. La détente ainsi préparée, on la remettra à sa
place en cage par son pont, afin d'en régler la course,
c'est-à-dire, l'enfoncement du talon sous les dents de la roue

pour en former l'arrêt. Pour cet effet, il faut marquer
sur la platine la place de la cheville contre laquelle le
bras de la détente sera arrêté ; cette cheville doit être
placée en dehors de la roue vers l'extrêmité du bras & en
dedans de la palette, & que, ni le talon ne puisse toucher
à cette cheville, ni cette cheville placée trop près de la
roue ; mais au contraire avec un intervalle d'au moins un
quart de ligne comme sur le plan ; cette cheville devra
avoir $\frac{12}{48}$ environ de grosseur ; on marquera & percera le
trou, & on mettra la cheville en place.

527. On mettra à sa place le ressort préparé pour la
détente, & lequel doit passer en dessous, on le mettra de
largeur, longueur, &c. & de sorte qu'il aille tout près du
canon de la détente : on marquera la place de la cheville
sur laquelle ce ressort doit agir, & de sorte que son action
se fasse dans la *ligne des centres*, & le plus près du centre
qu'il se pourra ; on mettra simplement à force cette cheville & non à demeure.

528. On mettra à demeure la cheville du talon de la
levée : on posera à la place le ressort de la levée, on
le mettra de hauteur, de largeur & de longueur, afin qu'il
agisse tout près du centre sur la cheville du talon de la
levée.

529. Les ressorts de la détente & de la levée étant en
place, & agissant l'un sur la détente, & l'autre sur la levée
d'échappement, on marquera la place de la cheville que le
petit bras de la détente doit porter pour que la levée élève
la détente ; cette cheville doit agir sur le derrière de la
levée, & doit être placée tout au bout du petit bras, &
être tellement placée que la détente posant sur la cheville
d'arrêt la levée soit exactement dirigée au centre du balancier.

530. On marquera donc en conséquence cette che-
ville, & on la percera avec un foret de $\frac{10}{48}$ de grosseur, on
mettra une cheville de cuivre seulement à force, ou on

ne mettra à demeure les deux chevilles portées par la détente que lorsque celle-ci sera trempée, adoucie, &c.

531. Cette cheville étant placée, il faut, comme je l'ai dit, que la levée soit exactement dirigée au centre du balancier ; mais si cela n'étoit pas, on obtiendra cette condition qui est indispensable, soit en pliant un peu cette cheville, ou ce qui est préférable, si cette cheville est droite en reculant un peu le côté de la détente qui pose sur la cheville de la platine, ou en mettant une cheville plus grosse à la platine ; mais avec de la précision en marquant la cheville du petit bras, la levée doit avoir la vraie direction.

532. La détente de la levée ainsi disposée, on mettra les pieds des deux ressorts de la détente & de la levée, & on les affoiblira, afin que leur action soit très-petite, sur-tout celui de la levée qui doit être plus foible que l'autre, il suffit qu'il ramène sûrement la levée ; la détente devant retomber avec plus de vitesse, son ressort doit avoir un peu plus de force : on adoucira ces ressorts.

533. Pour achever la disposition de la détente d'échappement, il faudra raccourcir, s'il en est besoin, le talon qui arrête la roue, & de sorte qu'il ne pénètre sous la pointe de la dent que d'un quart de ligne au plus.

Dent du cercle pour élever la Détente.

534. La dent d'acier ajustée sur le cercle d'échappement pour opérer le dégagement de la roue arrêtée par la détente, doit être très-mince, un peu angulaire ; le devant de cette dent doit être dirigé un peu à droite du centre du balancier, afin qu'en agissant sur la levée, ce soit l'extrêmité de la dent qui agisse plutôt que la face ; le derrière doit être un peu incliné pour que lorsque le balancier rétrograde, ce côté incliné de la dent vienne agir sur le derrière de la levée, la faire reculer & que la dent se remette de nouveau en prise avec la face

de la levée pour dégager de nouveau la roue ; mais avant de donner à la dent la figure que je viens d'indiquer, il faut placer cette cheville sur le cercle & l'attacher avec sa vis, afin de voir si elle n'engrène pas trop avant sur la palette ; & cela doit être, puisque cette pièce n'a pu être qu'ébauchée : on rendra donc cette dent plus étroite, & de sorte qu'elle n'anticipe sur la face de la levée que d'environ $\frac{1}{4}$ de ligne. Pour opérer plus sûrement encore, on fera agir cette dent sur la détente si le talon de cette détente s'écarte beaucoup de la roue, c'est une preuve que la dent engrène trop ; c'est après avoir préparé de cette manière la *dent de levée* qu'il faut figurer le devant ou face, c'est-à-dire, la partie qui agit pour opérer le dégagement de la roue ; cette face doit être inclinée à droite du centre du balancier, mais de fort peu ; on figurera également le derrière de la dent, ou la partie qui par le retour du balancier, opère le reculement de la levée : on diminuera donc petit à petit la largeur de la dent, & jusqu'à ce qu'elle ne fasse pas trop écarter le talon de la pointe des dents de la roue, & qu'en même tems l'engrènement de la dent avec la levée soit sûr ; d'ailleurs, avant de placer le pied sur la patte de cette dent, on reverra de nouveau ses effets avec la détente, comme on le dira ci-après.

Entaille du Cercle pour opérer l'impulsion ou action de la Roue sur le balancier.

§ 3 5. Les effets de la détente de la dent de levée, &c. étant faits, il faudra marquer sur le bord du cercle l'entaille du cercle, sur le bord de laquelle les dents de la roue d'échappement doivent agir pour entretenir le mouvement du balancier par l'action du roue. Pour cet effet, on placera une carte sous le balancier pour le faire tourner à frottement : on le fera tourner en avant, afin que la dent levée agissant sur la levée

levée, la dent de la roue d'échappement actuellement en
prife fur le talon de la détente, puiffe échapper. A cet inftant,
on marquera fur le bord du cercle un fort trait vis-à-vis
la dent qui pofe fur le cercle; ce trait indiquera le bord
de l'entaille fur laquelle la dent doit agir, & le vuide
de l'entaille fera à droite.

536. On démontera le cercle d'échappement de deffus
l'axe de balancier, & on marquera plus fortement encore
le trait fait pour l'entaille, & un fecond trait pour en
défigner la largeur qui doit être fait avec une lime à égalir d'environ $\frac{15}{48}$ de ligne d'épaiffeur.

537. Avant de former l'entaille il faudra diminuer d'environ $\frac{1}{11}$ de ligne le diamètre du cercle d'échappement,
mais peu-à-peu en le préfentant de nouveau fur fon axe
pour voir s'il a affez de jeu entre les deux dents de la
roue d'échappement qui l'embraffent.

538. Le cercle d'échappement étant mis de grandeur,
on formera l'entaille d'abord avec une lime à égalir plus
mince & rude, ayant foin que le bord de l'entaille fur lequel les dents doivent agir, foit dirigé au centre : on paffera
enfuite une lime douce plus épaiffe, & ayant o lignes $\frac{15}{48}$.

539. On ôtera légèrement l'angle qui termine l'entaille,
& on remettra le cercle à fa place pour voir fi l'échappement
fe fait bien, c'eft-à-dire, fi en échappant la dent de la roue
tombe fur l'extrêmité du cercle & anticipe fuffifamment
fur fon bord ; fi cela n'eft pas , on reculera cette entaille
en la rendant plus large.

540. On examinera de nouveau l'effet de la dent de
levée, afin que fi fes effets font précis, on puiffe percer
le pied qui doit la fixer fur le cercle, ce que l'on fera, on
mettra le pied qui fera fait avec du petit fil d'acier.

541. Pour terminer avec foin la face de l'entaille fur
laquelle la dent agit , & pour pouvoir la dreffer & polir
parfaitement après la trempe ; je perce au cercle au-deffous

Q

de cette partie de l'entaille un trou qui fert à faire pofer le cercle fur une cheville de cuivre pliée d'équerre fur une plaque que j'attache à l'étau ; par ce moyen , je dreffe avec facilité le bord de l'entaille & en termine l'extrêmité , en l'ar-rondiffant un peu : on fera donc cette opération, le & cercle fera prêt à tremper.

542. On démontera la détente , on l'ôtera de deffus fon axe , on retirera auffi les deux chevilles qu'elle porte; alors on achevera d'en figurer les parties des deux bras , afin de la rendre la plus légère poffible , en lui confervant la folidité convenable, on adoucira fes bords, fes faces , &c. en un mot , on la mettra en état d'être trempée : on terminera de la même manière la dent-levée , & l'adoucira pour la tenir prête à être trempée.

Tremper le Cercle d'échappement , la Détente & la Dent-levée , les faire revenir, adoucir & polir , &c.

543. On trempera les trois pièces de l'échappement dans l'eau après les avoir chauffées & rendues rouges couleur de cerife avec le chalumeau pofées fur un charbon.

544. Les pièces ainfi trempées , on les blanchira légè-rement avec de la ponce.

545. Pour faire revenir le cercle , on obfervera que l'en-taille du cercle fur laquelle les dents agiffe doit conferver toute fa dureté; ainfi on pincera cette partie avec l'angle d'une tenaille à vis , & on fera revenir bleu tout le refte.

546. Pour faire revenir la détente , on obfervera que le talon qui forme l'arrêt de la roue d'échappement, doit conferver toute la dureté de la trempe ; ainfi pour la con-ferver , on ferrera cette partie du talon avec des tenailles à boucle , & on fera revenir bleu le refte de la détente.

547. Enfin pour faire revenir la dent-levée , dont la

partie formant la cheville doit avoir toute la dureté acquife par la trempe : on pincera cette partie , & on fera revenir le refte de la pièce de couleur bleue.

548. On adoucira avec la pierre à huile & les limes détrempées toutes les parties des trois pièces d'échappement, tant les bords que les plans , enfuite on les nétoiera avec foin.

549. On polira avec beaucoup de foins la face de l'entaille du cercle d'échappement fur laquelle agit la roue : on fe fervira pour cela de rouge fin d'Angleterre & une lime détrempeé , on arrondira légèrement l'extrêmité de cette entaille vers le bord du cercle , afin que la dent pofe en tombant fur une partie qui ne puiffe l'ufer.

550. On polira de la même manière la portion de cercle du talon de la détente d'échappement, & on ôtera légèrement avec le rouge l'angle qui termine ce plan avec le plan incliné de l'intérieure de ce talon.

551. Enfin on polira au rouge la dent-levée , & on ôtera les angles ou cares qui en forment l'extrêmité : on polira la face & le derrrière de cette dent , puifque l'une & l'autre face agit , foit pour produire la levée de la détente ou le reculement de la levée.

552. Les pièces d'échappement étant ainfi terminés & polies, on les nétoyera avec foin : on chaffera à demeure la détente fur fa tige , & de forte qu'elle pofe fur la portée du pivot : on aura foin en chaffant la détente de ménager le pivot de la levée , qui étant petit , pourroit être caffé ; mais pour l'éviter, on percera un petit canon dégagé endeffous , & de forte que le bord feul pofe fur la partie qui forme l'affièté de la détente.

553. On mettra à demeure les deux chevilles de la détente , lefquelles feront ajuftées & faites avec foin , l'une pour le reffort, & l'autre pour agir fur la levée : on les fera donc de la longueur convenable que prefcrit la chofe:

Q 2

on remontera toutes les parties de l'échappement, dont on vérifiera les effets, & on les corrigera s'ils ne font pas au point preſcrit par les règles précédentes.

554. Enfin on adoucira à la pierre à huile les reſſorts de la détente & de la levée d'échappement, & on polira avec le rouge les bouts de ces reſſorts, à l'endroit où ils agiſſent ſur les chevilles de la détente & de la levée.

Marquer la Cheville de repos du Balancier, & laquelle indique l'étendue des Arcs décrits.

555. Par la nature de cet échappement, la roue agit également ſur le balancier avant & après la ligne des centres ; par conſéquent, la cheville de repos du balancier, doit correſpondre au zéro marqué à la platine en même tems que la face de l'entaille du cercle d'échappement paſſe par la ligne des centres du balancier & de la roue d'échappement : pour marquer ce point au balancier, on placera une carte ſous le balancier, on le fera tourner en avant juſqu'à ce que la roue échappe, & qu'une dent poſe ſur le bord de l'entaille du cercle ; en ce moment on fera un petit trait au balancier, vis-à-vis le o de la platine.

556. On fera tourner le balancier en avant, & en pouſſant en même tems la roue & juſqu'à ce qu'elle échappe de deſſus l'entaille du cercle, & qu'elle ait achevé ſon action pour retomber ſur le talon de la détente : on marquera un ſecond trait au balancier, vis-à-vis le zéro de la platine du balancier : on ramènera le balancier en arrière pour répéter ces deux effets & voir ſi les traits ſont bien indiqués ; en diviſant en deux parties égales l'intervale entre ces deux traits, on aura la place de la cheville de repos du balancier.

557. On démontera l'échappement, le balancier & les rouleaux : on marquera & percera cette cheville du balan-

cier , & on placera auffi fous le balancier à la platine
une cheville qui fervira de renverfement.

558. Cette cheville doit être placée à la platine , fur
la 180ᵉ divifion , c'eft-à-dire , diamétralement oppofée au o
ou point de repos.

559. On fera à la platine du balancier une grande
ouverture ronde pour fervir à paffer le fpiral & fon piton,
lorfque l'on démontera par la fuite le balancier.

560. Cette ouverture concentrique au balancier fera
marquée par un trait de compas qui paffe en dedans des
trous des rouleaux , à une ligne de diftance en dedans de
ces trous : ici cette ouverture peut avoir douze lignes &
demie de diamètre.

On fera cette ouverture , & on l'adoucira.

Préparation des pièces de l'Horloge pour la faire
marcher en blanc.

561. Le mouvement conduit à ce point , l'Horloge eft
réputée faite , puifqu'actuellement on peut la mettre en marche ; mais avant de la remonter ou d'en affembler toutes les
parties , il eft néceffaire d'achever de donner à toutes les
pièces qui la compofent la dernière main , c'eft-à-dire , les
adoucir & figurer de forte que le mouvement foit prêt à
polir.

562. Pour cet effet , on adoucira à la pierre à l'eau les
quatre platines de l'Horloge , après avoir rebouché le trou
du centre de la platine-cadran ou des piliers , & rebouché
également les trous des pieds ou *rapporteurs.*

Avant d'adoucir à la pierre à l'eau , les autres platines, il fera
à propos de reboucher les trous inutiles s'il y en a : on terminera le bout du pont de la roue d'échappement, en le déga-
geant autour du pivot, de manière qu'en remontant l'Horloge
ce pont n'accroche pas la roue de fecondes : on adoucira enfuite les bords ou côtés du pont & les plans : on ôtera avec

une lime à barette très-douce tous les angles ou carres du pont , cela facilitera le poli ; car ces carres vives ne fervent qu'à accrocher & à former du duvet quand on nétoye les pieces.

563. On terminera de la même manière tous les ponts du mouvement de l'Horloge, & toutes les autres pièces qui, par ce moyen, feront prêtes à polir.

564. On terminera toutes les vis de l'Horloge , dont les bouts ne doivent pas déborder, ni les platines, ni les autres pièces fur lefquelles elles entrent , on limera donc à fleur celles qu'on auroit laiffé trop longues, & on arrondira & polira tous les bouts de ces vis : on terminera & polira les têtes des vis , & terminera auparavant les fentes de ces têtes en ôtant les carres de ces fentes , afin que toutes les vis foient prêtes à bleuir.

Terminer la Virole de Spiral , & ajufter le Spiral fur fa Virole.

365. Le fpiral a été placé fur fa virole , afin de pouvoir pofer la vis du piton & celle du reffort de preffion ; mais comme la virole de fpiral n'eft pas achevée ni mife de groffeur , il faudra d'abord ôter le piton de deffus le fpiral , & placer la virole avec fon fpiral fur l'arbre liffe qui a fervi à la tourner. On fera donc tourner le fpiral, & on verra s'il eft bien centré, lorfque le bout intérieur du fpiral affleure la mâchoire de la virole ; fi cette virole eft trop grande, on la tournera , & de manière que le fpiral foit parfaitement concentrique à fa virole ; alors on démontera le fpiral & on entaillera la virole auprès de la mâchoire , allant en limaçon tout-au-tour , afin que le premier tour du fpiral ne puiffe toucher à la virole lorfqu'il fera bandé en vibrant : on fera une fente au bout de la virole avec une lime à fendre mince ; cette fente fervira à faire tourner la virole pour amener la cheville de balancier à fon repaire marqué à la pla-

tine. On polira la virole, & bleuira la mâchoire & ses vis ; en un mot, on terminera & nétoyera tout-à-fait la virole, afin de pouvoir placer le spiral à demeure, & qu'étant reconu isochrône, on n'aie pas besoin de le démonter : on remontera le spiral sur la virole, & on le fixera par son bout intérieur avec la mâchoire, & de manière que le spiral étant parfaitement centré, il tourne droit des côtés : on serrera tout-à-fait les vis de la mâchoire, afin que ce bout intérieur du spiral soit rendu très-fixé à la virole. *Voyez* Supplément, n° 538.

Nétoyer le Mouvement, & remonter l'Horloge pour la faire marcher horisontalement sur le pied d'épreuve, & au moyen des poids d'essais.

566. On nétoyera toutes les pièces du mouvement de l'Horloge avec beaucoup de soins, tant les platines que les trous des pivots, ceux des ponts, les pivots des roues & des rouleaux, &c. On rassemblera la roue de fusée avec le rochet auxiliaire & son ressort, on mettra de l'huile au canon de la roue de fusée, & on mettra dessus son pignon & ensuite la goutte. On ne remontera pas la fusée qui devient inutile dans ce moment, puisque le ressort moteur n'est pas encore fait.

567. On nétoyera l'axe de balancier, on montera le cercle d'échappement & la dent-levée portée par son cercle : on placera la virole & son spiral sur le pivot de l'axe, mais sans la fixer.

568. On mettra en cage les rouleaux n°ˢ 2 & 3, & mettra les goupilles : on mettra de l'huile d'olive fraîche au fond des noyures des trois pivots des rouleaux de la troisième platine ou graduée du balancier.

569. On mettra en place le premier pont du pince-spiral, lequel porte le diamant. Après avoir nétoyé ce trou

du pivot de ce pont, on mettra le balancier en place (1), & enfuite on placera la feconde platine fuppofée bien né-toyée & portant le pont du balancier, & les deux coque-rets d'acier, des pivots de fecondes & d'échappement : on mettra les goupilles qui fixent cette platine avec la cage du régulateur.

570. On mettra à fa place le rouleau n° 1, enfuite fa barette que l'on fixera par fes vis ; & en tenant la cage verticale, comme il a été dit ci-devant, on donnera le jeu convenable au pivot de balancier entre les rouleaux, & de forte qu'il foit libre, mais fans jeu.

571. Le balancier & fes rouleaux étant ainfi remontés, on placera ces cages fur une main horifontalement : on mettra de l'huile à tous les trous des pivots de cette pla-tine ; favoir, de la fufée de la roue des heures, de celle de minutes, de fecondes, d'échappement, de la détente d'é-chappement & du cliquet auxiliaire.

572. On remontera & mettra en place toutes les piè-ces de l'échappement.

573. On vérifiera & examinera les effets de l'échappe-ment, & on les corrigera, fi on trouve qu'ils ne s'opèrent pas avec la précifion prefcrite ci-devant : on affoiblira la force des reffôrts, de la levée & de la détente d'échappe-ment ; fi on les trouve trop forts pour ramener les pièces qui, en leur état actuel, font plus légères ; mais ici il eft diffi-cile de prefcrire exactement cette force des reffôrts, on en jugera mieux lorfque l'Horloge marchera ; car s'ils font trop forts ils exigeront trop de force motrice ; & s'ils font trop foibles, & fur-tout celui de détente, celle-ci ne retom-beroit pas affez vîte, enforte que l'effet de l'échappement manqueroit ; mais ici on a befoin d'expérience pour acqué-

(1) Avant de mettre le balancier fur fon axe, il faudra le pefer & noter fon poids fur le journal préparé à cette Horloge : ici, en cet état, le balancier de n° 45 pefoit foixante-feize grains un quart ; on verra ci-après que cette pefanteur fervira à calculer fon vrai poids lorfque les ofcillations font ifochrônes, & fans être obligé de démonter l'Horloge,

rir le tact fur qui règle cette force des reſſorts ; au reſte ,
il vaut mieux les tenir plus foibles que plus forts : on mettra de l'huile aux trous des pivots , des ponts du balancier,
de la roue d'échappement , & du pont de la détente d'échappement , &c. On placera le régulateur ainſi préparé ſur ſa
main & ſous une cloche pour éviter la pouſſière.

574. On fixera la platine - cadran ſur ſa batte , ayant
ſa lunette , que l'on poſera ſur le laboratoire : on placera
ſur le dedans de cette platine toutes les parties du rouage;
mais d'abord la roue de cadran , la fuſée , & enſuite la roue
de ſecondes avec ſon pont de précaution , la roue moyenne
& le cliquet auxiliaire.

575. En cet état , on ôtera les cages du régulateur de
deſſus la main , & on placera la ſeconde platine portant
le régulateur & l'échappement ſur les piliers de la première :
on fera entrer les pivots du rouage à leurs places dans la
ſeconde platine , & on mettra les goupilles à la cage : on
mettra en place le reſſort du cliquet auxiliaire.

Mettre le Piton en place , faire la fente du Pince-ſpiral ,
& remonter la méchaniſme de compenſation.

576. Le mouvement de l'Horloge reſtant dans ſa poſition
horiſontale , mais le cadran en en-bas , on mettra une carte
entre le balancier & la troiſième platine , afin qu'il ne puiſſe
tourner qu'à frottement.

577. On arrêtera la cheville de repos du balancier , vis-à-
vis le zéro de la troiſième platine.

578. On mettra le piton à ſa place avec ſa vis , le reſſort de
preſſion arrêté par ſa vis ſur la platine.

579. On deſſerrera la vis de la mâchoire du piton , afin
d'y faire entrer le bout du ſpiral. Pour cet effet , avec un tourne-
vis , on fera tourner la virole de ſpiral , ſans déranger le balan-

R

cier, jufqu'à ce que le bout du fpiral entre dans la mâchoire, & ne faffe qu'en affleurer le dehors.

580. Dans cet état, fi les hauteurs ont été bien préparées, le milieu de la largeur du fpiral doit correfpondre avec la hauteur de la vis de la mâchoire ; mais fi la vis de la mâchoire du piton eft plus élevée que le milieu de la largeur du fpiral, il faudra limer le pont du piton pour faire baiffer ou defcendre le piton ; fi, au contraire, le piton eft trop bas, on le fera élever par fes vis qu'on fera defcendre en les tournant.

581. Le piton élevé à fa véritable hauteur avec le fpiral, on ferrera la vis de la mâchoire.

582. On dreffera la vis du piton, afin que le fpiral le porte librement à fa place : on verra fi en cet état toutes les quatre vis portent également fur le pont ; fi cela n'eft pas, on calera le piton par fes vis & jufqu'à ce qu'en ferrant la vis de preffion du piton le fpiral n'ait aucun mouvement & refte immobile pendant que l'on fixe le piton par la vis.

583. Le piton mis en place, on ôtera la carte qui arrêtoit le balancier, & on verra fi la cheville du balancier répond au zéro de la platine ; fi elle n'y répond pas exactement, on tournera convenablement la virole, & jufqu'à ce que la cheville paffe jufte fur la ligne de divifion du zéro : alors on fixera la virole du fpiral fur fon axe par la vis de preffion que porte la virole.

584. On remettra à fa place le premier pont du pincefpiral, & avant on placera une petite goutte d'huile fur le diamant.

585. On mettra en fa place l'axe du pince-fpiral ; mais fans la boîte, on mettra le fecond pont & fa vis.

586. On préfentera la boîte du pince-fpiral fur fon quarré en dehors du fpiral, afin de voir fi la boîte n'eft pas trop longue.

587. On coupera de la boîte tout ce qui excède la largeur du fpiral en deffous de la lame, afin que le pince-fpiral embraffe feulement la largeur du fpiral.

588. On amincira la partie ou bras qui doit former le pince-fpiral, & de forte que fon épaiffeur ne foit que de demi-ligne au plus.

589. On fera la fente du bras qui doit former le pince-fpiral ; pour faire cette fente, on fe fervira d'une lime à fendre de Genève très-mince, dont le côté n'a pas de taille, mais feulement le bord ; ces fortes de limes font feulement des petites lames montées dans un petit chaffis de cuivre.

590. On aura foin que cette fente foit paralèlle à l'axe du pince-fpiral ; pour cet effet, on démontera cet axe, afin de diriger la fente d'après le parallélifme de l'axe : on paffera une lime très-mince à égalir pour terminer la fente : on arrondira les bords de cette fente fans toucher au milieu.

591. On terminera la boîte du pince-fpiral, & on tiendra le tout le plus léger, & cependant non flexible : on dégagera fur-tout la partie du bras qui entre dans le fpiral.

592. On nétoyera le pince-fpiral & fon axe : on mettra de l'huile aux trous de fes pivots dans les deux ponts, & on le mettra en place, la fente du pince-fpiral entrant fur le bout extérieur du fpiral : on mettra en place le fecond pont, ainfi que le reffort qui doit agir fur le pince-fpiral pour le faire appuyer fa palette contre la vis de la lame compofée.

593. On mettra & remontera la lame compofée fixée dans la mâchoire de fon pont, & on fera agir la vis portée par le bout de la lame fur la palette du pince-fpiral, & de forte qu'agiffant au milieu de la largeur & près du centre la palette & la lame compofée foient paralèlles entr'elles, ce que l'on obtiendra par la vis de la lame.

594. On conduira la boîte du pince-fpiral plus loin ou plus près de fon centre, & de forte que ce fpiral foit dans le milieu de la fente & fans y toucher, alors on fixera la boîte fur le quarré par fa vis de preffion.

R 2

Examen que l'on doit faire pour connoître l'étendue des Arcs que le Balancier peut décrire.

595. Lorsque le méchanisme de compensation est remonté, il faut faire tourner le balancier avec la main du côté convenable pour que le spiral aille en *s'ouvrant* , & jusqu'à ce que la cheville du balancier réponde au 120ᵉ degré de la platine des arcs : en cet état , on arrêtera le balancier avec une carte : on verra si le spiral ne touche point au piton ou au derrière du pince-spiral : on limera de l'un & de l'autre selon le besoin ; mais si le spiral n'y touche pas , on fera tourner le balancier au-delà du 120ᵉ degré , & jusqu'à ce que le spiral soit prêt à toucher au piton : on notera cette plus grande étendue , que je suppose être de 160 degrés.

596. On fera rétrograder le balancier pour ramener la cheville à zéro , & ensuite en continuant à tourner du même côté pour que le spiral aille en se resserrant , & jusqu'à ce que la cheville soit au 160ᵉ degré ; de ce côté, on verra si en cet état les spires du spiral ne se touchent pas ; si elles se touchent , on ramènera petit-à-petit le balancier jusqu'au point où les spires ne la touchent plus : on notera cette étendue des arcs, que je suppose de 150 degrés : ce dernier terme sera la limite de l'étendue des vibrations de chaque côté du zéro fait à la platine ; ainsi dans les épreuves que l'on fera pour l'isochronisme , il faudra que le balancier ne décrive que des arcs de 145 degrés de chaque côté, c'est-à-dire , de quatre ou cinq degrés au-dessous de la limite reconnue par l'épreuve que je viens d'indiquer : car si le spiral venoit à battre , soit au piton ou les spires mêmes, les oscillations en seroient accélérées , & troubleroit l'isochronisme qui auroit pu avoir lieu sans ce défaut de précaution ; ensorte que par cela seul on pour-

roit croire un fpiral défectueux , quoique par fa nature il eût
été propre à rendre les ofcillations ifochrônes.

Epreuves de l'ifochronifme des vibrations.

597. L'étendue des arcs que le balancier peut décrire
fans que le fpiral puiffe battre, étant déterminée je porte
cette limite des arcs fur le journal, je fais enfuite marcher
l'Horloge en ajoutant fucceffivement les poids (1) néceffaires
pour que le balancier décrive des arcs de 145 degrés (reconnus ci devant) de chaque côté du zéro de la platine du
balancier ; je compare l'heure de l'Horloge à longitudes avec
le tems marqué par l'Horloge aftronomique , & je porte
cette obfervation fur le journal ; au bout de quatre heures
je compare de nouveau les tems des deux Horloges & le
porte fur le journal ; enfuite j'ôte des poids du moteur
la quantité néceffaire pour faire décrire au balancier dix degrés de moins de chaque côté ou 135 degrés ; au bout
de quatre heures je porte fur le journal le tems marqué par
les deux Horloges.

598. D'après les obfervations que j'ai faites du tems marqué par l'Horloge lorfqu'elle décrit des arcs de différente
étendue , je calcule la marche de l'Horloge dans ces deux
circonftances , & je vois quelle eft la différence de fa
marche , & par conféquent ce qu'il s'en manque pour que
les ofcillations ne foient ifochrônes ; lorfque les ofcillations
font reconnues d'inégales durées, je raccourcis le fpiral en
faifant faillir fon bout extérieur en dehors du piton , mais
fans couper cette partie faillante du fpiral ; fi cette partie
faillante du fpiral touche au fpiral lorfque le balancier décrit 145 degrés , j'ôte le fpiral & fais ouvrir le dernier
quart de tour , au moyen des pinces à fpiraux que je fais
chauffer au chalumeau.

(1) Supplément , n° 138.

599. J'examine de nouveau quelle peut être l'étendue des arcs sans que les spires se touchent ; je fais marcher l'Horloge avec différents poids comme dans la première épreuve ; & si ces arcs inégaux sont plus près d'être isochrônes qu'ils n'étoient d'abord , je continue à raccourcir le spiral , & je coupe auparavant la partie extérieure du spiral qui saille le piton, & ainsi de proche en proche jusqu'à ce que les oscillations soient isochrônes , ou que le spiral soit jugé ne pouvoir donner cette propriété.

600. Lorsque les grands arcs décrits par le balancier sont plus lents que les petits , on est assuré que le spiral peut être rendu isochrône en le raccourcissant ; mais si les grands arcs sont plus prompts que les petits, on n'a pas la même certitude ; cependant pour juger un spiral , il faut le raccourcir ; c'est par cette raison que dans la première épreuve que je fais d'un spiral , je commence toujours par le fixer au piton par l'extrémité de son bout extérieur, & je le raccourcis petit-à-petit ; mais si dans un spiral rendu plus court les grands arcs sont plus prompts & d'une plus grande quantité qu'ils n'étoient à la première épreuve , à coup sûr ce spiral ne peut être isochrône dans aucun point , il faut en choisir un autre.

601. Il est bon d'observer ici que pour opérer avec plus de certitude l'isochronisme des vibrations par le spiral, qu'il est nécessaire d'étudier avec soin cette matière. *Voyez* Traités des Horloges Marines, les principes ou la théorie du spiral , n° 137 , jusqu'au n° 241.

Et quant aux épreuves, *voyez* Traité des Horloges Marines , n° 932 , n° 1393 = 1402. *Supplément* , n° 536 = 550 , &c.

Remarques sur les épreuves du Spiral.

602. Lorsque j'adapte pour la première fois un spiral à une Horloge , & que par conséquent je ne connois pas les effets de ce spiral, je l'arrête toujours par l'extrémité du bout extérieur;

& après la première épreuve, si ce spiral n'est pas isochrône, je le raccourcis d'environ une ligne & demie, dont je le fais saillir en dehors du piton ; je fais une seconde épreuve, & si d'après je reconnois que le spiral n'est pas encore à son point, je coupe cette partie du spiral qui saille au-dehors du piton , & ainsi de suite, de proche en proche, jusqu'à ce que j'aie trouvé un point par lequel le spiral est isochrône ; mais si les différences d'isochronismes vont en augmentant , alors il est certain que le spiral que j'éprouve en ce mement ne peut être isochrône ; cependant pour m'en assurer encore plus positivemenr j'accourcis encore le spiral , mais tout de suite d'un quart de tour ; & pour que le bout qui saille le dehors du piton ne me nuise pas au développement du spiral dans ses grandes oscillations , j'adapte sous une vis de la barette du rouleau mobile un petit bras de cuivre mince, lequel porte par un bout une petite cheville qui va agir sur la partie saillante du spiral , au dehors du piton & vers le milieu de la longueur de la partie saillante du spiral au dehors du piton ; ce bras & la cheville qu'il porte étant tourné en dehors , sert à écarter le bout du spiral (après que ce piton est bien fixé) ; en sorte que par ce moyen, dans les plus grandes oscillations du balancier , ce spiral ne peut pas toucher à la partie saillante du dehors du pi- ton ; cette pièce ne doit servir que jusqu'à ce que les épreuves soient faites , & que le spiral est reconnu iso- chrône , ou qu'il ne peut servir.

603. Je dois observer que dans les épreuves que je viens d'indiquer, je ne m'occupe pas du poids du balancier ; s'il est trop pesant ou trop léger , &c , & par conséquent si la montre retarde beaucoup ou avance beaucoup, sur la Pendule d'observation , ce n'est qu'après que j'ai trouvé un spiral isochrône & qu'il est à son point , que je m'occupe du balancier ; & c'est alors seulement que je calcule quel doit être son poids pour que la montre soit réglée ; & alors

l'opération de régler la Montre n'eſt pas longue, comme on le verra ci-après.

Première épreuve de l'Iſochroniſme des vibrations , Horloge
N° 45.

A 5 heures 45 minutes l'Horl. Marine avance (1) de 31″.

    5   46.................... avance   33 $\frac{1}{2}$.

        Le Balancier décrit 150 deg. demi-arc.

    9 h.   45 Horloge Aſtronomique avance 10′ 16″ $\frac{1}{2}$.

    9 h.   46 .... 10′ 18″ $\frac{1}{2}$.

        Oté du moteur , demi-arc , 140 deg.

    1 h.   45 Horloge Aſtronomique avance 19′ 56″ $\frac{1}{2}$.

    1 h.   46 .... 19′ 59″.

Réſultat de l'épreuve.

        10′ 16″ $\frac{1}{2}$, ... 10′ 18″ $\frac{1}{2}$.

        31″ , ... 33″ $\frac{1}{2}$.

N°. 45 , retard 9′ 45″ $\frac{1}{2}$, en 4 h. par 150   9′ 45″.

        19′ 56″ $\frac{1}{2}$, ... 19′ 59.

        10′ 16″ $\frac{1}{2}$, ... 10′ 18 $\frac{1}{2}$.

N°. 45 , retard 9′ 40″   en 4 h. par 140   9′ 40 $\frac{1}{2}$.

(1) Lorſque l'Horloge Marine retarde, j'obſerve alors la quantité dont l'Horloge Aſtronomique avance ſur la première , lorſque l'aiguille de l'Horloge Marine eſt ſur 60. Si , au contraire , l'Horloge Marine avance , j'obſerve combien celle-ci avance lorſque l'aiguille de l'Horloge Aſtronomique eſt ſur le 60 de la minute , à laquelle l'obſervation commence : cette méthode eſt plus commode pour le calcul des obſervations.

604. Par les grands arcs de 150 degrés l'Horloge re-tarde 5″ de plus que par ceux de 140 degrés, donc le fpiral peut être rendu ifochrone en le rendant plus court. *Voyez* Traité des Horloges, n° 1402, & *Supplément* n° 543.

605. J'ai donc accourci le fpiral de 15 degrés, felon la règle du n° 932 du Traité des Horloges.

Seconde épreuve pour l'Ifochronifme ☞ N° 45.

A 6 h. 45′ 0″, marqué par n° 45 l'Horl. Aftr. avance
de................ 52″ ½.

6 h. 46′ 0″, avance.......... 54″ ½.

Demi arc, 150 degrés.

10 h. 50′ 0″, avance............ 8′ 14″ ½.

10 h. 51′ 0″, avance.......... 8′ 16″ ¼.

Oté du poids demi-arc, 140 dég.

2 h. 55′ 0″, l'Horl. Aftr. avance.. 15′ 36″ ½.

2 h. 56′ 0″, avance........... 15. 38″ ¼.

Réfultat de l'épreuve.

8′ 14″ ½, ... 8′ 16″ ¼.

0′ 52″ ½, ... 0′ 54″ ½.

N° 45, ret. 7′ 22″ 0″ en 4 h. 5′ par 150. d. 7′ 21″ ¾.

15′ 36″ ½, ... 15′ 38″ ¼.

8′ 14″ ½, ... 8′ 16″ ¼.

N° 45, ret. 7′ 22″ 0″ en 4 h. 5′ par 140 d. 7′ 22″.

606. L'Horloge retarde fenfiblement des mêmes quanti-tés 7′ 22″ en 4 heures 5′ par les arcs de 150 & de 140 degrés, donc les ofcillations du balancier font ifochrônes.

S

607. Le fpiral étant reconnu ifochrône, & mis à fon point, on ne doit pas en changer la longueur. *Voyez* Traité des Horl. n° 1403 , *pag.* 492. Si donc l'Horloge retarde , il faut diminuer le poids du balancier. Si , au contraire , dans les expériences précédentes elle eût avancé, il faudroit ajouter des maffes au balancier : pour l'un & l'autre cas, on fuivra la règle du n° 196 du Traité des Horloges Marines , dont l'exemple ci-après en montre l'application.

Calcul du poids que doit avoir le balancier de l'Horloge
N° 45.

608. Le balancier pèfe 76 grains $\frac{1}{4}$. L'Horloge retarde de 7′ 22″ en 4 h. 5′ : = 1′ 48″ par heure : = 1″ 48‴ par minute : = retard, 1″ $\frac{8}{10}$: donc l'Horloge fait 58″ $\frac{2}{10}$ par minute ; lefquels multipliés l'un par l'autre, c'eft-à-dire , 58 $\frac{2}{10}$ par 58 $\frac{2}{10}$: on a le quarré des vîteffes du balancier, ou le nombre 3387,2.

609. On a la proportion Traité des Horloges , n° 196.

$$3600 : \quad 3387 : :76 : x = 71 \text{ grains } \tfrac{1}{4}.$$

$$\begin{array}{r} 76 \\ \hline 20322 \\ 23709 \\ \hline 257{,}412 \mid 36{,}00 \\ 54 \quad 71\tfrac{12}{36}. \\ 18 \end{array}$$

Le balancier doit donc pefer 71 grains $\frac{1}{3}$.

Centrer le Pince-fpiral & mettre les pieds au pont.

610. Avant de démonter le balancier pour le mettre de poids , il faut centrer le pince-fpiral , c'eft-à-dire , que

l'axe du pince-fpiral au lieu d'être concentrique, au balancier, doit être jetté du côté convenable pour que le pince-
fpiral décrive une portion du cercle du fpiral, afin que le pince-
fpiral puiffe parcourir 15 ou 20 degrés autour du fpiral,
fans que la fente le gêne. Voyez Traité des Horloges,
n° 1324.

611. Le pince-fpiral ainfi centré, on mettra des pieds
à fon pont : on mettra de même des pieds au pont de la
lame compofée : & pour s'affurer que les opérations que je
viens d'indiquer, n'ont pas changé le point, où agit le pince-
fpiral, ou que le fpiral refte de même longueur, on fera marcher l'Horloge, afin de voir fi elle retarde comme auparavant de 1′ 48″ par heure, ou de 7′ 22″ en 4 h. 5′.

612. Si l'Horloge retarde plus ou moins que cette quantité, on l'y ramenera par la vis de la lame compofée, afin
d'être affuré que le pince-fpiral agit fur le fpiral par le même
point auquel il a été reconnu ifochrone par la feconde épreuve.

Mettre le Balancier de pefanteur & d'équilibre.

613. On démontera le balancier pour le mettre de poids,
& pour plus de facilité, on le rendra plus léger que le
calcul ne le donne, afin de pouvoir régler l'Horloge par des
maffes ; ici le balancier feul pèfe 70 grains après avoir
été mis d'équilibre & poli.

614. Pour mettre le balancier d'équilibre, il faut démonter la roue d'échappement & la détente pour qu'elle ne
rencontre pas la cheville portée par le cercle du balancier ;
il ne faut mettre que deux rouleaux avec le pont d'échappement, & la feconde platine avec les cages du régulateur.

615. On remontera le balancier & le mouvement de l'Horloge pour la faire marcher de nouveau, afin de la régler
par les maffes.

S 2

Régler l'Horloge par les masses. (Voyez Traité des Horloges, nᵒˢ 196 = 934 , & nᵒ 1043 de la page 492).

616. L'Horloge avance de 45″ par heure = 45‴ par minute. J'ai ajouté trois masses qui pèsent ensemble 2 grains. L'Horloge retarde avec les masses de 17″ par heure = 17‴ par minute ; ainsi deux grains ajoutés au poids du balancier ont fait retarder l'Horloge de 45″ dont elle avançoit par heure sans masses, plus de 17″ dont elle retarde, avec les masses par heure = 62″ par heure = 62‴ par minute.

Pour trouver combien on doit diminuer les masses, on fera la proportion : $62″ : 17″ : : 2$ grains : $x = \frac{34}{62}$. C'est environ demi-grain à ôter des masses.

Mettre le Ressort auxiliaire de force.

617. L'Horloge étant réglée, & la quantité de la force motrice étant donnée, il faut avant de démonter le mouvement observer si le ressort auxiliaire n'est pas trop fort. On en jugera en voyant si les deux bouts de ce ressort sont prêts à se toucher par l'action du moteur ; si donc il est trop fort, on l'affoiblira après qu'on aura démonté le mouvement, & on peut le mettre de force juste en ne remontant que la fusée & le cliquet auxiliaire dans la cage du rouage, & en mettant la poulie d'essai sur le quarré de fusée ; & le poids donné agissant sur la corde, on retiendra la roue de fusée avec la main, & on verra si le poids tend le ressort auxiliaire au point que les deux bouts soient prêts à se toucher. Enfin lorsque la fusée sera taillée, & que l'on égalisera la fusée, on peut achever de mettre le ressort auxiliaire de force, c'est-à-dire, pour qu'il fasse équilibre à la force du ressort moteur.

Trouver la force que doit avoir le Reſſort moteur.

618. Le poids d'épreuve pèſe dix onces & demie lorſ-que l'Horloge eſt réglée, & que le balancier décrit des arcs de 150 degrés : ce poids agit ſur un cylindre de 12 lignes de rayon.

619. Pour trouver le poids qui doit faire équilibre au levier à égaliſer les fuſées, lequel a 48 lignes de rayon, il faut diviſer dix onces & demie par quatre. (Voyez *Supplément*, n° 139), on trouvera deux onces $\frac{1}{8}$; c'eſt la force que doit avoir le reſſort moteur, meſuré par le levier à fuſée de quarante-huit lignes de rayon, pour être égale au poids de dix onces & demie, agiſſant ſur un cylindre de douze lignes de rayon.

620. Il faut donc trouver quelle doit être la force du reſſort à la circonférence du barillet pour faire équilibre avec le levier, lorſqu'il marque deux onces $\frac{1}{8}$, la fuſée étant de dix lignes de diamètre $= 5$ lignes rayon : on a la propor-tion *Supplément*, n° 145.

$$5 : 48 :: 2\tfrac{1}{8} \; x.$$

On trouvera que la force du reſſort à la circonférence du barillet doit être de 25 onces pour faire équilibre avec deux onces $\frac{1}{8}$ du levier à fuſée.

621. J'ai fait en conſéquence exécuter un reſſort : il a deux pieds huit pouces de longueur, cinq lignes $\frac{7}{12}$ de largeur : il fait huit tours dans le barillet, à demi-tour de bande, il fait équilibre à vingt-quatre onces ; ainſi en lui donnant un peu plus de demi-tour de bande, il aura la force requiſe pour faire ſervir la fuſée qui eſt ébauchée.

ARTICLE X.

Tailler la Fuſée, mettre la bride au reſſort, faire les effets du Garde-chaîne, démonter l'Horloge pour la polir. Obſervation ſur la force du Reſſort moteur & ſur le diamètre de la Fuſée.

622. Avant de tailler la fuſée, il faut être aſſuré qu'elle eſt de la grandeur convenable pour opérer la force qui a été déterminée pour faire décrire au balancier les arcs donnés, qui ſont ici de 150 degrés, & c'eſt ce qu'on a obtenu par le calcul ci-devant; mais en ſuppoſant qu'après que le reſſort a été exécuté ou choiſi, il ne tire pas exactement la quantité donnée par le calcul, qui eſt ici 25 onces, agiſſant à la circonférence du barillet; mais ſi le reſſort choiſi ayant d'ailleurs toutes les autres qualités requiſes ne tiroit que vingt onces à la circonférence du barillet, on pourroit encore le faire ſervir en faiſant une fuſée d'un plus grand diamètre, ou bien ſi le reſſort tiroit je ſuppoſe vingt-ſept onces, il faudra pour le faire ſervir diminuer la grandeur de la fuſée, on en trouveroit le diamètre exact par le calcul ſuivant.

Premier Exemple.

Trouver le diamètre de la fuſée relative à la force du reſſort, lequel à demi-tour de bande fait équilibre à 20 onces à la circonférence du barillet, & de ſorte que la fuſée tire 2 onces $\frac{5}{8}$ du levier à fuſée.

On a la proportion, *Supplément*, n° 143.

20 onces : 2 onces $\frac{5}{8}$ :: 48 lignes x. = 6 lig. $\frac{6}{20}$.

$$2\ \tfrac{5}{8}$$
$$\overline{\quad 96 \quad}$$
$$30$$
$$\overline{\quad 126 \mid 20 \quad}$$
$$6 \quad \overline{6}$$

Le rayon de la fufée doit être à la bafe de fix lignes $\frac{1}{10}$, = douze lignes $\frac{6}{10}$ de diamètre.

Second Exemple.

Pour le reffort qui fait équilibre à 27 onces, trouver le diamètre de la fufée pour qu'elle tire 2 onces $\frac{1}{8}$ avec le levier à fufée de 48 lignes rayon : on a la proportion

$$27 : 2\tfrac{5}{8} :: 48 : x.$$

$$2\tfrac{1}{8}$$

$$\begin{array}{c} 96 \\ 30 \\ \hline 126 \\ 18 \end{array} \left| \begin{array}{c} 27 \\ \\ 4\tfrac{18}{27} \end{array} \right.$$

Le rayon de la fufée doit être de 4 lignes $\frac{2}{3}$ = 9 lig. $\frac{1}{3}$ de diamètre.

Lors donc que l'on aura un reffort bien fait, mais un peu trop fort, il fera préférable de le faire fervir plutôt que de le faire affoiblir, & de diminuer en conféquence le diamètre de la fufée, ce que l'on fera à coup fûr, au moyen des calculs que je viens d'indiquer. Voyez *Supplément*, n° 130 & fuivans, les principes établis fur les reflorts moteurs & les calculs pour déterminer leur force, le diamètre de la fufée, &c.

Tailler la Fufée, l'égalifer à fon Reffort, &c.

623. La fufée eft une partie fi ordinaire dans les Montres, que je puis me difpenfer ici d'en expliquer les effets ; mais fi on défire s'en former une jufte idée, on doit lire le Chapitre XXVI, première Partie de l'Effai fur l'Horlogerie, n° 449 & fuivans ; on trouvera auffi dans le même

Chapitre, n° 455 & fuivans, la defcription de la machine à tailler les fufées ; & n° 465 & fuivans du même ouvrage, la manière de tailler les fufées & de les égalifer, je ne puis rien ajouter à ces divers objets. Enfin dans le Chapitre XXVIII, première Partie de l'Effai fur l'Horlogerie, n° 588, on trouvera la defcription & l'ufage du levier à égalifer les fufées & à pofer les refforts.

Égalifer la Fufée avec fon Reffort.

624. Lorfque la fufée fera taillée, on fera la bride du reffort : on fait que cette bride ou barette doit traverfer le barillet & agir à environ un quart de tour du bout du reffort, afin que la partie molle de l'œil ne puiffe fléchir. *Voyez* Effai fur l'Horlogerie, n° 174.

625. La bride étant faite & ajuftée, le reffort remonté dans fon barillet, & ayant mis de l'huile au reffort & au pivot de l'arbre, on ajuftera la corde ou chaîne tant au barillet qu'à la fufée.

626. On mettra en cage le barillet & la fufée, & après avoir donné demi-tour de bande au reffort, on placera le levier à égalifer les fufées fur le quarré de la fufée, & on verra fi la fufée eft égale à fon reffort, c'eft-à-dire, fi le poids du levier étant d'équilibre lorfque la corde tire à la bafe de la fufée, le levier eft également en équilibre avec le reffort lorfque la corde agit au fommet de la fufée ; fi elle tire trop au fommet, on remettra la fufée fur l'outil, afin de diminuer la fufée à fon fommet. Voyez Effai, n° 467.

627. La fufée étant égalifée, on pourra fe difpenfer de remonter le mouvement ; on attendra pour cela que toutes les parties foient polies & terminées.

De

De la Suspension (1) de la petite Horloge horisontale, N° 45.

De son exécution.

628. Pour compléter entièrement ce qui concerne l'exécution de l'Horloge ou Montre n° 45, je dois aussi donner quelques détails sur l'exécution de la suspension, afin que selon les vues que je me suis toujours proposé, un artiste intelligent puisse exécuter en entier, sans aucun secours étranger, toutes les parties de ces machines. (*Supplément*, Introduction, *p. vij*).

629. J'ai donné ci-devant (n° 89) la description de la suspension des petites Horloges horisontales, & cette suspension est construite assez simplement pour en rendre l'exécution facile ; cependant j'observe que le croissant *B C D*, Planche II, *fig.* 1, n'est pas d'une exécution aussi facile que je le désirerois, à moins qu'on ne le fasse fondre ; & dans un Port-de-mer, on ne peut pas toujours trouver des Fondeurs assez adroits. Pour donc y suppléer, voici comment je conseille de le faire : au lieu du croissant, on fera deux montants fixés à l'extrémité du pied *A A* de la suspension. Ces montants sont ici réprésentés par les lignes ponctuées *B X*, *D Y*. Ces montants ou supports de la suspension seront fixés chacun par une vis & deux tenons (2), avec la plaque *A A* de la même manière que l'arc de la suspension de la Montre verticale est attachée sur son pied (n° 57).

(1) Cet article de la suspension ayant été ajouté, n'est pas mis ici à sa vraie place selon l'ordre d'exécution ; l'exécution de la suspension doit être faite en même tems que les ébauchages du mouvement de la Montre : ou bien l'artiste peut la faire exécuter sous ses yeux par un ouvrier ordinaire, pendant que lui-même travaille au mouvement ; au reste, cet ordre ne change rien à l'objet de cet ouvrage, je n'ai pas voulu déranger l'ordre des numéros qui précèdent.

(2) On peut même pour plus de facilité employer au lieu de montant deux piliers tournés & rivés sur la plaque ; ces piliers seront dégagés en haut pour faciliter l'étendue des arcs parcourus par le tambour.

T

Cette difpofition bien entendue, on voit que l'exécution
de la fufpenfion fe fera avec facilité.

De l'exécution du Tambour.

630. Les platines du mouvement de l'Horloge n° 45,
ont trente-deux lignes & demie de diamètre ; & pour que ces
platines ne puiffent toucher au tambour, il faut que celui-ci
ait une ligne de diamètre plus que les platines, ou 33 lignes $\frac{1}{2}$
en dedans ; d'après les élévations du mouvement de n° 45
donnés ci-devant (n° 304,) on trouve que depuis le dedans
de la platine-cadran jufqu'à l'extrémité du pont de la lame
compofée, il y a 25 lignes d'élévation ; j'en fuppofe même
26, c'eft la hauteur du dedans du tambour pour contenir
le mouvement ; mais comme il eft néceffaire de lui donner
plus de hauteur, afin de placer au fond de ce tambour une
maffe de plomb pour le ramener plus fûrement à la pofition
horifontale ; il faut que le tambour ait fix lignes de plus de
hauteur en dedans, ou pour plus de fûreté on donnera 33
lignes de hauteur au tambour.

631. On exécutera d'après ces mefures le tambour ou fa
virole (avec du cuivre qui ait une ligne d'épaiffeur), qui
fera faite de la même manière que l'on fait la virole d'un
barillet de pendule. Le fond du tambour peut être foudé à
la foudure forte, après que la virole eft foudée ; ou pour
plus de facilité, le fond du tambour peut être ajufté à *drageoir*, comme le couvercle d'un barillet, en le faifant entrer
bien à force.

632. Lorfque l'on foudera la virole du tambour, on
pourra fouder en même tems le cercle de fufpenfion : ce
cercle doit avoir fix lignes de diamètre de plus en dedans que
le dehors du tambour : celui-ci a trente-cinq lignes en dehors ;
ainfi le cercle de fufpenfion aura quarante-une lignes de diamètre en dedans du cercle. L'épaiffeur du cercle de fufpenfion
fera d'une ligne & demie ; fa hauteur de cinq lignes étant tournés : on prendra en conféquence une bande de cuivre en

planche que l'on foudera à la foudure forte , & qu'on écrouïre & tournera.

633. La batte & la lunette feront également faites avec du cuivre en planche que l'on foudera, écrouïra & tournera d'après les mefures du tambour ; & la lunette aura la hauteur néceffaire pour loger les aiguilles & le quarré de fufée. Cette lunette aura donc environ trois lignes de hauteur , elle portera un drageoir pour recevoir le verre.

634. On peut fe difpenfer de faire une charnière pour la lunette , elle peut être fimplement attachée à la batte par deux vis (*Voyez* n° 177).

635. Le poids de la fufpenfion fera fait avec du cuivre en planche , il aura 4 pouces $\frac{1}{2}$ de diamètre , & 2 lignes d'épaiffeur ; il doit être écroui & tourné.

636. Les deux fupports de fufpenfion feront faits avec du cuivre en planche. La hauteur de ces fupports fera de vingt-fept lignes , d'épaiffeur trois lignes , & la largeur cinq lignes : on les exécutera & fixera fur le pied ou plaque *AA*, Planche II, *fig.* 1 ; ils feront diamétralement oppofés & placés à l'extrémité de la plaque.

637. On préparera & exécutera les quatre arbres ou pivots de fufpenfion *a*, *b*, *c*, *d*, Planche II, *fig.* 1 & 2 ; & d'après les mefures données par le tambour , le cercle & les fupports ; les arbres doivent être taraudés par un bout, dont deux pour être attachés au tambour , & les deux autres au cercle de fufpenfion ; les pivots étant finis auront une ligne de diamètre. Ces arbres doivent être trempés & revenus bleus; on achevera les pivots après qu'ils feront trempés , & on les polira.

638. Les deux pivots portés par le tambour doivent être placés à vingt lignes au-deffus du bas ou fond du tambour ; pour placer ces pivots , on divifera le bord fupérieur du tambour en quatre parties égales ; & avec une équerre on marquera fur le dehors du tambour les points oppofés de deux de ces divifions ; & par un point diftant de

de vingt lignes du fond , on marquera succeffivement les deux places des arbres & pivots de fufpenfion du tambour; on percera & taraudera , &c.

639. Pour pofer les deux arbres à pivots de fufpenfion que doit porter le cercle de fufpenfion, on divifera en quatre parties égales ce cercle , & fur deux des divifions diamétralement oppofées , on percera & taraudera les trous des deux arbres à pivot; & fur les deux autres divifions , on formera les rainures dans lefquelles doivent entrer les pivots portés par le tambour.

640. On fera de même deux rainures fur le fommet des fupports pour recevoir les pivots portés par le cercle de fufpenfion ; ces rainures doivent être affez profondes pour qu'au-deffus du pivot on puiffe percer le trou de goupille pour retenir chaque pivot dans fa rainure.

641. Pour retenir dans leurs rainures les pivots portés par le tambour , on recouvrira ces pivots par deux *tourniquets* attachés par des vis fur le bord du cercle.

642. La fufpenfion étant ainfi exécutée , il faudra fixer la *batte* fur le tambour au moyen de quatre vis.

643. On fixera de même par quatre vis la platine-cadran fur la *batte* , en obfervant que le midi des cadrans doit être dans la direction exacte des pivots portés par le tambour.

644. On fixera au fond du tambour , par le moyen de deux vis, la plaque de plomb qui fert au jeu de la fufpenfion : on mettra bien libre les pivots de fufpenfion dans leurs rainures.

645. On adoucira & polira toutes les parties qui forment la fufpenfion, tambour, lunette , cercle, fupports, pieds , &c. ; enfuite on vernira toutes les pièces de cuivre felon le procédé indiqué ci-après Addition , article II, mis à la fin de ce Chapitre.

Polir le mouvement de l'Horloge.

646. Avant de faire marcher l'Horloge en blanc , on a déja commencé à adoucir à la pierre à l'eau une partie des pièces de cuivre du mouvement, on achevera actuellement d'adoucir avec une pierre à eau la plus douce toutes les pièces, ponts, &c. & les roues si elles ne sont pas parfaitement adoucies ; on passera le charbon avec l'eau sur les platines, sur le barillet , &c. Pour cet effet , on fera choix de charbon fait avec du bois blanc : on nétoyera toutes les pièces de cuivre & elles feront prêtes à polir.

647. Pour polir le cuivre on se sert de *pierre pourrie* broyée avec de l'huile ; on polira donc les platines : & pour cet effet, on aura un *feutre* ou bande de chapeau de castor collée sur un bois : on se sert du feutre pour polir les pièces plattes un peu grandes, comme les platines, le barillet , &c ; mais pour polir les roues, les rouleaux & les ponts, au lieu de feutre on se servira de bois de *fusain* bien dressé , parce qu'avec un bois on polit plus plat ; mais après avoir passé le bois de fusain , on achevera de polir les roues en passant légèrement un feutre bien fin.

648. On appuiera les roues pour les polir sur un morceau de liége bien dressé , & sur lequel on posera un linge fin, bien tendu & serré à l'étau avec le liége : on observera que pour bien polir , il faut employer beaucoup de soins & de propreté ; car s'il tombe de la poussière sur le feutre ou sur la pierre pourrie, cela fera des traits.

Nétoyer les pièces de cuivre après qu'elles sont polies.

649. Aussi-tôt que l'on aura poli toutes les pièces de cuivre , il faudra les nétoyer : pour cet effet, on se servira de *blanc d'Espagne* réduit en poudre ; & au moyen d'une brosse fine, on ôtera tout le noir dont les pièces sont recou-

vertes ; enfuire on prendra les platines dont on nétoiera tous les trous d'abord avec du bois blanc ou du bois de *chanvre* ; & enfuite après les avoir bien effuyés avec un linge fin, on fe fervira pour achever de nétoyer ces trous de bois de fufain.

650. Pour bien nétoyer les dentures des roues, on prendra une douzaine environ de cartes fines à jouer, & on les coudra enfemble par le milieu ; les bords de ces cartes étant paffées fur les dentures, comme on le feroit avec une broffe, les nétoyeront parfaitement, & donneront même une forte de poli : on nétoyera de même les pignons avec les cartes aux dents & aux fonds.

651. On nétoyera les croifées des roues en paffant du fufain coupé plat pour aller dans les angles : on nétoyera également tous les ponts en paffant du bois pour nétoyer les trous tant des pivots que des vis de la même manière qu'on l'a fait pour les trous des platines.

A mefure que l'on nétoyera les pièces de cuivre de l'Horloge, on les placera dans les cafes de boîtes de carton bien propres.

Polir les pièces d'acier & bleuïr les vis, &c.

652. Toutes les pièces d'acier qui forment l'échappement ont été terminées & polies lors de fon exécution, ainfi il ne refte rien à faire à cette partie ; & lorfqu'on a exécuté le méchanifme de compenfation on a également adouci & poli les pièces d'acier qui entrent dans la compofition, il ne refte donc à polir que le crochet de fufée, le garde-chaîne, & le reffort auxiliaire & les encliquetages tant du barillet que de la fufée & le cliquet du rochet auxiliaire : on adoucira donc toutes ces pièces avec de la pierre à huile, enfuite on les polira avec le rouge, on fe fervira pour cet effet de bois de noyer ou de fufain.

653. Toutes les pièces d'acier étant adoucies & polies

on les nétoyera bien proprement , enſuite on bleuïra de même toutes les vis de l'Horloge après les avoir nétoyées,

On aura attention à meſure qu'on aura bleuï les pièces, les vis , &c. de les remettre dans leurs caſes dans les boîtes à carton , afin de ne pas les mêler.

On nétoyera de nouveau toutes les pièces d'acier après qu'elles auront été bleuïes.

Argenter les Cadrans.

Voyez ci-après , addition au Chapitre V , Article III , la manière de faire l'argenture & celle d'argenter.

Nétoyer & remonter le mouvement de l'Horloge à demeure.

654. Toutes les parties de l'Horloge étant diſpoſées de la manière que je viens de le dire , elle ſera prête à être nétoyée & remontée à demeure ; mais avant tout , il faut faire de nouvelles goupilles pour tous les piliers des cages : afin que ces goupilles ſoient propres , elles doivent être miſes de longueur pour ne pas déborder les platines, & polies au bruniſſoir , les bouts proprement arrondis, &c.

655. On exécutera & placera ſur la ſeconde platine la cheville d'arrêt de la détente d'échappement , laquelle doit être chaſſée à force & miſe de longueur pour affleurer le le deſſus de la détente : les bouts de cette cheville doivent être arrondis & polis proprement, ainſi que la cheville même qui doit être polie au bruniſſoir.

656. Pour faire ce dernier nétoyage avec toute la propreté requiſe , il faut avoir de l'eau bouillante dans un vaſe & avec une broſſe très-douce & du ſavon, on rendra cette eau bien ſavoneuſe ; auſſi-tôt on ſavonera & broſſera ſucceſſivement toutes les pièces de l'Horloge, en commençant par les platines , & à meſure que chaque pièce aura été bien ſavonée , on l'eſ-

fuiera avec un linge fin , & on la placera dans un autre vafe rempli de bon efprit de vin.

657. On nétoyera avec foin le barillet, on nétoyera de même le reffort , on le remontera, & on mettra de l'huile à ce reffort ; enfuite on mettra la bride ; on mettra de l'huile propre aux pivots de l'arbre de barillet , & on le remontera ; on attachera la même corde qui a fervi à égalifer la fufée ou une de même longueur : on nétoyera & remontera la fufée, fur laquelle on fixera l'autre bout de la corde de la fufée ; on achevera de remonter toutes les parties de la roue de fu- fée , encliquetage , crochet , reffort auxiliaire , &c. & on met- tra de l'huile au trou de la fufée , &c. on placera dans une boîte propre le barillet & la fufée.

658. On nétoyera les platines en paffant de nouveau des bois dans tous les trous , tant des vis que des pivots ; à mefure que l'on nétoyera les platines , on les placera fous une cloche de verre pour les garantir de la pouffière.

659. On nétoyera de nouveau & avec les mêmes foins toutes les pièces de l'Horloge , roues, rouleaux, ponts , &c. & on les placera à mefure dans des boîtes de carton bien propre pour les garantir de la pouffière.

660. On nétoyera la *batte* & on attachera deffus la pla- tine-cadran , au moyen de fes trois vis : on mettra en place les trois cadrans que l'on attachera par leurs vis : on placera fur la platine le cliquet du rochet de barillet attaché avec fa vis à repos.

On pofera la roue de cadran à fa place.

661. On entourera le barillet avec fa corde ; & en cet état, ou placera le barillet & la fufée fur la platine : on mettra le rochet d'encliquetage du barillet fur fon quarré & à fon repaire , & on bandera le reffort de deux dents de ro- chet, pour tenir la corde tendue , afin qu'elle ne tombe pas de deffus le barillet.

662. On mettra la lunette portant la glace fur la batte, & on goupillera la charnière.

663.

663. On posera en cet état la lunette sur le laboratoire, & on achevera de placer le rouage sur la platine cadran ; d'abord la roue de secondes & le pont de précaution ; la roue de minute & la roue moyenne, enfin le cliquet du rochet auxiliaire de fusée : on placera le tout sous une cloche de verre.

664. On prendra la seconde platine sur laquelle on attachera le garde-chaîne, le pont du balancier, le coqueret du pivot de secondes, & celui du pivot de la roue d'échappement : on mettra de bonne huile bien propre à tous les trous des pivots de cette seconde platine, & on la placera sous une cloche ou dans une boîte propre.

665. On prendra la quatrième platine sur laquelle on placera les rouleaux marqués 2 & 3 : on posera la troisième platine sur les piliers de la quatrième, & on goupillera cette cage des rouleaux : on mettra de l'huile aux trois trous des pivots de la troisième platine.

666. On mettra le balancier en place sur la troisième platine selon la précaution indiquée ci-devant, no 517.

667. On posera la seconde platine à sa place, & on la goupillera après avoir fait entrer le pivot supérieur du balancier dans le trou du pont.

668. On mettra en place le troisième rouleau, que l'on fixera par la barette & ses deux vis, ayant soin que le pivot du balancier qui tourne entre les rouleaux soit juste & cependant libre.

669. On prendra le premier pont du pince-spiral sur lequel on fixera par la vis le coqueret portant le diamant : on mettra une petite goutte d'huile sur le milieu du diamant, & on mettra ce pont en place sur la quatrième platine, & le fixera par sa vis.

670. En cet état, on placera la cage du régulateur sur *une main* dont les trois griffes embrasseront la quatrième platine.

671. On remontera l'échappement que l'on mettra à sa place sur la seconde platine : pour cet effet, on placera la

V

levée fur fon pivot de la détente : on obfervera qu'il ne faut pas mettre d'huile au canon de la levée : après avoir mis la levée fur fon axe, on mettra la goutte qui la fixe ; mais de manière que la levée foit parfaitement libre , & que la goutte lui laiffe le jeu convenable en hauteur.

672. On mettra la détente à fa place, on placera & fixera le pont de la détente.

673. On mettra en place les refforts de la détente & celui de la levée , l'un & l'autre fixés par leurs vis.

674. On mettra en place la roue d'échappement, & fon pont que l'on fixera par fa vis.

675. On mettra de l'huile au trou du pivot, du pont de balancier , à celui du pont de la roue d'échappement, & à celui de la détente déchappement. On mettra également un peu d'huile à la détente d'échappement, à l'endroit où agiffent les dents de la roue ; & au bout de la levée, cela eft fur-tout néceffaire lorfque la dent portée par le cercle d'échappement eft en acier.

676. Lorfque l'échappement fera remonté , il faudra en vérifier de nouveau les effets d'après les règles qui ont fervi à fon exécution ; & on le corrigera d'après ces règles, s'il en eft befoin , tant pour le jeu du cercle d'échappement entre les dents de la roue , que pour les effets de la détente de la levée & des refforts.

677. Tout étant ainfi difpofé , on placera la feconde pla-tine , & les cages du régulateur en place fur les piliers de la première platine , & on fera entrer les pivots du rouage dans les trous de cette feconde platine ; enfuite on les fixera enfem-ble par les quatre goupilles.

678. On mettra en place le reffort du cliquet auxiliaire.

679. Le mouvement reftant en fon état aĉuel la lu-nette pofée fur le laboratoire, on mettra de l'huile aux pi-vots des rouleaux de la quatrième platine.

680. On fixera fur la quatrième platine le pont du piton du fpiral ; enfuite ramenant le piton fur ce pont, on mettra en pla-

ce le reſſort-virole que l'on attachera par ſes deux vis ; mais avant de fixer celle du piton, il faut ſoulever le balancier avec une carte, afin que la pointe de ſon axe appuie ſur le diamant, & qu'en même tems la cheville du balancier réponde exactement au O de la platine graduée ou platine du balancier. En cet état, on verra ſi le ſpiral & le piton eſt bien libre, & ſi les quatre vis qu'il porte ſont à leurs points, ce que l'on jugera lorſqu'en ferrant la vis du piton le ſpiral reſte ſans bouger : on calera donc avec ſoin le piton par ſes quatre vis, & de ſorte que le ſpiral, lorſque le piton ſera rendu fixe, reſte dans ſon état libre & non forcé. Cela étant on fixera le piton par ſa vis.

681. Pour terminer cette partie, il reſte maintenant à remonter le méchaniſme de compenſation. Pour cet effet, on mettra une petite goutte d'huile au trou du pivot du pince-ſpiral porté par le premier pont, lequel eſt déja en place ; c'eſt ce que l'on fera avec précaution, afin que cette huile ne puiſſe aller gagner le coqueret qui porte le diamant.

682. On mettra à ſa place le pince-ſpiral, & enſuite ſon pont, que l'on fixera par ſa vis ; on mettra de même en place le reſſort du pince-ſpiral que l'on fixera par ſa vis.

683. On mettra en place le pont de la lame compoſée : on le fixera par ſa vis, on mettra la lame compoſée ſur ſon pont, & on la fixera par les deux vis de la mâchoire, & de ſorte que la vis portée par le bout de la lame agiſſe à environ une ligne & demie de diſtance du centre du pince-ſpiral. En cet état, on fixera l'autre bout de la lame par la mâchoire du pont qui la porte : on mettra une petite goutte d'huile ſur la palette du pince-ſpiral, à l'endroit du contact de la vis portée par le bout mobile de la lame compoſée : on mettra de l'huile au trou du pivot du ſecond pont de pince-ſpiral.

684. En cet état, on verra ſi le ſpiral paſſe librement dans la fente de la boîte du pince-ſpiral : on conduira en conſéquence cette boîte pour que le ſpiral paſſe librement dans ſa fente : on fixera la boîte du pince-ſpiral ſur ſon quarré par ſa vis.

V 2

685. Enfin , pour achever de remonter le mouvement de l'Horloge , on mettra en place les aiguilles. Pour cet effet, on placera le mouvement fur la main, au moyen de la quatrième platine , le mouvement étant horifontal & le cadran en haut.

686. Avant de mettre les aiguilles , on mettra de l'huile à tous les trous des pivots de la platine-cadran, on placera donc les aiguilles.

687. On mettra de même en place *l'entonnoir* du quarré de fufée.

688. On placera la détente d'arrêt du balancier.

689. On efpacera la corde fur la hauteur du barillet , enfuite avec une clef on donnera la bande requife au reffort moteur qui eft ici de demi-tour ; & cette bande a dû être marquée fur le rochet d'encliquetage du barrillet , lorfque l'on a égalifé la fufée à fon reffort.

690. L'Horloge étant ainfi préparée, on peut la placer fur le *pied-d'épreuve* , & la faire marcher, & elle fera prête à fubir les épreuves qui font néceffaires pour la terminer & la rendre prête à aller en mer ; c'eft l'objet de la quatrième Partie de mon travail.

Quatrième Partie.

Des Épreuves fervant à donner à toutes les parties de l'Horloge le degré de précifion requis & que comporte cette machine.

PREMIERE PREUVE.

Déterminer le jeu convenable à l'axe de Balancier entre les Rouleaux.

691. Lorfque le mouvement eft placé horifontalement

fur le pied-d'épreuve, je fais marcher l'Horloge, & j'approche ou j'écarte le rouleau mobile de l'axe du balancier,
jufqu'à ce que le pivot foit parfaitement jufte entre les
rouleaux, & cependant bien libre. *Voyez Supplément* n^{os}
527 & 528.

Seconde Epreuve.

Régler la force du reffort du Pince-fpiral.

692. Dans les petites Horloges à Longitudes dont la
compenfation s'opere par une lame compofée, il faut que
le reffort du pince-fpiral foit très-foible, & feulement de
la quantité de force néceffaire pour faire appuyer le pince-
fpiral fur la lame compofée. Pour s'affurer que la preffion
n'eft pas trop forte, on emploiera la règle du n° 530,
Supplément, premiere Partie, & Traité des Horloges, n° 1393.

Troisieme Épreuve.

Revoir l'ifochronifme du Spiral.

693. Quoique le fpiral ait été reconnu ifochrône par
les épreuves faites ci-devant, lorfqu'on a fait marcher l'Horloge *en blanc*; il eft néceffaire de répéter ces épreuves, &
de s'affurer fi le poliffage de l'Horloge n'a pas dérangé
l'ifochronifme des vibrations du balancier. Pour cet effet,
on fera marcher l'Horloge dans la pofition horifontale : on
comparera le tems qu'elle marque avec celui de l'Horloge
Aftronomique ; au bout de quatre heures on notera fur le
journal la différence des tems des deux Horloges, & l'étendue des arcs décrits par l'Horloge à Longitudes, lefquels je
fuppofe de 150 degrés, ce qui doit être, fi on a bien
exécuté la fufée, d'après le calcul qui en a été fait.

694. On placera la poulie d'épreuve fur le quarré de

la fusée : on attachera un poids à la corde ; & dirigée en sens contraire du côté, on tourne la fusée, afin que cela fasse contre-poids & diminue la force ou action du ressort moteur, & que les arcs décrits par le balancier soient plus petits : on ajoutera ou retranchera de ce contre-poids, jusqu'à ce que les arcs décrits par le balancier soient de dix degrés plus petits que par la première épreuve, & par conséquent ici de cent quarante degrés. On fera marcher de cette sorte l'Horloge ; & au bout de quatre heures, on comparera les tems des deux Horloges ; s'ils ne sont pas les mêmes, c'est-à-dire, n'ont pas les mêmes différences que dans la première épreuve, on touchera en conséquence au spiral, soit en l'allongeant, ou en le raccourcissant, d'après les règles du n° 1393, & suiv. du *Traité des Horloges Marines*, & des n°s 533 = 536, n°s 542 = 544 & suiv. du *Supplément*.

695. Le spiral étant mis à son point, c'est-à-dire, les oscillations étant rendues isochrônes, il faut régler l'Horloge par les masses du balancier. Voyez ci-devant (n. 616) & *Traité des Horloges*, n° 1043, page 492.

Quatrieme Épreuve.

Régler la compensation des effets du chaud & du froid.

696. Pour régler la compensation, on placera l'Horloge, avec son pied-d'épreuve, dans l'étuve (1) : on calera ce pied, jusqu'à ce que la lunette portant la glace soit bien horisontale, ce que l'on verra en se servant d'un niveau à bulle d'air : on placera un petit thermomètre au-dessus de la glace (le même thermomètre qui doit être placé dans la boîte de l'Horloge).

697. Pour faire l'épreuve dont il est ici question, il

(1) Voy. la Description de l'étuve, Traité des Horloges, n° 1415.

faut employer la température moyenne de dix degrés, on
fera donc marcher l'Horloge pendant six heures par ce
même degré ; après avoir comparé d'abord le tems de
l'Horloge à Longitudes, au tems de l'Horloge Aſtronomique, & porter la différence ſur le journal ; au bout de
ſix heures (le thermomètre étant toujours à dix degrés),
on notera le tems des deux Horloges, & on le portera ſur
le journal : on allumera une lampe de l'étuve, afin de
faire monter le thermomètre à dix-huit degrés ; lorſqu'il
ſera à ce terme, on notera de nouveau la différence du
tems de l'Horloge à Longitudes, de celui de l'Horloge
Aſtronomique ; au bout de ſix heures (pendant lequel tems
le thermomètre doit être maintenu à dix-huit degrés) on
notera la différence du tems de l'Horloge, n° 45 à celui
de l'Horloge ; ſi le méchaniſme de compenſation eſt à
ſon point, la marche de n° 45, dans ces deux circonſtances, doit être la même ; mais ſi cela n'eſt pas, on
touchera au méchaniſme de compenſation d'après la régle
ſuivante.

698. Lorſque la compenſation eſt trop foible, c'eſt-
à-dire, lorſque l'Horloge à Longitudes avance plus par le
froid que par le chaud, il faut faire agir la lame compoſée plus près du centre du pince-ſpiral. Si, au contraire,
la compenſation eſt trop forte, ou que l'Horloge à Longitudes retarde plus par le froid que par le chaud, il faut
faire agir la vis de la lame compoſée plus loin du centre
du pince-ſpiral ; l'objet dont il eſt ici queſtion, ayant déjà
été traité avec beaucoup de détails *Traité des Horloges
Marines*, no 1419, & ſuiv. juſqu'au n° 1429 ; & *Supplément*
n° 537, j'y renvoie.

C I N Q U I E M E   É P R E U V E.

S'affurer que les effets du méchanifme font rigoureufement les mêmes, dans les mêmes circonftances de la température.

699. La qualité la plus importante d'un méchanifme de compenfation, & qui eft de néceffité abfolue, *c'eft qu'ayant éprouvé l'Horloge par le froid, & enfuite par la grande chaleur, l'Horloge revenant après cela au même degré de froid d'abord éprouvé, la marche de l'Horloge foit la même qui avoit été reconnue par ce même degré de froid.* (Traité des Horloges, n° 266) & *Supplément*, n° 531.

700. Pour obtenir cette précifion par la lame compofée, il faut affoiblir petit-à-petit la lame de cuivre, ou bien celle d'acier, jufqu'à ce que l'Horloge, après avoir éprouvé les degrés extrêmes de froid & de chaud, revenant au même froid, conferve conftamment la même marche par ces alternatives de la température ; mais, pour plus de facilité, il vaut mieux exécuter plufieurs lames, dans lefquelles l'acier ayant la même épaiffeur, les lames de cuivre foient l'une de même épaiffeur que celle d'acier, dans l'autre un peu plus épaiffes.

S I X I E M E   É P R E U V E.

Éprouver l'Horloge par divers degrés de chaud & de froid, afin de former la table compofée des arcs & de la température.

701. Les diverfes épreuves que je viens d'indiquer étant faites ; il ne reftera plus qu'à éprouver l'Horloge par diverfe températures pour former la table ; mais pour cela,

il

il faut que le mouvement foit placé dans fon tambour ,
& arrêté par fes vis. On placera donc le tambour & l'Horloge qu'il renferme dans l'étuve : on calera le tambour
de forte que la glace de la lunette , & par conféquent le
cadran foit bien horifontal ou de niveau en tous fens,
ce que l'on obtiendra par l'ufage du niveau à bulle
d'air.

702. J'ai traité , *Supplément* , Chapitre XX, n° 552
& fuivant , avec beaucoup de détails , la maniere de faire
les épreuves du chaud & du froid pour la formation de la
table compofée , des arcs & de la température , ainfi je
renvoie à ce Chapitre auquel je n'ai rien à ajouter.

703. J'ai également traité avec tous les détails néceffaires des épreuves fervant à la formation de la table (fimple)
pour la température. Voyez *Traité des Horloges marines* ,
n° 1433 jufqu'au n° 1444 , & *Longitudes par la mefure du
tems* , pag. 84 & 85 ; ainfi je renvoie à ces articles cités.

Placer le tambour de l'Horloge fur fa fufpenfion ,
& le mettre de niveau.

704. Enfin l'Horloge étant amenée à ce point , on
pofera le tambour qui la renferme fur fa fufpenfion ,
après avoir bien nétoyé les quatre pivots & les rainures
dans lefquelles ils pofent : on mettra de l'huile aux quatre pivots : on pofera un niveau fur la glace de la lunette ,
& on mettra de niveau en tout fens cette lunette , foit
par des mouvemens ménagés à la fufpenfion , ou en plaçant au fond du tambour des poids qui ramènent le tambour
à la pofition horifontale.

X

ADDITION AU CHAPITRE V.

Article premier.

De la manière de plier & de tremper les Reſſorts-Spiraux des Montres à Longitudes (1).

705. Voici la manière d'opérer, après que les lames ſont calibrées, ainſi que cela eſt indiqué *Supplément*, n°s 25 & 522 : je les coupe à la longueur qu'elles doivent a^voir ; je les fais revenir *gris*, enſuite je forme les deux tours du centre le plus approchant poſſible de la grandeur qu'ils doivent avoir ; alors je fais entrer à force tout le ſpiral dans un outil fait comme celui que je vous envoie, mais fait avec moins de ſoin ; je mets l'outil & le ſpiral entre deux plaques de fer d'environ une ligne d'épaiſſeur, ſerré avec une vis au centre, ſeulement de la quantité convenable pour que le ſpiral ſe trouve bien dreſſé ; alors je fais recuire le tout enſemble & le laiſſe refroidir, pendant que je diſpoſe le centre d'un autre ſpiral ; je l'ôte de l'outil pour en remettre un autre, & ainſi de ſuite juſqu'au dernier. Quand cette opération eſt faite à tous, je les mets dans l'outil à tremper ; & quand ils ſont rouges, je les jette dans l'huile, d'où ils ſortent comme celui que je vous envoie : quelquefois ils ſont un peu moins défigurés ; mais qu'ils le ſoient peu ou beaucoup, ils reviennent toujours à la figure convenable. Pour les nétoyer, je prends un petit *triangle* bien aiguiſé pour ôter la *ſcorie* que la trempe a fait : toute la ſcorie étant ôtée à tous, je les ſavonne pour les mieux nétoyer : cela étant fait, j'en prends un que je fais entrer avec précaution à ſon point dans l'outil

_____

(1) Par M. Martin, mon Élève, Horloger de la Marine, à Breſt ; c'eſt lui qui en fait la deſcription.

ou chaſſis, Quoique ces ſpiraux ſoient trempés très-dur, &
qu'il faille les contraindre pour les faire entrer en y allant avec
précaution, l'on n'en caſſe point. Lorſque le ſpiral eſt dans le
chaſſis, je les fais revenir l'un & l'autre couleur de paille :
le tout refroidi, le ſpiral hors ſon chaſſis eſt de la figure
convenable : j'ouvre un peu le tour du dehors avec les
pinces plattes, je les adoucis & les paſſe au ſavon ; je les fais
revenir bleu ſans les contraindre. Je crois qu'avec ces précautions ils doivent être durs & conſerver leurs figures : cette
méthode eſt beaucoup plus prompte que celle de les tremper
avec les brides ; la difficulté eſt d'avoir un outil à chaſſis bien
fait ; mais une fois qu'on l'a, le même ſert à l'*infini*. Si
vous ne trouvez rien de répréhenſible à cette méthode,
j'eſtime que j'en peux faire en toute ſûreté douze ſpiraux,
pendant que je n'en ferai que ſix de l'autre manière ».

*De l'exécution de la Matrice ou Chaſſis ſervant à figurer
les petits Reſſorts-Spiraux.*

706. « Pour faire la matrice (repréſentée Planche II,
figure 10), je prends (1) du petit acier de faiſeur de reſſorts (2), que je calibre avec beaucoup de ſoin ſur ſon
épaiſſeur & ſa large r : on obſervera que la largeur de
la lame de la matrice doit être la même que celle de la
lame du ſpiral que l'on veut plier, & que les bords de
la lame de la matrice doivent être arrondis, afin de faciliter, lorſqu'elle eſt faite, l'entrée de la lame que l'on veut
plier ; ſa longueur eſt de ſept pouces : je lime un des
bouts de la lame en forme de coin ſur ſon épaiſſeur, &
avec les pinces à ſpiraux, je plie le bout en rond pour qu'il

---

(1) C'eſt M. Martin, mon Elève, qui continue ici la deſcription de la méthode
qu'il emploie.

(2) L'acier doit être de l'épaiſſeur convenable pour former l'intervale des ſpires
du ſpiral, comme on le voit dans la *Figure* 10 ; & dans la matrice l'intervale
entre les ſpires doit former ſeulement la place de la lame du ſpiral que l'on
veut figurer.

entre à force fur un axe de cuivre d'une ligne de diamètre : je perce un trou pour goupiller enfemble ces
deux parties.

707. J'ai ajufté fur mon outil à démonter les refforts
une pièce ou canon en cuivre, percé dans longueur d'un
trou d'une ligne de diamètre ; ce canon qui eft fixé avec
l'outil à reffort par la preffion de fa vis, porte une bafe ou
affiète : le trou du canon de la pièce dont je viens de parler,
fert à recevoir le petit axe qui porte la *lame matrice* ; je chaffe
ce petit axe jufqu'à ce que la lame touche la plaque du canon ;
je goupille ces deux pièces enfemble, je les mets fur l'outil
à reffort : je pince l'autre bout de lame matrice avec une
tenaille à boucle que je charge d'environ deux à trois livres.

708. Pour former dans ce chaffis ou matrice l'intervale qui doit fervir à loger la lame de fpiral que l'on veut
plier, je prends une lame de fpiral d'environ quatre degrés
du compas à micromètre, plus épaiffe que ne doit être
celle du fpiral ; je lime pareillement en coin l'un des bouts
fur fon épaiffeur & très-mince, afin de pouvoir l'envelop-
per comme la lame de la matrice : il faut faire entrer le
plus près poffible du centre de l'arbre cette lame de fpiral ;
alors je tourne la manivelle pour former les chaffis, ayant
foin de le faire appuyer fur l'affiète du canon, pour qu'il
foit bien dreffé fur fon plan ; lorfqu'il y a deux tours d'en-
veloppés, je le fais recuire avec une groffe chandelle ; je
tourne de nouveau la manivelle pour former deux autres
tours, je le fais encore recuire de même que lorfqu'il eft
tout-à-fait enveloppé : alors je perce des trous & met des
goupilles dans la plaque pour le maintenir bien fixe : j'ôte
le tout de deffus l'outil, je fais rougir le tout & le jette
dans l'eau ; je fais revenir bleu la matrice ou chaffis, toujours attaché fur la plaque : j'ôte les goupilles, ainfi que
celles qui traverfent le petit axe & le canon qui entre dans
l'outil : je donne un coup de marteau pour caffer la goupille qui tient le petit axe avec le chaffis ou matrice, dont

la figure fe trouve fixée par les opérations précédentes d'une manière invariable : je fais fortir le petit reffort de dedans, & je coupe le centre du chaffis à la grandeur convenable à la groffeur de la virole. »

ARTICLE II.

Procédé pour compofer & faire le Vernis dit Anglais (1), deftiné à être appliqué fur les ouvrages de cuivre, d'argent & d'étain.

709. ON prendra demi-once de karabé jaune, ou fuccin, ou ambre (ce qui eft la même chofe) qu'on mettra en poudre très-fine, & paffé au tamis de foie fin.

Demi-once de gomme lacque en grain, que l'on mettra en poudre, tout comme le karabé ; 9 grains de fafran *Gâtinois* en poudre ; 10 grains de fang de dragon concaffés.

Dix onces de bon efprit de vin, bien déphlegmé, & à preuve de poudre ; l'on fait cette épreuve ainfi : l'on met dans une cuiller à bouche une petite pincée de poudre à tirer, on l'a remplit d'efprit-de-vin, auquel on met le feu avec un morceau de papier allumé ; lorfque l'efprit-de-vin fera entiérement confumé, la poudre doit fe trouver affez sèche pour s'enflammer fubitement comme fi elle n'avoit pas touché l'efprit-de-vin. Si la poudre ne s'enflamme point, ou qu'elle prenne comme une fufée, l'efprit-de-vin ne fera point propre à faire le vernis.

710. On prendra une bouteille ordinaire de pinte, bien sèche & nette, on y verfera l'efprit-de-vin & le karabé auffi, & on agitera la bouteille : on en coëffera l'orifice avec un morceau de parchemin mouillé, qu'on liera bien avec

(1) Dom Bédos, dans la Gnomonique, feconde édition, page 400, a donné le procédé que j'indique ici.

une ficelle : on fera au milieu de ce parchemin un petit trou avec une épingle qu'on y laiffera.

7 1 1. On prendra un chaudron , dans le fond duquel on mettra du foin, afin que la bouteille ne touche pas au fond, & l'on y verfera une quantité d'eau convenable, felon la hauteur de la bouteille qu'on y plongera ; & afin qu'elle n'y renverfe pas en nageant dans l'eau , on la fera tenir droite en couchant au travers du chaudron la pin-çette du feu , qui embraffera le col de la bouteille, & la maintiendra comme il faut : on mettra ce chaudron fur un trépied de fer , & on fera un feu fuffifant pour que l'eau foit bien chaude fans la faire bouillir. A mefure que l'eau chauffera on ôtera, pendant un moment, de tems en tems l'épingle , afin que l'efprit-de-vin fe raréfiant , ne faffe pas caffer la bouteille : on l'ôtera du chaudron de demi-heure en demi-heure , & tout près du feu; on l'agitera un moment, ôtant toujours l'épingle quand on fera cette opération, & on la remettra auffitôt. Nous difons qu'il ne faut pas l'éloigner du feu, de peur que l'air froid ne fît caffer la bouteille : on fera ainfi chauffer, pendant quatre ou cinq heures , & enfuite on ceffera d'entretenir le feu , pour laiffer refroidir la bouteille.

7 1 2. On l'ôtera alors du feu, on l'ouvrira entiérement, & on y mettra les autres drogues : on coëffera la bouteille comme auparavant, avec le même parchemin , ou avec un autre , fi on a déchiré le premier, & on le liera : on re-mettra la bouteille dans le chaudron , après l'avoir bien remuée , ôtant l'épingle pendant cette opération : on recom-mencera à faire du feu , & l'on fera tout le refte comme il eft dit ci-deffus, pendant quatre ou cinq heures , & le vernis fera fait. On laiffera refroidir la bouteille fans la remuer davantage ; après quatre ou cinq jours , on verfera bien doucement le vernis dans une autre bouteille tant qu'il viendra clair ; l'on peut paffer le refte au travers d'un linge fin : on aura foin de tenir la phiole bien bouchée.

713. Si l'on veut faire une plus grande quantité de vernis, on augmentera les doses des drogues dans la même proportion indiquée ci-dessus ; mais aussi il est nécessaire que la bouteille dans laquelle on le fait, soit toujours au moins quatre fois plus grande qu'il ne faut, sans quoi elle pourroit casser : un *matras* de verre d'une capacité quadruple à la quantité de vernis qu'on veut faire, est le vaisseau plus propre pour cela.

Manière d'appliquer le Vernis sur le cuivre.

714. Il faut que la pièce de cuivre soit très-bien polie, même mieux que le poli ordinaire : on la fera chauffer sur une plaque de tôle mise sur un réchaud ; la chaleur que la pièce doit avoir doit être telle qu'on ait peine à la supporter sur le dessus de la main : on fera ensorte que la chaleur soit égale dans toute la pièce.

715. On versera un peu de vernis dans un petit godet : on y trempera un pinceau large de poil gris bien doux ; & après l'avoir un peu essuyé sur le bord du godet ; on le passera, sans l'appuyer beaucoup, sur toute la pièce. Il faut faire cette opération adroitement, afin que les reprises ne paroissent pas, qu'il n'y ait point d'ondes ni d'autres taches sur l'ouvrage, mais que le vernis soit appliqué bien également par-tout. Les ouvrages de cuivre tournés, & que l'on vernit chaudement sur le tour, réussissent toujours plus facilement. Cependant, pour peu d'usage qu'on en ait, on parvient à vernir bien uniment les grandes surfaces planes.

716. Si l'on fait quelques ondes en passant le vernis, l'on pourroit y remédier, du moins partie, en approchant la pièce contre la plaque de tôle, sans l'y laisser toucher.

717. Si l'on désire que la couleur de la pièce soit plus haute & ressemblante à celle de l'or, l'on pourra y passer de suite deux, trois, ou même quatre couches de

vernis ; mais il faut que la pièce foit un peu plus chaude, fur-tout fi elle eft groffe ou maffive, comme un pied de chandelier, un vafe, &c.

718. Si l'on ne peut faire chauffer la pièce, foit à caufe de fa figure irrégulière, foit qu'on craigne de la déranger de fa juftefle ou dans fes divifions, ou fes affemblages, ou fa droiture, &c. l'on pourra alors appliquer le vernis fur la pièce toute froide : on l'approchera auffi-tôt du feu, pour qu'elle en prenne une chaleur fuffifante, pour contribuer à faire mieux égalifer le vernis & à redonner tout le luftre à la pièce.

719. Il faut peu faire chauffer une pièce plane qui fera grande, lorfqu'elle fera bien écrouie, fur-tout fi elle p rte des divifions comme un grophomètre qui fera grand, &c. Après qu'on leur a donné, devant un feu un peu éloigné, un petit degré de chaleur qu'on fupportera bien aifément fur le deffus de la main ou fur la joue, on la vernira avec toute l'attention & la diligence poffible : on la remettra auffi-tôt devant le feu, pour faire mieux étendre le vernis, & lui faire revenir la tranfparence, & par conféquent le luftre.

720. Si l'on vouloit comme dorer avec ce vernis de l'argent ou de l'étain, comme une bordure, ou autres or-nemens argentés avec des feuilles d'argent ou d'étain, ou même de l'étain pur, comme des tuyaux d'orgue, &c. il faudroit doubler, ou peut-être tripler les dofes du fafran & du fang de dragon.

721. Lorfque le vernis fe falira, on le lavera avec de l'eau tiéde & un linge fin ; mais on ne le frottera jamais avec aucune poudre à polir, comme le blanc d'Efpagne, tripoli, pierre pourrie, &c.

CHAPITRE

A R T I C L E I I I.

Procédé pour argenter le cuivre (1).

722. O n mettra deux gros de crême de tartre blanc de Montpellier ; autant de fel commun , bien broyé pour un gros de *larme* d'argent ou de *coupelle*, diffous dans l'eau-forte & bien lavé. Mettez le tout enfemble , & le délayez avec une goutte d'eau claire , enforte qu'il foit comme de la bouillie , & en frottez le cuivre avec un linge bien lavé & non-porreux. Faites tiédir de l'eau claire dans un chaudron ou vaiffeau de terre , dans lequel vous mettrez une pincée de gravelle blanche qui fe trouve chez les Vi-naigriers , dans laquelle eau vous laverez votre ouvrage blanchi ; enfuite vous le trempez dans d'autre eau pure & tiède : vous le laverez après dans d'autre eau froide & claire ; effuyez l'ouvrage avec un linge blanc de leffive : vous expoferez la face blanchie devant le feu jufqu'à ce qu'il ne paroiffe plus d'humidité.

Manière de diffoudre l'argent dans l'eau-forte.

723. Pour diffoudre plus facilement l'argent fin ou de coupelle qui doit fervir à faire l'argenture , il faut le rendre très-mince au marteau , & le couper par petits morceaux que l'on jettera dans un vafe de terre plein d'eau-forte. Lorfque l'argent eft diffous , on jette dans ce vafe deux fois autant d'eau qu'il y a d'eau forte , afin d'en faire de l'eau feconde.

On prendra une planchette de cuivre rouge que l'on

(1) Je donne ici la manière de faire l'argenture telle qu'elle m'a été communiquée par un Artifte qui en fait lui-même pour fon ufage.

Y

suspendra par un fil dans le vase au milieu de l'eau : on le laisse pendant environ six heures, & on retirera la planchette lorsqu'elle aura attiré tout l'argent.

On mettra la planche dans un autre vase rempli d'eau fraîche, & l'argent se détachera de la planche de cuivre.

Lorsque l'argent est détaché on le lave dans la même eau, & on continue à laver l'argent dans deux ou trois eaux.

Lorsqu'il est bien lavé on jette l'eau & laisse l'argent à sec, on le met dans un petit vase.

Prenez alors les deux gros de crême de tartre blanc de Montpellier & autant de sel marin blanc ; jettez le tout dans le vase où est l'argent ; jettez de l'eau pure dans ce vase pour recouvrir le tout & dissoudre les sels.

On retirera ensuite l'excédent de l'eau, n'en laissant que la quantité nécessaire pour former une pâte pour argenter le cuivre, de la manière qu'on l'a dit ci-dessus.

CHAPITRE VI.

COMPENSATION PAR LE BALANCIER.

De la Compensation du chaud & du froid dans les Montres à Longitudes, par le Balancier même, servant de suite au N°. 657 & suiv. du Supplément au Traité des Horloges Marines, &c.

724. J'AI donné, dans le Supplément au Traité des Horloges Marines, n° 661, la description & la construction d'un balancier qui opere lui-même la correction des effets du chaud & du froid ; depuis ce tems, j'ai fait diverses

expériences & calculs qui m'affûrent que par ce moyen on peut obtenir parfaitement la compenfation ; mais pour faciliter l'exécution de cette partie effentielle des Montres à Longitudes, j'ai fait quelques changemens dont je dois donner ici une notice.

725. 1°. J'ai lié par un cercle les trois croifées qui portent les lames, ce qui rend cette partie plus folide & plus légère, afin que toute la puiffance du balancier réfide le plus qu'il eft poffible dans les trois maffes, ce qui diminue la quantité d'extenfion néceffaire aux lames ; car alors un affez petit mouvement dans les lames, & par conféquent dans les maffes qu'elles portent, produira la compenfation.

726. 2°. Pour produire sûrement l'exacte compenfation du chaud & du froid, & fans de longs tâtonnemens (*Supplément*, n° 660), j'ai ajouté à la compenfation, par le balancier même, un deuxième correctif qui opère fur le fpiral (1), & de manière à completter ou rectifier promptement la compenfation fans toucher au balancier. Ce correctif confifte dans un courte lame compofée, qui agit par un bras terminé en fourchette fur le fpiral, & fait l'effet du pince-fpiral ordinaire : cette même lame a une autre propriété, c'eft qu'en tournant fur un centre concentrique au fpiral, elle fert à régler la montre au plus près, au moyen d'une vis de rappel, ce qui évite de toucher aux maffes du balancier & de déranger l'équilibre. J'appelle lame de compenfation de *fupplément* celle qui agit fur le fpiral.

727. La compenfation par le balancier peut être faite en totalité ; mais quand même cette compenfation feroit trop forte, la lame de fupplément corrigeroit également cet excès en retournant cette lame de forte que le cuivre qui agiffoit du côté du piton fe trouve en dehors & l'acier du côté du piton.

728. L'addition de la lame de fupplément agiffant fur

(1) Je fais donc ici l'application du troifième moyen de compenfation que j'annon-çois dans le Traité des Horloges Marines, n° 258.

Y 2

le fpiral ne doit donc fervir qu'à amener la compenfation au plus près, & ne produire qu'un effet très-infenfible, la prefque totalité de la compenfation devant être produite par le balancier ; par conféquent fon déplacement troublera infiniment peu l'ifochronifme du fpiral.

Article I.

Règles à fuivre pour produire complettement la compenfation par le Balancier.

729. 1°. L e cercle de balancier formant les trois croifées qui portent les lames & les maffes, doit être le plus léger poffible, afin que la plus grande partie de la pefanteur du balancier réfide dans les maffes ; & qu'un très-petit déplacement de ces maffes opère la compenfation.

730. 2°. La longueur des lames étant donnée, plus elles feront minces, & plus l'extenfion fera grande par le chaud & par le froid, & par conféquent on arrivera plus facilement à la compenfation.

731. 3°. Plus les maffes portées par les lames feront pefantes & moins les lames auront de chemin à parcourir pour produire la compenfation.

732. 4°. Pour que l'extenfion & contraction des lames approche ou écarte directement les maffes du centre du balancier, il faut que les lames foient dirigées perpendiculairement au rayon ou à la ligne qui paffe par le centre du balancier & par le centre des vis qui portent les maffes, comme on le voit dans la *fig.* 4 Planche III ; ainfi plus les lames feront courtes & le balancier d'un plus grand diamètre, & plus les maffes agiront près la circonférence du balancier ; & par conféquent leur effet sera plus puissant que lorsque les masses sont plus en dedans du cercle ou champ du balancier , comme cela a lieu dans la *figure* 8.

ARTICLE II.

Description du Balancier composé pour la correction des effets du chaud & du froid dans les Montres à Longitudes , & du moyen de supplément par le spiral, pour être appliqué à l'Horloge horisontale , N° 45.

733. LE balancier ou régulateur *M M* , représenté Planche III , *fig.* 4 , porte trois masses ou cylindres *a,b,c,* lesquels entrent à vis sur les broches *d,e , f* ; ces broches sont fixées aux bouts libres *d, e ,f,* des lames composées *d, g, e, h, f, i* ; les bouts *g, h, i,* de ces lames sont fixés sur des pitons tournés & rivés sur les bouts prolongés des croisées portées par le cercle *M M* de balancier; le centre *k* du cercle est fixé sur l'axe de balancier au moyen de deux vis.

734. Le cercle de balancier doit, comme je l'ai dit, être très-léger, afin que toute la pesanteur soit censée se fixer dans les masses *a, b, c,* & que par conséquent le déplacement de ces masses par le chaud & par le froid opère complettement ou très-à-peu-près la compensation.

735. Les lames composées doivent être parfaitement de même dimension, longueur, largeur & épaisseur, elles sont faites avec de l'acier à ressort trempé & bien calibré.

Il faut faire un calibre d'acier trempé de toute sa force, lequel étant percé, servira à percer les trous des rivets à égale distance, sur les lames d'acier.

Description de la Lame de supplément.

PLANCHE III. FIGURE 2.

736. La *fig.* 2, Planche III, représente en plan la disposition de la lame de supplément; *a*, *b*, est cette lame dont le bout *a* est fixé par deux vis sur la boîte *c d*; & le bout *b*, qui est libre, porte la fourchette ou pince-spiral dans la fente duquel passe le spiral; la boîte *c d* est ajustée sur le quarré *e f*, formé sur une plaque, attachée sur le pont *f g* : cette patte ou base du quarré est mobile au centre *i* du pont qui répond au centre du spiral, afin qu'en tournant cette piéce on puisse régler la Montre au-plus-près ; c'est à cet usage qu'est destinée la vis de rappel *k* qui entre sur le côté du pont; le cercle saillant de cette vis entre dans une fente de la patte *l* du quarré *f e* ; cette patte est rendue fixe sur le pont *g*, au moyen de la vis de pression *m* ; la vis *n* de ce même pont sert à fixer le pont & tout son assemblage sur la platine externe du régulateur.

Cette disposition entendue on concevra facilement comment on peut augmenter ou diminuer la compensation, c'est-à-dire, changer la longueur active de la lame de supplément. Pour cet effet, il ne faut qu'approcher ou écarter la boîte *c d* du centre *i* du pont, ce qui se fera aisément en desserrant les deux vis qui fixent la lame sur la mâchoire du pont, & en desserrant également la vis *o* qui fixe la boîte *c d* sur le quarré *e f* ; après avoir éloigné ou approché cette boîte, on resserre les deux vis qui fixent la lame, & de sorte que le pince-spiral ne gêne pas le spiral, & on serrera de même la vis *o* de la boîte ; le quarré pourroit même être gradué, afin d'opérer plus sûrement pour arriver à la compensation la plus rigoureuse.

737. La *figure* 6 représente en profil perspectif la disposition de la lame de supplément; *a b* est cette lame ;

c d la boîte à mâchoire qui fixe la lame au moyen des
deux vis 1, 2 ; *e f* est le quarré porté par la patte *l*, &
sur lequel la boîte peut se mouvoir ; *r* est le pivot ou
tenon qui sert à centrer cette patte sur le pont *g* afin
que le bout *b p* formant le pince-spiral tourne autour
du spiral ; *p* est le pince-spiral dans la fente duquel le spiral doit entrer ; *b q* est l'index porté par le bout de la lame
de supplément, pour marquer sur la platine *fig.* 2 le chemin
que l'on fait faire au pince-spiral pour régler l'Horloge ;
g f, *fig.* 6, représente le dessous du pont du pince-spiral,
lequel porte en *r* le diamant sur lequel roule la pointe inférieure de l'axe de balancier.

738. Maintenant pour substituer, comme je le fais en
ce moment, la disposition que je viens de décrire à une
Horloge horisontale, faite sur le plan N° 36, en place du pince-
spiral, &c. il faut supprimer le pont *R S* avec sa lame *T*,
Planche II, *fig.* 8 ; le ressort *e f* doit également être supprimé, & le pont *Y V* servira à porter la lame de supplément
& son méchanisme de correction ; ce pont portant l'assemblage de la lame de supplément, tel qu'il est représenté
Planche III *fig.* 2. Les *figures* 5 & 7 représentent en
perspective la lame de compensation *d g* & sa masse *a* : cette
lame fixée sur son piton, *g l*.

739. J'ai également substitué au balancier ordinaire de
l'Horloge celui à compensation de la *figure* 4 : voilà les
seuls changemens que j'ai fait pour l'application du moyen
que j'ai décrit ci-devant ; mais je dois observer ici, ainsi
qu'on le doit sentir, que la cage du balancier doit avoir
plus de hauteur pour loger le balancier à compensation que
pour un balancier simple : cependant dans l'Horloge où je
fais cette application, cette cage a trois lignes & demie de
hauteur & elle a été suffisante.

740. Je dois encore observer que pour régler la Montre
au plus près, au moyen de la lame de supplément ; qu'il
est à propos de faire porter par le bout *b* de la fourchette

un index qui réponde à des graduations de la platine, *figure* 2.

741. La difpofition que je viens d'indiquer pour la lame de fupplément de compenfation exige une addition de travail, mais ce travail eft facile ; je penfe qu'il eft préférable encore d'employer ce moyen plutôt que d'être obligé de tâtonner la compenfation abfolue par le balancier même ; en opérant à coup sûr on gagnera encore du tems. Au refte, je donne ici mes motifs & mes moyens, c'eft aux Artiftes qui voudront fuivre le même objet à choifir.

Épreuves & dimenfions du Balancier, compofé pour la correction du chaud & du froid, appliqué à l'Horloge N° 37.

742. J'ai fait l'application du méchanifme que je viens de décrire, à l'Horloge N° 37, & j'ai d'abord employé le balancier de la *figure* 4 à trois lames & trois maffes ; mais d'après les épreuves faites par diverfes températures, j'ai trouvé que la compenfation étoit beaucoup trop forte ; en conféquence, j'ai fait un balancier à quatre croifées pareil à celui de la *figure* 8, Planche III, dont j'ai fupprimé les deux lames ef, ek & les maffes a, c, & j'ai placé en f & en k deux maffes fixes, enforte que le balancier actuel fe trouve compofé de deux maffes mobiles bd, & de deux maffes fixes, placées en f & en k, & dont le poids eft égal à celui des maffes mobiles ac fupprimées ; par ce moyen, le balancier a le même poids, & l'Horloge eft reftée réglée.

REMARQUE.

743. On auroit pu conferver les trois maffes mobiles & amener le balancier à fa jufte compenfation ; & pour cet effet,

effet , il eût fallu diminuer les maffes & rendre le balancier de même pefanteur , en ajoutant trois maffes fixes , lefquelles auroient été du poids jufte de celui dont on auroit diminué les maffes mobiles ; mais j'ai préféré rendre le balancier plus fimple en n'employant que deux lames & deux maffes mobiles , & en confervant la lame de fupplément qui m'a fervi à amener plus facilement la compenfation à fon vrai point.

Dimenfions du Balancier à Compenfation.

744. Le balancier a 20 lignes de diamètre ; il fait quatre vibrations par feconde : il pèfe en tout 92 grains $\frac{1}{3}$.

Chaque maffe mobile pèfe 18 grains ; les deux 36 grains.

Les deux lames pèfent 6 gros $\frac{1}{3}$.

Le balancier feul , fans les maffes mobiles & fans les lames, pèfe 50 grains.

Les lames de compenfation ont 8 lignes de longueur & 1 ligne $\frac{1}{2}$ de largeur.

L'épaiffeur de l'acier eft de 0 lig. $\frac{10}{200}$, & le cuivre de la même épaiffeur.

Les lames font à deux rangs de rivets ; les rivets font placés à $\frac{8}{12}$ de ligne de diftance l'un de l'autre ; un des rangs de rivets répond au milieu de l'intervalle des autres rivets , ce qui rend l'action plus prochaine.

Les lames font attachées chacune par une vis & deux tenons fur les pitons. Les pitons font rivés fur le champ du balancier.

La lame de fupplément a 2 lignes de largeur & 18 lignes de longueur ; fon épaiffeur eft de 0 lig. $\frac{7}{48}$; pour l'acier & le cuivre même épaiffeur.

La compenfation eft produite , prefque en totalité , par les maffes mobiles du balancier ; car la compenfation étant conduite à fon point exact , la lame de fupplément n'agit que par 6 lignes de longueur , ce qui rend le mouvement

Z

du pince-spiral très-insensible ; & par conséquent le spiral
change infiniment peu de longueur.

745. Le méchanisme de compensation dont j'ai donné ci-
dessus la description, le résultat des épreuves & les dimensions,
a parfaitement réussi, & je le crois très-préférable à celui
qui opère sur le spiral seul. Cette compensation est plus uniforme par les différens degrés de chaud & de froid, ensorte que la table pour la température ne devra avoir que
de très-petites quantités pour ses termes, & la compensation
sera sûrement plus constante dans ses effets. Je ne crois pas
inutile d'indiquer ici les motifs de préférence.

Article III.

De la Compensation par le Balancier même ; motifs de
préférence de cette méthode sur celle qui s'opère uniquement
par le Spiral.

746. 1°. La compensation par le balancier même ne change
pas la longueur du spiral, ce qui conserve l'isochronisme
des vibrations : *Supplément*, n° 660.

747. 2°. Le jeu des lames est toujours parfaitement libre
n'étant pas contraint par l'action d'un ressort, comme cela
a lieu pour le pince-spiral que j'employois ci-devant.

748. 3°. Cette compensation n'a pas de frottement, au
lieu qu'avec le pince-spiral on a le frottement de ses deux
pivots ; & particuliérement le frottement du point de contact de la vis portée par la lame sur la palette, & celui du
ressort du pince-spiral ; tous lesquels frottemens rendent
la compensation incertaine.

749. 4°. On évite le mouvement que le spiral cause

au pince-spiral, ce qui produit encore un frottement nuisible.

750. 5°. Un grand défaut de la compensation qui est faite uniquement par le spiral, & qui n'a pas lieu dans celle par le balancier, c'est de n'être pas uniforme, ce qui rend les tables de la température fort irrégulieres ; parce que le spiral devenant plus long ou plus court par le mouvement du pince-spiral, a des inflexions inégales qui causent des différences dans la marche de l'Horloge.

751. 6°. Enfin par la compensation par le balancier on a l'avantage de pouvoir donner toute la longueur requise au spiral, qui peut alors faire un plus grand nombre de tours, ce qui le rend plus propre à l'isochronisme (1), & qu'avec la même force motrice le balancier décrit de plus grands arcs (2).

752. J'ai exposé ici les avantages de la Méthode de compensation par le balancier ; je dois ajouter ici les motifs qui m'avoient empêché de l'adopter, quoique cette méthode soit la première que j'ai proposée (3).

1°. Si le jeu des parties qui forment la compensation n'est pas parfaitement égale, cela trouble l'équilibre du balancier (4).

2°. La compensation devenoit difficile à trouver (5).

3°. Cette combinaison du balancier donne plus de prise à la résistance de l'air (6).

Conclusion sur les deux sortes de Compensation ; par le Spiral ou par le Balancier.

753. De tout ce qui précède, on voit que malgré les

(1) Traité des Horloges, n° 155.
(2) *Idem.* Note du n° 155.
(3) Voy. Traité des Horloges Marines : le dépôt fait à l'Académie des Sciences en 1764. Appendice, pages 528 & 529, note (*b*).
(4) Traité des Horloges, n° 259,
(5) *Idem,* n° 259.
(6) *Idem,* n° 259,

Z 2

obſtacles qui m'avoient empêché de choiſir la compenſation par le balancier , que cette méthode a beaucoup d'avantage ſur celle qui s'opère uniquement par le ſpiral , & il a falu bien du tems & des épreuves pour me ramener à mon premier projet : la compenſation par le balancier. (*Traité des Horloges Marines* , n° 259).

Article IV.

Conſtruction & dimenſions du Balancier portant la correction des effets du chaud & du froid, applicable à l'Horloge Horiſontale à demi-ſecondes, N° 48. (décrite ci-devant Chap. III , N° 181 & ſuiv.)

754. Le balancier de l'Horloge N° 48 , a 14 lignes de diamètre & pèſe 180 grains. Nous allons déterminer par le calcul les dimenſions & la conſtruction qu'il eſt convenable de donner aux maſſes & aux lames ; trouvons d'abord quel doit être le déplacement des maſſes pour la compenſation.

755. Je ſuppoſe que l'Horloge , ſans correction , étant réglée par 17 degrés avance 15″ par heure par le froid de o deg. du thermomètre, on a la proportion

$$7230 : 7200 :: 2400\,(1) : x = 2390.$$

$$
\begin{array}{r}
2400 \\
\hline
2880000
\end{array}
$$

$$
\begin{array}{r}
144 \\
1728,000 \big| 0 \ \big| 723 \big| 0 \\
2820 \qquad 2390 \\
6510 \\
030
\end{array}
$$

Le diamètre du balancier doit donc être rendu plus grand

(1) Diamètre du balancier réduit en centièmes de lignes.

par le froid de $\frac{10}{100}$ de lignes , & par conféquent chaque maffe s'éloigner du centre de $\frac{5}{100}$ de lignes, &cela en fuppofant toujours l'Horloge réglée par le 27e degré , & que les maffes feules forment la totalité de la pefanteur du balancier ; & c'eft ce qui ne peut avoir lieu : il eft donc néceffaire que les maffes parcourent plus de $\frac{5}{100}$ de lignes.

756. Par les dernieres expériences que j'ai faites avec mon petit Pyromètre à lame, j'ai trouvé qu'une lame compofée, dont la lame d'acier a $\frac{10}{100}$ de ligne d'épaiffeur, ainfi que celle de cuivre , & dont la longueur en action eft de 7 lignes $\frac{1}{2}$; j'ai trouvé, dis-je, qu'en paffant de o degrés du thermomètre à 27 dégrés de chaleur , l'aiguille du Pyromètre a parcouru 15 deg. $= \frac{11}{200} = 7\frac{1}{10}$ ligne. Donc en appliquant de telles lames au balancier de l'Horloge N° 48, on obtiendra la prefque totalité de la compenfation en donnant aux maffes les deux tiers de la pefanteur du balancier, c'eft-à-dire, que ces maffes pèfent enfemble 120 grains, & le balancier lui-même 60 grains. Or, en n'employant que trois maffes, comme dans le balancier de n° 45 , chaque maffe devroit pefer 40 grains ; mais je préfere employer quatre maffes chacune du poids de 30 grains.

757. C'eft d'après le calcul ci-deffus que j'ai difpofé le balancier repréfenté Planche III , fig. 8 ; dont a, b, c, d, font les maffes; MM le balancier ; ef, gh , ik & lm les lames de compenfation , &c.

Je n'entrerai pas ici dans de plus grands détails fur la difpofition de ce balancier à correction , parce qu'il ne differe de celui décrit ci-devant, (n° 733) que par fon diametre & par une maffe de plus.

758. Par la difpofition, & les dimenfions que je viens de tracer pour le balancier à compenfation , pour l'Horloge n° 48 , on voit que la correction des effets du chaud & du froid fera fenfiblement exacte ; mais il n'en faut pas moins faire l'addition de la lame de fupplément pour agir fur le fpiral. Celle-ci fervira de correctif au premier moyen, foit

en plus, foit en moins (n° 727), & cette lame de fupplément eft d'ailleurs néceffaire pour achever de régler l'Horloge
au-plus-près, & elle fert enfin à rectifier les quantités né-
gligées dans le calcul, quantités qui peuvent d'ailleurs varier
dans les Horloges à raifon du plus & du moins de réduction dans les frottemens; enforte que les 15″ que nous avons
fuppofées pour la variation de l'Horloge par 27 degrés de
différence dans la température, n'auront pas également lieu
dans une autre machine. Ces quantités dépendent abfolument du plus ou moins de perfection dans la conftruction
& dans l'exécution de l'Horloge.

ARTICLE V.

Balancier portant la correction pour les effets du chaud
& du froid, au moyen de deux lames & deux leviers
difpofé pour trouver le point de Compenfation.

759. LA Planche III, *fig.* 3, repréfente la difpofition
d'un balancier, pour produire la correction des effets du
chaud & du froid, au moyen de deux lames compofées,
agiffant chacune fur un levier mobile, & portant l'une &
l'autre une maffe qui s'approche du centre du balancier par
le chaud, & qui s'en écarte par le froid.

760. *A B* eft le balancier ou régulateur fur lequel eft
attaché le méchanifme de correction; *C, D* font deux maffes
portées par les grands bras des leviers *a b, c d.* Ces leviers
font mobiles fur les pivots de leurs axes; les pivots
fupérieurs roulent dans les trous des ponts *e, f;* & les
pivots inférieurs dans les trous faits au balancier. *g h, i k,*
font les lames compofées; les bouts *g* & *i* font fixés par des
petits ponts aux croifées du balancier, & les bouts mobiles *h* & *k* agiffent fur les petits bras des leviers *a b, c d;*
or, les lames d'acier des lames compofées étant placées du

côté des lettres *g h*, *i k*, on voit que le cuivre de ces lames, qui est en dedans, écarte, lorsqu'il fait chaud, les bouts *h* & *k* des croisées du balancier, & par conséquent les masses *C D* se rapprochent du centre du balancier ; ainsi l'exacte compensation dépend 1° de l'extension plus ou moins grande des lames, c'est-à-dire, selon qu'elles sont plus épaisses ou plus minces : 2° de la pésanteur des masses relativement au poids du balancier : 3° de la distance de ces masses aux centres des leviers : 4° enfin de la distance plus ou moins grande des points de contact des bouts mobiles des lames *h*, *k* sur les petits leviers *b d*.

761. Pour produire facilement la compensation, les bouts mobiles des lames portent en *h* & en *k*, des boîtes qui sont fixées chacune par une vis, & qu'on peut approcher ou écarter des centres des leviers *b* & *d* ; & les masses *C* & *D* peuvent aussi être approchées ou écartées des centres des leviers *a b*, *c d*.

762. Les lames représentées dans la figure 6, n'agissent pas de la même manière sur les leviers. La boîte *k* de la lame *i k* porte simplement une cheville qui entre juste dans la fente d'une fourchette du petit levier *d* ; mais comme la masse *D* n'auroit pas une position assez sûre à cause du jeu nécessaire pour la fourchette avec la cheville de la boîte *k*, j'ai indiqué la seconde disposition en *b h* ; la boîte *h* porte une vis qui appuie sur le petit levier *b*, lequel porte vers *b* une cheville sur laquelle agit le petit ressort *b l*, de manière que le levier *a* appuie continuellement sur le bout de la vis *m* ; ainsi la masse *C* a un mouvement fixe & certain.

763. Le balancier porte en *n* & en *o* deux pitons sur lesquels entrent à vis les masses *E*, *F*, qui servent en même tems à régler l'Horloge & à mettre le balancier d'équilibre.

764. La description que je viens de donner de ce balancier suffit pour faire entendre sa construction ; je n'entre

pas dans de plus grands détails, parce que je crois bien préférable la difposition que j'ai donnée aux balanciers à compenfation pour les Horloges n° 45 & n° 48 ; mais j'ai cru pouvoir préfenter ici ce nouveau moyen dont le plus grand défaut eft d'exiger trop de travail & d'avoir des frottemens ; car d'ailleurs il a l'avantage de pouvoir arriver affez promptement à la compenfation.

ARTICLE VI.

Defcription du Pyromètre *fervant aux épreuves des lames compofées pour former la correction des effets du chaud & du froid par le Balancier.*

765. LA figure 1, Planche III, repréfente le Pyromètre ou inftrument que j'ai compofé pour faire les épreuves des lames compofées, afin de juger quelles doivent être les dimenfions de ces lames pour produire la compenfation des effets du chaud & du froid par le balancier même.

766. La platine *A B* porte à fon centre l'aiguille ou index *a b*, qui fert à marquer l'extenfion de la lame compofée, au moyen des graduations *C D* formées fur cette platine ; ces graduations font faites fur la machine à fendre avec le nombre 720. La platine *A B* porte en deffous trois pillets fervant de pied pour pofer le pyromètre horifontalement.

767. L'index ou aiguille *b* eft fixée par fon centre *a* fur une tige ou axe portant deux pivots dont l'un roule dans le trou fait au centre de la platine, & l'autre au pont *E*.

La partie *c* de l'index & qui lui eft diamétralement oppofée, porte une cheville *d* placée près du centre de l'axe.

Sur

Sur cette cheville agit l'extrémité du levier *e*, dont le centre de mouvement eſt en *f* : ce levier eſt fixé ſur un axe roulant ſur deux pivots ; l'un à la platine vers *f*, & l'autre au pont *F*.

768. L'axe du levier *ef* porte un petit levier quarré *fg* ſur lequel eſt ajuſtée la boîte *G*, qui peut s'approcher ou s'éloigner à volonté du centre *f* : ſur cette boîte eſt miſe la vis *h*, dont le bout arrondi agit ſur la lame compoſée *HI*.

Le bout *I* de la lame eſt libre, & celui *H* eſt fixé au pont à mâchoire *K*, au moyen de deux vis ; & ce pont lui-même eſt fixé ſur la platine *AB*. Lors donc que la chaleur agit ſur la lame compoſée, la partie de cuivre placée en dedans, du côté de la fente *LM* de la platine, ſe dilate plus que celle d'acier, la lame ſe courbe & pouſſe la vis *h* en dehors, & le bout *e* du levier fait tourner l'aiguille & la fait avancer du degré 1, [où elle eſt vers le cinquième degré.

769. Pour que l'aiguille ſuive le mouvement de la lame, & que la vis *h* preſſe continuellement le bout mobile *I* de cette lame ; le reſſort *k l* agit ſur une cheville placée vers le centre *a* de l'aiguille.

770. La boîte *G* peut, comme je l'ai dit, être fixée ſur le bras *fg*, plus près ou plus loin du centre *f* du levier *g*, & par conſéquent rendre plus ou moins ſenſible le mouvement de l'aiguille *a b*, quoique l'extenſion de la lame parcoure le même chemin ; ainſi on peut tellement placer cette boîte qu'un degré de l'aiguille réponde à $\frac{1}{100}$ ou à $\frac{1}{100}$ de ligne, &c; c'eſt-à-dire, que le bout *I* de la lame ait effectivement parcouru $\frac{1}{100}$ ou $\frac{2}{100}$ &c. de ligne. Pour trouver exactement le point de diſtance auquel la vis *h* de la boîte *G* doit être écartée du centre, pour que ſon mouvement réponde à $\frac{1}{100}$ de ligne, lorſque l'aiguille a parcouru 1 degré, il faut meſurer combien la vis *h* contient de filets ou pas de vis dans une ligne qui eſt ici de 100 parties, & diviſer

A a

le nombre 100 par celui des filets contenus dans une ligne
par la vis. Je suppose que la vis contienne 8 pas dans une
ligne, on divisera 100 par 8 , & on aura 12 $\frac{1}{2}$ pour quo-
tient ; ce dernier nombre représente le nombre de degrés
que doit faire parcourir un tour de la vis. On approchera
donc la boîte G, ou on l'écartera du centre f jusqu'à ce qu'un
tour de la vis fasse parcourir 12 degrés $\frac{1}{2}$ à l'aiguille ; mais
pour n'avoir pas à craindre que pendant cette opération la
lame n'ait pas changé d'extension , il sera bon d'empêcher
son mouvement en plaçant, pour le moment, une cheville
solide à la platine, & qui arrête la lame ; mais cette cheville ne doit pas toucher au bras fg de la boîte.

L'instrument que je viens de décrire, ainsi disposé, peut
servir à mesurer l'extension de lames plus courtes que n'est
celle HI. C'est à cet usage qu'est destinée la fente LM
faite à la platine : pour cet effet, la vis du pont K passe
librement à travers cette fente & elle entre à vis sur un
écrou mis en dessous de la platine. Par ce moyen, on peut
fixer le pont K à divers points de la fente LM, selon la
longueur des lames que l'on veut éprouver.

771. Pour mesurer avec la plus grande précision l'extension des lames , il faut que l'aiguille $a\,b$ soit la plus
légère possible, de même que le levier ef , il faut également
que les pivots de l'aiguille soient très-petits , & que
celui d'enbas porte sur un coqueret d'acier trempé dur; de
même le pivot d'enbas de l'axe du levier ef doit aussi porter sur un coqueret d'acier trempé dur.

Les pivots de l'aiguille doivent être au plus de o lignes
$\frac{4}{48}$, & ceux du levier ef de o lignes $\frac{5}{48}$. Enfin le ressort kl
doit être trempé & rendu le plus foible possible, & seule-
ment de la quantité nécessaire pour faire appuyer sûrement
la vis h de la boîte G sur le bout I de la lame composée.

CHAPITRE VII.

Détails sur la construction & l'exécution d'une Montre à Longitude portative, faite d'après le Plan N° 47 (1) avec la Compensation composée du Balancier, complettée par le Spiral, le Balancier faisant quatre vibrations par secondes, &c.

772. J'ai établi ci-devant l'indispensable nécessité d'avoir dans une Montre portative un spiral qui soit isochrône, & qui fasse beaucoup de tours (n° 751); & on a vu qu'avec la compensation par le pince-spiral on ne pouvoit pas la réunir avec un long spiral; & que d'ailleurs ce moyen entraîne beaucoup de frottemens & d'incertitude lorsqu'il est employé dans de si petites machines (Voyez n° 746 & suiv.). Je me suis donc occupé à chercher de nouveau les moyens de donner à une Montre portative, faite d'après le Plan n° 47, toute la perfection dont je pense qu'elle peut être susceptible : tel est l'objet de ce Chapitre, le dernier de cet Ouvrage. (Je désignerai cette nouvelle Montre par le N° 50).

773. La nouvelle disposition que je vais donner à la Montre portative ne changera rien au plan de celle n° 47. La position des roues, du balancier & de ses rouleaux, & enfin de l'échappement, sera la même qui est représentée

(1) Cette Montre N° 47, dont j'ai donné ci-devant la description & les dimensions (Chap. II, n° 93 & suiv.) est entièrement terminée depuis quelque tems ; j'ai fait par son moyen diverses épreuves qui ont servi à achever de me déterminer pour les changemens que je vais proposer dans la construction d'une nouvelle Montre faite d'après son plan.

A a 2

Planche II , *figures* 3 & 4. Voici les objets qui doivent être traités dans ce Chapitre pour employer dans cette Montre les moyens de perfection dont elle est susceptible (1).

1°. Du spiral : des moyens de lui procurer les qualités indispensables de l'isochronisme dans une Montre portative.

2°. Le balancier doit battre quatre vibrations par seconde.

3°. Employer la compensation par le balancier & par la lame de supplément agissant sur le spiral.

4°. Corrections à faire dans l'échappement.

5°. Ajouter une suspension à la Montre pour qu'elle soit toujours verticale dans le vaisseau.

ARTICLE I.

Du Spiral.

774. On parvient assez facilement à trouver dans des ressorts spiraux de peu de longueurs , un point par lequel des arcs de vibrations qui diffèrent peu entr'eux , sont isochrônes ; il suffit pour cela que les lames dont ces ressorts sont faits, soient convenablement faites en fouet ; mais il est bon d'observer que dans le cas où un spiral est fort court & qu'il fait un petit nombre de tours , alors l'isochronisme des vibrations n'a lieu que par des arcs qui diffèrent peu entr'eux. Or, il est aisé de sentir que lorsqu'il est question d'une Montre portative exposée à des agitations , il peut arriver que les arcs de vibration du balancier

_____

(1) Les détails qui forment la matière de ce Chapitre avoient d'abord été uniquement destinés pour servir de direction à M. Martin , mon Eléve, Horloger de la Marine à Brest , dans l'exécution de cette nouvelle Montre ; mais j'ai cru devoir la placer ici pour terminer cet Ouvrage ; peut-être ce travail auroit-il son utilité.

varient affez confidérablement, enforte que la marche de la Montre doit s'en reffentir : d'ailleurs , indépendamment des agitations que la Montre peut éprouver ; les arcs de vibration dans une telle machine doivent varier par les changemens dans les frottemens & dans les réfiftances des huiles ; & ici l'effet en eft d'autant plus grand que la Montre a un régulateur qui a peu de puiffance , & que d'ailleurs cette Montre fait des vibrations plus promptes. Il eft donc néceffaire, dans une telle machine , que le fpiral conferve fon ifochronifme par dès arcs qui différent plus entr'eux , c'eft à-dire, que l'ifochronifme ait lieu par des arcs qui foient d'un plus grand nombre de degrés. Or, on ne peut obtenir cette propriété fi importante qu'en employant un fpiral plus long & qui faffe un plus grand nombre de tours : comme , par exemple , de fept à huit tours, comme je l'ai fait dans l'Horloge n° 8 ; mais dans une machine de cette grandeur, je n'éprouvois pas la moindre difficulté , parce que le méchanifme de compenfation pouvoit facilement produire un affez grand chemin dans le mouvement du pince-fpiral pour produire la compenfation ; mais il n'en eft pas de même dans une machine d'un volume auffi borné que l'eft la Montre portative n° 47. Il eft donc néceffaire ici de renoncer à la compenfation qui s'opère par le pince-fpiral lorfque l'on veut avoir en même-tems un fpiral qui foit ifochrône par de grands & de petits arcs ; & comme cette qualité eft abfolument indifpenfable dans une telle machine , il faut néceffairement recourir à la compenfation qui s'opère par le balancier ; parce que cette compenfation fe produit également quelle que foit la longueur du fpiral & le nombre de tours qu'il fait, elle en eft abfolument indépendante. Tels font les motifs qui m'ont déterminé à abandonner , dans les Montres à longitudes , la compenfation qui eft produite par le pince-fpiral. Nous avons indiqué ci-devant plufieurs autres motifs de préférence de la compenfation par le balancier , & nous y renvoyons. *Voyez* n° 746 & fuiv.

Des moyens à employer pour exécuter un spiral qui
soit isochrône par un nombre de tours donné.

775. J'ai donné dans le *Supplément* au Traité des
Horloges Marines, les dimensions des ressorts spiraux isochrônes pour les grandes Horloges, & pour de petites
Horloges à longitudes ; mais ces dimensions ne peuvent
pas être employées dans des ressorts si foibles que le sont
ceux des Montres portatives. Il est donc nécessaire de faire
de nouvelles recherches sur cette partie pour en fixer les
dimensions ; & cela est d'autant plus indispensable lorsqu'on
y ajoute, comme je le fais, la condition que le spiral soit
isochrône par un nombre de tours donné ; c'est-à-dire, ici
lorsque le spiral fait six ou sept tours. Je vais indiquer les
moyens qui, je crois, doivent résoudre ce problême ; j'é-
tablirai, pour cet effet, la règle suivante que je crois
sûre.

776. Lorsqu'un spiral d'un nombre de tours donné rend
les grandes oscillations du balancier plus lentes que les petites, c'est une preuve que la lame est faite trop en fouet,
& qu'il est trop fort du centre ; si donc on connoît les
diverses épaisseurs de la lame, (ce qu'il est toujours facile de
savoir) en faisant une autre lame moins en fouet, on
parviendra, de proche en proche, en répétant les observations & en faisant d'autres spiraux, à rendre le spiral
isochrône par le nombre de tours donné. C'est ainsi, par
exemple, que j'en ai usé avec le spiral de la Montre portative, n° 47 ; par les épreuves que j'ai faites avec cette
Montre, j'ai trouvé que le spiral faisant six tours, la Montre retardoit beaucoup par les grands arcs ; je savois
que la lame de ce spiral avoit $\frac{2}{100}$ au centre & $\frac{3}{100}$ au dehors ; j'ai donc fait faire un spiral ayant seulement $\frac{8\frac{1}{2}}{200}$ au
centre, $\frac{3}{100}$ au dehors. Je ne me suis pas contenté de cela,

j'ai fait faire un spiral ayant la même épaisseur dans toute sa longueur & qui soit aussi parfaitement de la même largeur dans les différents points de sa longueur : on y travaille en ce moment.

Article II.

Faire battre quatre vibrations par seconde au Balancier.

777. Dans les épreuves que j'ai faites avec la Montre n° 47, j'ai reconnu que les vibrations qui, dans cette Montre, sont de cinq battemens par seconde, étoient encore trop promptes, ce qui fatigue trop l'échappement ; car la dent d'acier étoit marquée ; d'ailleurs, ces vibrations si promptes ont le défaut que j'ai fait observer tant de fois, c'est d'augmenter les frottemens & les résistances des huiles, & par conséquent les variations dans la marche de la Montre ; je préfère donc faire battre quatre vibratious par seconde au balancier, dont l'aiguille battra les demi-secondes.

778. La roue de secondes devra être de 96 dents, & le pignon d'échappement aura 12 dents ; la roue d'échappement sera de 15 dents, afin de ne pas déranger l'échappement tracé sur le plan n° 47. La roue de secondes ne devra pas être déplacée ; son diamètre sera de 9 lignes, & le pignon d'échappement 1 ligne $\frac{1}{12}$ ou très-à-peu-près ; ce pignon sera fait à l'outil, comme les autres pignons de cette Montre.

Remarque.

779. Le plan de la Montre n° 47 peut donc être employé à trois différentes combinaisons ou des vibrations dans le balancier.

1°. Pour faire battre six vibrations par seconde au balancier, la roue de secondes doit avoir 120 dents , & le pignon d'échappement doit être de 10 ; la roue d'échappement 15 dents , ce qui donne 360 vibrations par minute , ou 21600 par heure.

2°. Pour faire battre 5 vibrations par seconde au balancier, la roue de secondes doit avoir 100 dents ; le pignon d'échappement 10 , & la roue d'échappement 15 ; ce qui donne 300 vibrations par seconde , ou 18000 par heure.

3°. Enfin , pour faire battre 4 vibrations par seconde au balancier , la roue de secondes doit avoir 96 dents , le pignon d'échappement 12 , & la roue d'échappement 15 ; ce qui donne 240 vibrations par minute , ou 14400 par heure.

ARTICLE III.

COMPENSATION PAR LE BALANCIER.

Du rapport qu'il faut établir entre la pesanteur du Balancier & le poids des masses mobiles servant à la Compensation.

780. PAR un calcul semblable à celui que nous avons donné ci-devant (n° 755) on trouve qu'en supposant que la Montre varie de 15″ par heure, en passant du chaud au froid, le balancier de la Montre N° 50, qui a 14 lignes de diamètre, doit changer de 0 lig. $\frac{6}{100}$ pour son diamètre , ou de $\frac{5}{200}$ pour le rayon ; & j'ai trouvé par expérience qu'une lame composée qui a 7 $\frac{1}{2}$ lignes de longueur, parcourt 15 degrés du petit pyromètre à lame pour 25 degrés de différence du thermomètre = $\frac{15}{100}$ lignes : donc une lame composée qui a 5 lignes de longueur parcouroit 10 degrés = $\frac{10}{100}$; ainsi en ne donnant aux masses mobiles du balancier que la même

même pefanteur du balancier , on voit que la compenfation feroit trop foible dans le rapport de 10 à 12 , ce qui eft évident ; car fi la lame avoit une extenfion de 12 deg. ou $\frac{12}{100}$ au lieu de 10, les maffes auroient changé le diamètre du balancier de deux fois la quantité néceffaire à la compenfation, en fuppofant que ces maffes formaffent la totalité de la pefanteur du balancier ; mais comme nous fuppofons que ces maffes n'en font que la moitié, & qu'elles font un chemin double, elles produiront dans le cas fuppofé la compenfation abfolue.

ARTICLE IV.

Des moyens de rendre la Compenfation complette fans employer la lame de fupplément.

781. Si on vouloit obtenir en entier la compenfation avec les lames compofées dont l'extenfion eft de $\frac{10}{100}$ comme nous l'avons trouvé ci-deffus , pour celles qui ont cinq lignes de longueur , & fans faire ufage de la lame de fupplément ; il fuffiroit pour cela de donner plus de péfanteur aux maffes mobiles, la pefanteur du balancier reftant la même, on en trouveroit la quantité par cette proportion, où nous fuppofons que le balancier fans les maffes pèfe 15 grains 10 : 12 :: 15 : x ; le dernier terme 18 feroit le poids que devroient avoir les maffes pour opérer en entier la compenfation. Mais il eft bien préférable de faire ufage de la lame de fupplément pour completter la compenfation : car nous avons fuppofé que la Montre varie de 15 fecondes par heure fans correctif ; & cette quantité peut être plus grande ou plus petite. Nous avons également fuppofé l'extenfion des lames compofées égales à $\frac{10}{100}$ de lignes pour 15 degrés de différence dans la température, & cette quantité doit varier felon la nature de l'acier & du

Bb

cuivre dont ces lames font faites, &c. Il vaut donc infiniment mieux employer la lame de fupplément, qui loin d'augmenter le travail fervira à éviter les tâtonnemens, comme nous
le ferons voir ci-après.

782. On peut donc toujours dans un balancier à compenfation obtenir une exacte correction des effets du chaud
& du froid : car fi avec des maffes données, la Montre
fuppofée réglée, la compenfation eft trop foible, on n'aura
qu'à rendre les maffes plus pefantes, & diminuer d'autant
le balancier ; fi au contraire la compénfation eft trop forte,
il faut diminuer les maffes portées par les lames compofées,
& ajouter au balancier ce que l'on a ôté des maffes ; mais
il eft aifé de concevoir combien ce travail devient long &
fujet à des tâtonnemens pénibles. Il eft donc infiniment préférable de ne pas chercher dans le balancier la compenfation
entière, au contraire, la tenir à deffein plus foible, afin de
fuppléer à ce qu'il y manque par la lame de fupplément :
car, par fon moyen, on parvient à l'exacte compenfation
des effets du chaud & du froid fans démonter la Montre
& fans toucher au balancier, fans changer fon équilibre donné,
ni dérégler la Montre même. En un mot, on n'a fimplement
qu'à changer les points par lefquels la lame de fupplément
eft arrêtée ; c'eft-à-dire, à la faire agir par une plus grande
ou plus petite longueur.

ARTICLE V.

Il eft préférable d'employer quatre maffes mobiles portées par le Balancier au lieu de trois.

783. Je m'étois d'abord propofé de n'employer que trois
maffes mobiles pour la compenfation du balancier *(1)*, parce que
cela étoit plus fimple ; mais en y réfléchiffant plus mûrement,

(1) Comme on le voit Planche III, figure 9.

j'ai cru qu'il étoit préférable d'en employer quatre : 1° parce que ces trois maſſes auroient été néceſſairement plus peſantes, ce qui les rendoient plus capables de faire trop fléchir les lames par des ſecouſſes, & qu'ayant un plus grand diamètre cela augmentoit la h uteur de la cage du balancier.

2°. En n'employant que trois maſſes mobiles, il eût été néceſſaire d'en adapter quatre petites fixes pour régler la Montre par ſes diverſes poſitions, au lieu qu'elle peut être réglée par les maſſes mobiles mêmes, en les approchant ou en les écartant du centre ; & pour cet effet, il ſuffit que, lorſque le balancier eſt à ſon repos, on ait eu ſoin de les diriger en les poſant de ſorte que deux de ces maſſes ſoient dans la verticale, & les deux autres dans la ligne horiſontale. Or, pour régler la Montre par ſes diverſes poſitions, on n'a qu'à démonter celle de ces maſſes qui eſt trop écartée, & tourner tant ſoit peu du canon qui la fixe ſur la vis rivée ſur la lame.

3°. Enfin, je préfère quatre maſſes, par la raiſon que le balancier étant mis d'équilibre, il ſe conſervera toujours mieux dans cet état que s'il n'y avoit que trois maſſes.

Article VI.

Dimenſions du Balancier compoſé pour la correction des effets du chaud & du froid dans la Montre à Longitude portative, N° 50.

784. Le balancier (1) a quatorze lignes de diamètre ; il fait quatre vibrations par ſeconde.

(1) Je ne répète pas ici la deſcription de ce balancier à compenſation, on peut recourir à celle que j'ai donnée ci-devant, n° 733 & 757.

Bb 2

785. Le balancier porte quatre maſſes mobiles fixées ſur autant de lames compoſées , comme on le voit Planche III, *figure* 10.

786. Chaque maſſe pèſe quatre grains ; ainſi les quatre maſſes mobiles pèſent ſeize grains.

787. Le balancier ſeul avec les quatre pitons ſur leſquels les lames ſont fixées , pèſe quinze grains.

788. Ainſi la peſanteur totale du balancier , y compris les lames & les vis portées par ces lames, pour recevoir les quatre maſſes , pèſe environ trente-quatre grains. La force du ſpiral doit être réglée d'après cette peſanteur du balancier.

789. Les maſſes ont une ligne $\frac{4}{11}$ de diamètre , & une ligne $\frac{10}{12}$ de longueur , non compris le canon qu'elles portent , & qui entre à vis ſur les vis fixées ſur les bouts mobiles des lames.

780. La largeur des lames eſt juſte d'une ligne.

791. La longueur des lames , depuis le centre du piton juſqu'au centre des vis qui portent les maſſes , eſt de cinq lig. $\frac{8}{12}$; la longueur des lames en action eſt de cinq lignes $\frac{4}{12}$.

792. L'épaiſſeur des lames d'acier eſt de $\frac{10}{100}$ de lignes, ou de $\frac{1}{10}$ de lignes ; l'épaiſſeur des lames de cuivre eſt la même que celle d'acier.

793. Chaque lame de cuivre eſt fixée ſur une lame d'acier par deux rangs de rivets placés parallellement ſur les bords , mais non pas vis-à-vis l'un de l'autre ; ils ſont , au contraire , placés de ſorte que les rivets d'un bord de la lame répondent au milieu de l'intervalle des rivets de l'autre bord.

794. Les rivets de chaque bord ſont diſtants entr'eux de 0 lignes $\frac{8}{12}$ ou $\frac{2}{3}$ de ligne : on voit donc que par la diſpoſition des rivets il ſe trouve que la lame eſt fixée par des diſtances qui ne ſont en effet que de $\frac{1}{3}$ de ligne , & par

conséquent forcée de fléchir d'une plus grande quantité par les diverses dilatations ou contractions des lames d'acier & de cuivre dont elle est composée.

795. La grosseur des rivets doit être de $\frac{4}{48}$ de ligne ou de quatre degrés du compas à pivot.

796. Chaque lame composée doit être fixée par un bout sur un piton qui lui-même est rivé sur le balancier. Ce bout doit être fixé au piton par deux chevilles ou rivets rivés avec le piton.

797. Sur l'autre bout 'de la lame composée (& lequel est mobile ou cède à l'action de la température) est fixée par la rivure, la vis qui porte la masse qui sert à produire la compensation par son rapprochement ou son écartement du centre du balancier.

ARTICLE VII.

De l'exécution des lames composées portées par le Balancier.

798. Pour exécuter facilement les lames composées, il faut faire un calibre en acier trempé dur , lequel soit percé par des trous qui représentent les rivets , & qui aient la disposition indiquée ci-dessus ; c'est-à-dire , que ces trous placés parallellement sur les bords du calibre dont la largeur & la longueur soit la même que nous avons fixée , & qu'un trou d'un bord du calibre réponde à la moitié de l'intervalle des trous de l'autre bord. Ces trous ayant juste la grosseur fixée pour les rivets , c'est-à-dire $\frac{4}{48}$ de ligne. Ce calibre doit être également percé à un bout d'un trou plus grand pour recevoir la vis qui porte la masse ; & l'autre bout percé

de deux trous vis-à-vis l'un de l'autre pour fervir à fixer la lame fur le piton : ce calibre, une fois fait, fervira à percer autant de lames que l'on voudra ; & on fera fûr que toutes ces lames auront la même difpofition, c'eft-à-dire, des trous de même groffeur & d'égale diftance.

799. Il fera néceffaire que le calibre porte en outre les trous dont nous avons parlé, un trou à chaque bout, éloigné d'environ une ligne de ceux qui repréfentent les rivets pour le piton & celui de la vis : ces deux trous à ajouter ne doivent fervir qu'à appliquer & fixer par des chevilles (pour le moment) fur la lame d'acier & les retenir l'une fur l'autre, jufqu'à ce que l'on ait percé fur cette lame d'acier tous les trous de rivet ; ces trous une fois percés, on peut couper les parties faillantes que l'on avoit réfervées pour y appliquer le calibre. On voit donc que ce calibre doit être fait un peu plus long que ne le doivent être les lames compofées.

800. Les lames d'acier qui doivent être employées pour exécuter les lames compofées, doivent être parfaitement de même épaiffeur & de même largeur entr'elles, & de même doivent être celles de cuivre.

801. Pour faire les lames d'acier, on prendra un bout de reffort exécuté par un faifeur de refforts : cette lame doit avoir jufte une ligne de largeur ; elle doit être calibrée & mife d'épaiffeur avec l'outil à calibrer les refforts fpiraux & de forte que cette épaiffeur foit jufte dans toute fa longueur de $\frac{10}{100}$ du compas à michromètre. Cette lame d'acier a dû être revenue paffé bleu avant de la calibrer, afin de pouvoir percer les trous d'après ceux du calibre.

802. La lame d'acier étant ainfi préparée, on la coupera par bouts de la longueur du calibre : on percera, en l'appliquant fur le calibre, les deux trous fervant à les fixer l'une fur l'autre, & on les fixera enfemble par des che-

villes : on percera tous les trous faits au calibre, lequel
servira à contenir le foret : on détachera cette lame de
deſſus le calibre , & on fera à toutes les autres lames
d'acier la même opération.

803. On préparera des lames de cuivre bien écrouïes
& amincies ſelon la même meſure que celle d'acier , &
adoucies avec la pierre à eau : on appliquera une de ces
lames ſur celle d'acier , & on percera deux trous de rivets :
on fera des chevilles avec de bonnes aiguilles revenues bleu,
& on rivera ces deux rivets , & ainſi de ſuite , &c.

804. Les lames compoſées étant faites, on coupera
à chaque bout les parties réſervées pour les fixer avec
le calibre.

805. On fera les vis des maſſes , & on les fixera ,
on rivera ſur les bouts mobiles des lames compoſées. On
fera également les maſſes dont les bouts formant les canons
doivent être taraudés pour entrer ſur les vis portées par
les lames compoſées ; la longueur des canons de ces maſſes
doit être telle que l'extrémité de la maſſe affleure avec le
balancier , comme on le voit dans la figure , tandis que
le centre de ces maſſes ſe trouve dans l'alignement du rayon
qui va au centre du balancier (n° 732).

806. Le balancier doit , comme je l'ai dit , avoir
quatorze lignes de diamètre , & du poids de quinze grains,
y compris les pitons : ſon épaiſſeur eſt de $\frac{13}{48}$ lignes , il doit
être croiſé de quatre barettes dirigées aux pitons.

Le balancier ainſi diſpoſé , on fera les quatre pitons, leſquels porteront des pivots entrant à force ſur le champ du
balancier diſpoſées à cet effet. Ces pitons ſeront rivés à
demeure ſur le balancier , lorſque celui-ci ſera ajuſté ſur
ſon axe par deux vis , & qu'enſuite on aura ajuſté & rivé les
lames ſur les pitons.

807. Avant de fixer à demeure les pitons , on les

dirigera convenablement pour que les maſſes affleurent e
dehors du balancier ; & en cet état, on mettra le balancier
d'équilibre en tournant les pitons convenablement pour
rapprocher ou écarter celle des maſſes qui trouble l'équilibre ; mais ſi on a bien opéré , & que toutes les maſſes ſoient
exactement de même longueur & de même poids, le balancier doit ſe trouver d'équilibre , ſans qu'une des maſſes
déborde plus l'une que l'autre ; & en même-tems la direction de ces maſſes doit tendre au centre du balancier , &
par conſéquent les lames compoſées ſont perpendiculaires
à ce rayon du balancier paſſant par le centre des maſſes ;
c'eſt en cet état que l'on doit achever de river les pitons
pour les fixer ſur le balancier.

ARTICLE VIII.

De la Lame de Supplément.

808. La diſpoſition de la lame de ſupplément ſera la
même que celle que j'ai décrite ci-devant , n° 736 & ſuiv.
& repréſentée , Planche III , *figures* 2 & 6. Ici elle ne
doit différer que par les dimenſions qui doivent être plus
petites & proportionnées à la grandeur de n° 47. On doit
ſur-tout donner à ce méchaniſme le moins de hauteur poſſible ; pour cet effet, la patte qui eſt ajuſtée ſur le pont
f g, Planche III , *fig.* 2 , qui porte le rubis pour recevoir
la pointe du balancier , doit être faite en acier , afin que le
quarré que cette piéce porte pour recevoir la boîte de la
lame de ſupplément, ſoit plus ſolide , & cette pièce doit
être trempée.

809. La largeur de la lame de ſupplément ſera d'une
ligne , & faite d'un rang de rivets, placés à $\frac{8}{12}$ de lignes
de diſtance les uns des autres. L'épaiſſeur de la lame
d'acier

d'acier fera de o lig. $3\frac{1}{2}$, & celle de cuivre fera de la même épaiffeur. Sa longueur fera de 10 lignes.

*Elévation du rouage de la Montre portative, N° 50,
& quelques dimenfions changées dans cette Montre.*

810. Le piliers de la cage du rouage auront 3 lig. $\frac{1}{4}$.
Cage du balancier..................... 2 $\frac{1}{4}$.
Cage des rouleaux..................... 1 $\frac{1}{2}$.

Nota. Le pivot du balancier qui tourne entre les rouleaux, doit avoir o lig. $\frac{1}{48}$ de diamètre.

Le pont de la détente d'échappement aura 1 ligne $\frac{1}{2}$ de hauteur fous le *bec.*

Le pivot-tige de la palette d'échappement aura $\frac{4}{48}$ lig.

La largeur de la lame du fpiral doit être de o lig. $\frac{16}{48}=\frac{1}{3}$ de ligne.

ARTICLE IX.

De l'Échappement.

811. La conftruction de l'échappement eft parfaitement la même que j'ai décrite ci-devant, n° 42, & tel qu'il eft repréfenté Planche I, *figures* 4 & 5, & tracé fur le plan, Pl. II, fig. 3 ; j'indiquerai feulement ici quelques corrections relatives à fon exécution.

La correction la plus effentielle, à faire eft d'employer une cheville ou dents de cuivre pour opérer la levée de l'échappement : j'ai remarqué que celle d'acier étoit marquée,

C c

& actuellement que les vibrations employées font plus lentes , je fuis certain, par expérience, que le bon cuivre de chaudière employé pour former cette dent fera préférable.

8 1 2. La forme de cette cheville doit être donnée de forte que foit qu'elle produife la levée ou le recul de la palette , elle préfente toujours un plan dirigé au centre du cercle d'échappement. La partie qui eft vers le centre doit donc être plus mince que celle de l'extrémité qui agit fur la palette , foit pour produire la levée ou pour faire rétrograder la palette ; & cette dent doit être en totalité auffi mince que la levée , & le derrière non formé en plan incliné.

8 1 3. La palette doit être également très-mince ; & de même que la dent , elle ne doit pas porter de plan incliné , mais doit être formée par fes deux faces ou plans dirigés à fon centre ; & le bout fur lequel la dent agit doit être légèrement arrondi , c'eft-à-dire , que les angles que forment les plans de la palette foient un peu arrondis pour ne pas gratter la dent.

8 1 4. L'extrémité de la dent de levée doit avoir, de même que la palette, fes angles qui terminent fes faces légèrement arrondis.

8 1 5. Il eft néceffaire pour diminuer le frottement du trou du canon de la palette, de reboucher ce trou avec un canon fait d'excellent cuivre ou en or , ainfi que je l'ai déjà indiqué ci-devant, no 385 ; cela eft d'autant plus néceffaire que ce trou étant en acier & agiffant fur l'acier eft fujet à prendre de la rouille , ainfi que je l'ai vu par expérience.

8 1 6. Pour diminuer , autant qu'il eft poffible , la tige de la détente qui fert de pivot à la palette , il faut tenir cette tige très-courte : ce pivot-tige peut n'avoir que $\frac{4}{48}$ de ligne , en ne donnant qu'une ligne & demie de hauteur au pont de la détente.

A R T I C L E X.

Il eſt néceſſaire de faire uſage d'une Suſpenſion pour la Montre portative N° 50.

8 1 7. J'ai indiqué ci-devant, n° 94, la deſtination que je me ſuis propoſée dans la conſtruction de la Montre portative, n° 47 ; on a vu que je n'ai pas prétendu en faire une Montre de poche, mais plutôt une petite Horloge verticale, qui peut dans certains cas rares & courts, être portée dans la poche ; d'après cette deſtination, on voit qu'il n'eſt pas néceſſaire que la Montre ſoit rigoureuſement réglée par ſes diverſes poſitions, puiſqu'elle doit toujours être verticale ; & pour cet effet, il eſt néceſſaire qu'en la tranſportant à terre ou en la portant ſur le pont du vaiſſeau, elle ſoit portée dans une poche de la veſte plutôt que dans le gouſſet ; mais pour conſerver conſtamment la Montre dans la poſition verticale, je penſe qu'il eſt indiſpenſable d'y ajouter une ſuſpenſion ; je vais en indiquer la diſpoſition.

Deſcription de la Suſpenſion pour la Montre à Longitude verticale N° 50.

8 1 8. La boîte ou tambour de cette Montre eſt repréſentée attachée à ſa ſuſpenſion, Planche III, *fig.* 11 ; *A B* eſt cette boîte vue de face portant la lunette déſignée par les lettres *A B* : *A* eſt la charnière de cette lunette, & *B* le bouton qui ſert à l'ouvrir.

8 1 9. Le mouvement de la Montre n° 50, doit être

attaché à la boîte ou tambour, au moyen de quatre vis qui font fous la lunette.

8 2 0. Le *portant* C eft attaché au tambour ou boîte *AB* par une vis fixée par un écrou en dedans du tambour.

8 2 1. L'extrémité fupérieure du portant eft formée en boule percée diamétralement en *a*, d'un trou à travers lequel paffe une vis à portée *a*, laquelle fert à contenir la pièce ou fourchette *D a* qui embraffe la boule, & dont la partie de derrière de la fourchette a un trou taraudé qui fert à recevoir le bout de la vis *a*, paffant librement dans le trou de la boule ; enforte que la fourchette *D* reftant verticale, la boîte *A B* peut tourner de gauche à droite, & de droite à gauche, & par conféquent céder au mouvement du vaiffeau qui fe fait dans ce fens : ce mouvement répond à celui du *roulis* du vaiffeau.

8 2 2. Pendant que la Montre cède au mouvement du roulis du vaiffeau, il faut qu'elle cède également à un autre mouvement qui eft celui du *tangage* ; c'eft-à-dire, qu'il eft néceffaire que le plan *A B* de la Montre puiffe venir en avant & aller en arrière, lorfque le vaiffeau s'incline felon la longueur de fa *quille* ; c'eft l'effet du mouvement qui fe fait autour de la vis *f*, fixée dans un plan perpendiculaire à celui de la vis *a*. Pour cet effet, cette vis *f* paffe librement dans un canon *b c* formé fur la fourchette *D a* & perpendiculaire à cette fourchette : la vis *f* eft portée par une feconde fourchette *d e* formée fur la *bélière* ou anneau *E* qui fupporte la Montre & termine la fufpenfion.

8 2 3. Dans le cas où les vibrations du balancier qui fe font dans le fens même du plan *A B*, feroient ofciller la boîte de la Montre, ainfi que nous l'avons obfervé dans la Montre n° 46, il faudroit fixer fur la fourcette *D a* un reffort que l'on feroit appuyer fur la boucle *C*, ce qui empêcheroit les ofcillations de la boîte. Voyez ci-devant n° 62.

824. Maintenant pour fixer la bélière ou anneau E de suspension & suspendre la Mo tre, nous observerons que l'on peut le faire par deux moyens ; le premier , c'est de l'attacher par une mâchoire B, D, Planche III, *fig.* 12, que l'on formeroit au bout supérieur D de l'arc CD, Pl. I , *fig.* 8. Cet arc étant, comme on l'a vu, fixé à la base AA, alors on supprimeroit la suspension portée par la four- chette $defg$, Planche I , *figure* 8 , pour employer celle que nous venons de décrire ; cette Montre devient alors, comme la Montre verticale n° 46, également propre à être placée dans le vaisseau, à être portée dans une poche de la veste, & enfin à être placée sur une table ou sur une cheminée , & dans ce dernier cas, tenir lieu d'Hor- loge astronomique à terre. Voy. ci-devant, n° 14.

825. Le second moyen à employer pour suspendre la Montre, & qui est en même tems le plus simple ; c'est par le *support*, représenté Planche III, *figure* 11. La partie AB, aC de ce support est faite d'une seule pièce de fer: C est une vis en bois qui doit s'attacher dans une armoire du vaisseau (ou sur le parquet d'une cheminée lorsqu'on est à terre), & de sorte que la base A appuie sur la planche : auprès de la base A est un trou b qui sert pour faire tourner la vis, au moyen d'une cheville de fer , ou sim- plement d'un clou : la pièce de rapport D forme, avec la partie B du support, une mâchoire entre laquelle on fera entrer la partie supérieure de la bélière ou anneau E, *fig.* 11 , lequel doit se loger dant l'entaille a ; ensorte qu'en pressant la mâchoire , au moyen de la vis E , la bélière reste fixe , & la Montre ainsi suspendue , peut céder à tous les mouvemens du vaisseau : pour porter la Montre dans la poche, il sera nécessaire d'attacher un cor- don à la bélière afin d'éviter tout accident.

A R T I C L E XI.

Du Reſſort-ſpiral ; moyens eſſentiels à employer lorſque l'on fait la recherche de ſes dimenſions pour l'Iſo-chroniſme.

826. Nous avons établi ci-devant la néceſſité d'employer, dans une Montre à Longitudes portative, un reſſort-ſpiral qui faſſe un grand nombre de tours très-ſerrés, (au moins ſix ou ſept tours, n° 774 = 775) ; il faut donc rechercher l'iſochroniſme par ce nombre de tours donné, & ſans ſe permettre de changer que très-peu la longueur du ſpiral ; & par conſéquent il faut abſolument obtenir l'iſochroniſme par une lame qui ſoit faite en fouet ſelon une certaine proportion qu'il s'agit de déterminer & trouver par une ſuite d'expériences. Or, pour opérer avec ordre & ſûreté dans une telle recherche, voici le moyen que j'ai toujours mis en uſage ; j'exécute dans le même tems pluſieurs lames de différentes proportions, au moyen de l'outil repréſenté Planche VII, *figure 5 du Supplément:* c'eſt-à-dire, des lames qui ſont faites plus ou moins en fouet. Je numérote chacune de ces lames lorſqu'elles ſont bleuïes, au moyen d'une pointe de burin, par les chiffres, 1, 2, 3, &c. Je porte ſur un regiſtre ces n°ˢ ; j'écris vis-à-vis chaque n° la force que chaque lame correſpondante par ſon n° a avec celui du regiſtre vers ſon centre ; & la force qu'elle a au dehors à telle longueur de diſtance : je meſure également la longueur totale de chaque lame & l'inſcris : par ce moyen ſimple, lorſque les reſſorts-ſpiraux ſont pliés, trempés, pliés, &c. & que j'en fais les épreuves, je ſuis certain que je connois les véritables dimenſions & proportions des lames qui ſont les plus propres à l'iſochroniſme. Sans

cette précaution, on ne travaillera qu'en tâtonnant, & fans jamais pouvoir réuffir avec sûreté.

A R T I C L E XII.

Le Balancier d'une Montre à Longitude portative doit décrire les plus grands arcs poffibles.

827. Nous avons établi, dans divers endroits de nos ouvrages, l'avantage de faire décrire de grands arcs au balancier, parce que le régulateur acquiert une plus grande force de mouvement (1), & que fes ofcillations, font plus ifochrônes (2). Nous ajouterons ici deux autres confidérations qui prouvent également la néceffité de faire décrire les plus grands arcs poffibles au balancier d'une Montre à Longitudes portative.

828. La première confidération par laquelle on voit la néceffité de faire décrire de très-grands arcs au balancier, c'eft qu'il eft bien prouvé qu'en employant des vibrations plus lentes on réduit les frottemens des pivots du balancier (3) ; d'ailleurs, les effets de l'échappement font plus sûrs, & les frottemens plus petits : c'eft par ces motifs que dans la Montre n° 50, le balancier ne doit battre que quatre vibrations par feconde (n° 777), au lieu que dans celle 47, le balancier fait cinq vibrations dans le même temps. Or, en diminuant le nombre de vibrations, on réduit en même tems fa vîteffe : il faut

(1) *Effai fur l'Horlogerie*, n° 1837.
(2) *Supplément*, n° 533.
(3) *Effai*, n° 1825. *Traité des Horloges Marines*, n° 814.

donc y suppléer par la plus grande étendue dans les arcs qu'il décrit : par ce moyen, le balancier qui fait des vibrations plus lentes, mais en même tems qui décrit de plus grands arcs, n'est pas plus susceptible des agitations que ne l'est le balancier qui bat un plus grand nombre de vibrations, mais qui décrit de plus petits arcs.

829. Enfin, un dernier motif qui doit déterminer à faire parcourir de très-grands arcs au balancier ; c'est que dans ce cas la Montre se trouve naturellement plus facile à régler par ses diverses positions : car, si on suppose que le balancier ne soit pas parfaitement d'équilibre, & qu'il soit plus pesant vers le bas : on voit que si la partie de l'oscillation est accélérée lorsque le balancier décrit la partie inférieure de ses oscillations, l'oscillation sera ralentie à peu près de la même quantité, lorsque la partie inégale du balancier décrira l'arc supérieur de l'oscillation.

Article XIII.

La Montre N° 50 doit être rendue à-peu-près réglée par ses diverses positions.

830. Quoique la Montre à Longitudes n° 50 doive garder constamment sa position verticale, au moyen de la suspension que nous avons décrite ci-devant; il est cependant utile de la régler également dans la position horisontale & verticale, afin que lorsque cette machine est portée dans la poche de la veste, quand on veut aller sur le pont du vaisseau pour observer, ou enfin lorsqu'il est nécessaire de transporter la Montre à terre : & quoique cela ne doive avoir lieu que pour des tems très-courts, on préviendra toute variation en réglant la Montre par ces deux positions.

831.

cette précaution, on ne travaillera qu'en tâtonnant, & fans jamais pouvoir réuffir avec fûreté.

CHAPITRE VIII & dernier.

Conftruction d'une Montre à Longitude verticale à fufpenfion,
pour le fervice des Vaiffeaux Marchands : ou N° 51.

ARTICLE PREMIER.

Deftination de cette Montre & ufage.

827. J'AI donné ci-devant dans les Chapitres I & II, la Defcription des deux Montres verticales, N°s 46 & 47 : mais l'une & l'autre difpofées de maniere à pouvoir être portées au befoin dans la poche de la vefte (n°s 14 & 94). Dans la Montre N° 51, qui fait l'objet de ce dernier Chapitre, cette Machine doit conftamment conferver fa pofition verticale par fa fufpenfion, de laquelle elle ne doit jamais être féparée, de même que les Horloges horifontales demeurent également dans leurs pofitions données par leurs fufpenfions.

828. La fufpenfion de la Montre fera attachée dans une boîte d'environ 5 pouces en quarré en dedans : ouverte fur le devant par une porte portant une glace ; on remontera la Montre fans la déplacer de dedans fa boîte, & on verra l'heure fans ouvrir la porte.

829. Mais fi cette Montre ne peut pas être déplacée de fa boîte ni de fa fufpenfion, l'ufage de cette Machine n'en fera pas moins utile pour tous les befoins des Navigateurs : car la boîte n'étant pas d'un grand volume ni le tout trop pefant, on pourra tranfporter facilement cette boîte avec la Montre

D d

qu'elle contient, foit fur le pont du vaiffeau lorfque l'on veut aller obferver l'heure, ou foit pour aller à terre faire des obfervations quelconques : pour cet effet le deffus de la boîte portera une poignée ou main qui fervira à tranfporter la boîte, & la Montre reftera très-fenfiblement verticale encore pendant ce tranfport au moyen de la fufpenfion.

ARTICLE II.

Difpofition du Rouage, rendu le plus fimple poffible & d'une facile exécution.

830. Un travail très-confidérable dans le rouage des Montres que j'ai décrites ci-devant, eft celui qui eft caufé par la fufée, portant un rochet, maintenu par un cliquet mis en cage, & un reffort auxiliaire pour faire marcher la Montre pendant qu'on la remonte; par le garde-chaîne, la chaîne, &c. Cette même roue de fufée porte un pignon qui conduit la roue des heures. Par la difpofition que j'ai donnée à la Montre N° 51, on fupprime toutes les parties détaillées ci-deffus, en employant tout fimplement un barillet tournant, porté par la premiere roue du rouage, laquelle fait fa révolution en 12 heures. Cette roue qui engrene dans le pignon de la roue de minutes, porte à frottement le cadran des heures.

831. Par cette difpofition du moteur, il eft certain que fon action ne fera pas égale fur le régulateur pendant la révolution de 24 heures; le reffort agiffant avec plus de force lorfqu'il eft remonté que lorfqu'il eft au bas : & felon l'épreuve que je viens de faire avec un reffort bien fait, deftiné à être employé avec une fufée, j'ai trouvé que fa force au haut eft à celle qu'il a deux tours plus bas, c'eft-à-dire, ici au bout de 24 heures, dans une roue qui fait un tour

en 12 heures, comme 15 eſt à 13, quantité qui peut produire environ 15 degrés (pour le demi-arc,) de différence
dans l'étendue des arcs d'un balancier, dont chaque oſcil-
lation décrit 440 degrés. De cette différence il n'en peut
réſulter aucune erreur, dans une machine dont le régulateur doit avoir, comme nous l'expliquerons Article II, la
propriété d'achever ſes grandes & petites oſcillations dans le
même-temps. Mais quand même on ſuppoſeroit que les oſcillations du régulateur ne ſeroient pas parfaitement iſochrônes,
il n'en réſulteroit encore aucune erreur ſenſible dans l'uſage
de la Montre, parce qu'étant réglée par une période de
24 heures, les petites inégalités de ſa marche, dans cette
période, s'y trouveroient compriſes, & ſe répéteroient tous les
jours de la même maniere.

832. Je ſupprime également dans le rouage de cette
Montre le pont de la roue d'échappement, laquelle ſera
miſe en cage comme les autres roues. On ſupprime, de même
le pont de précaution de la roue de ſecondes, qui devient
inutile en remontant le rouage, après avoir placé toutes les
roues deſſus de la ſeconde platine, & poſant enſuite la platine-
cadran; comme cette platine n'eſt pas attachée à la batte,
parce que celle-ci tient à la boîte, & que cette platine n'eſt
pas peſante, on n'aura pas à craindre de caſſer des pivots,
en remontant le rouage de cette maniere; il ſuffira d'avoir
l'attention de faire entrer dans leurs trous le plus long &
plus fort pivot, c'eſt-à-dire, d'abord celui de l'arbre de
barillet, portant que quarré de remonte; le pivot de minutes
qui doit porter l'aiguille, & celui de ſecondes qui doit porter
l'aiguille, celui de roue moyenne, & enfin celui de la roue
d'échappement, lequel eſt le plus court & le plus petit.

833. La Montre devant être conſtamment maintenue
verticale par ſa ſuſpenſion. Je n'emploie ici que deux rouleaux pour la réduction des frottemens du pivot placé près
du balancier : l'autre pivot qui en eſt éloigné devra rouler
dans le trou d'un pont; je ſupprime donc le troiſieme rouleau qui étoit le ſupérieur dans les Montres, Nᵒˢ 46 & 47.

834. Mais pour empêcher que le pivot du balancier qui pofe fur les deux rouleaux, ne puiffe s'en écarter par quelques accidens : la pointe de l'axe de balancier qui faille au dehors de la virole de fpiral, fera arrêtée avec le jeu convenable, au moyen d'un petit rebord réfervé à ce deffein au coqueret, qui maintient l'axe de balancier felon fa longueur. Dans les Montres verticales, N°s 46 & 47, j'ai employé des rubis pour contenir les pointes des axes de balancier, parce que ces machines font deftinées à pouvoir changer leurs pofitions verticales. Dans la Montre, N° 51, dont la pofition doit toujours être verticale, j'emploie fimplement, au lieu de rubis, deux coquerets d'acier, trempés très-dur, ce qui eft plus fimple & auffi sûr ; l'office de ces coquerets étant fimplement d'empêcher l'axe de balancier de fe mouvoir felon fa longueur ; l'un de ces coquerets fera attaché fur le deffus du pont de balancier, dans lequel roule le pivot le plus éloigné du balancier, & l'autre coqueret eft attaché fous le pont qui porte la lame de fupplément.

ARTICLE III.

Moyen de fuppléer l'Ifochronifme des vibrations du Spiral, par le Balancier, dans une Montre verticale.

835. J'AI propofé dans le *Traité des Horloges Marines*, n° 645, un moyen de rendre ifochrône les ofcillations du Pendule, par un fpiral attaché à l'axe de fon centre de fufpenfion, fondé fur le principe connu, que dans un Pendule, les petites vibrations font plus promptes que les grandes & que ces vibrations retardent affez confidérablement, à mefure qu'elles décrivent de plus grands arcs : & j'ai prouvé, Traité des Horloges, n° 208, qu'un fpiral d'un grand diamètre faifant peu de tours doit rendre les ofcillations par les grands arcs plus prompts, que les ofcillations par les petits arcs.

836. De ces propriétés différentes & oppofées qui réfident dans le Pendule & dans le fpiral, il s'en fuit néceffairement que ce nouveau régulateur compofé du Pendule & du fpiral peut être conduit au point que les ofcillations par les grands & par les petits arcs, foient parfaitement ifochrônes, c'eft-à-dire de la même durée. Car en rendant le fpiral plus long ou plus court, on augmente, ou diminue fon effet fur le Pendule, ou bien le fpiral reftant le même, en rendant le Pendule plus long ou plus court, la lentille plus ou moins pefante, &c. Les principes que je viens d'établir étant bien entendus, on concevra facilement leur application dans un balancier vertical réglé par un fpiral qui n'eft pas parfaitement ifochrône.

837. Je fuppofe que l'on ait une Horloge verticale à balancier réglé par le fpiral, dans laquelle on ait reconnu qu'elle avance par les grands arcs, & qu'elle retarde par les petits. Il s'en fuit, d'après les principes énoncés ci-deffus, qu'en rendant la partie inférieure du balancier plus pefante que celle fupérieure, c'eft-à-dire, ou en ajoutant une petite maffe au bas du balancier, ou ce qui produira le même effet en retranchant de la partie fupérieure du balancier, on parviendra, dis-je, par ce moyen, à rendre ifochrônes toutes ofcillations du balancier, quelle que foit l'étendue des arcs qu'il décrit. Car, en vertu de la maffe ajoutée dans la partie inférieure du balancier : ce régulateur participe dès lors à la propriété du Pendule, & devient en effet un court Pendule qui, par fa nature tend à rendre les ofcillations plus promptes par les petits que par les grands arcs, ce qui forme la compenfation des ofcillations produites par le fpiral, lefquelles nous avons fuppofées plus lentes par les petits que par les grands arcs. Par ces deux effets oppofés, on peut donc obtenir dans ce régulateur, un parfait ifochronifme dans fes vibrations faites par des arcs de diverfes étendues, fans changer la longueur du fpiral, en rendant plus ou moins pefante la maffe ajoutée au bas du balancier.

838. Si, au contraire, on eut reconnu dans la Montre

verticale qu'elle retarde par les grands arcs plus qu'elle ne fait par les petits arcs, lorſque le balancier eſt d'équilibre, on parviendroit également à rendre les oſcillations iſochrônes, ſans changer la longueur du ſpiral : mais dans ce cas, il faudroit rendre la partie ſupérieure du balancier plus peſante que celle inférieure, ce qui rend néceſſairement, d'après les principes connus, les oſcillations plus lentes. Mais j'ai de plus reconnu, par des expériences certaines, que lorſque le balancier eſt plus peſant vers le haut que par le bas, que les vibrations par les petits arcs ſont plus lentes que celles par les grands arcs, effets qui étant oppoſés à ceux reconnus dans le ſpiral, peuvent être compenſés au moyen du plus ou moins de peſanteur de la maſſe placée au haut du balancier.

839. Les principes que je viens d'établir, je les ai vérifiés par des expériences ſûres, en ſorte que par-là on obtient des moyens ſimples de parvenir à rendre les oſcillations parfaitement iſochrônes dans les Horloges verticales, & ſans changer de ſpiral, ſans changer même en longueur, & en quelque ſorte ſans dérégler l'Horloge : en conſtruiſant le balancier tel qu'il eſt repréſenté, Planche III. B. *fig.* 4. Leſquelles opérations s'exécuteront ſans démonter la Montre & pas même le balancier. De tout ce qui précède on en tirera cette regle générale, ſur l'iſochroniſme des vibrations du balancier vertical.

840. *Dans une Horloge verticale à balancier, réglé par le ſpiral, lorſque cette Montre avance plus par les grands arcs que par les petits arcs, il faut rendre le balancier plus peſant par le bas que par le haut. Si au contraire la Montre retarde plus par les grands que par les petits arcs, il faut rendre le balancier plus peſant du haut que du bas. Enfin ſi le ſpiral eſt naturellement iſochrône, le balancier devra être d'équilibre.*

R E M A R Q U E *ſur le Spiral.*

841. Quoique par la méthode que je viens de propoſer, pour rendre iſochrônes les oſcillations du balancier, on puiſſe

obtenir cet ifochronifme avec un fpiral quelconque, il ne faut cependant négliger aucun des moyens que j'ai indiqués pour lui donner plus grande perfection, tant pour en calibrer la lame que pour la qualité de la trempe ; la régularité de fa figure fpirale ; & il eft fur-tout néceffaire que le fpiral faffe au moins fept tours, & qu'il foit plié ferré, en forte que dans le N° 51, fon diamètre n'excède pas 5 lignes $\frac{1}{2}$; ces diverfes qualités font abfolument indifpenfables pour que fes effets foient conftants, pour la réduction même des frottements du régulateur. Car avec un excellent fpiral de bonne trempe, qui fait un grand nombre de tours ferrés, il faut une plus petite force motrice pour faire décrire de très-grands arcs. Enfin une autre confidération également importante, c'eft que plus les ofcillations, produites par le fpiral, feront approchantes d'être ifochrônes, & plus cette propriété aura lieu par une plus grande étendue d'arc ; en fuppofant d'ailleurs ce reffort exécuté, felon les regles & les foins qu'on a prefcrits, & que je ne fais que rappeller ici.

Article IV.

Difpofition du Balancier pour la correction des effets du chaud & du froid, & pour produire la compenfation de l'Ifochronifme par fes maffes.

Planche III. B.

842. Pour opérer la compenfation des effets du chaud & du froid par le balancier, je n'ai employé dans la petite Horloge, N° 37, que deux lames avec deux maffes, & une troifieme lame qui forme le fupplément à la compenfation : *Voyez ci-devant* n° 726, c'eft ce moyen fimple que j'adopte pour la compenfation de la Montre, N° 51.

843. Pour produire la compenfation de l'ifochronifme, c'eft-à-dire, pour fuppléer à ce qui peut manquer à l'ifochronifme du fpiral, j'emploie deux petites maffes ou vis, qui peuvent s'éloigner ou s'écarter du centre du balancier. Si, par exemple, les grands arcs, décrits par le balancier, font plus prompts que les petits ; on écartera un peu du centre du balancier la maffe ou vis inférieure, fituée dans la verticale, lorfque le balancier eft arrêté, & on approchera un peu du centre la maffe ou vis fupérieure, diamétralement oppofée à la première, en forte que le balancier fera plus pefant du bas que du haut, & participera, dans ce cas, à la propriété du pendule ; & on va ainfi, de proche en proche, jufques à ce que les grandes & les petites ofcillations foient ifochrônes.

844. Si au contraire les grands arcs, décrits par le balancier, font plus lents que ceux décrits par les petits arcs, on éloignera du centre du balancier la maffe ou vis, fituée au haut du balancier lorfqu'il eft arrêté, & on approchera davantage du centre la maffe inférieure, & de forte que le balancier foit plus pefant du haut que du bas.

ARTICLE V.

Moyen de fixer la figure du Spiral, fans le tremper après qu'il eft plié.

845. POUR rendre plus facile l'exécution des refforts fpiraux, je propofe ici une méthode plus fimple que celle que j'ai employée : elle confifte à faire ufage de la matrice décrite N° 706, pour figurer en fpirale les lames de reffort, après qu'elles ont été bien trempées & travaillées par le faifeur de refforts ; mais avant de les plier il faut qu'elles foient bien calibrées & polies avec l'outil à calibrer. (Supplément n° 522). En prenant une de ces lames & fans la bleuir, & l'introduifant dans la matrice, après avoir plié avec des pinces le

tour

tour du centre (1) : & plaçant le tout, ainsi préparé sur l'outil à bleuir les ressorts spiraux, on le fera chauffer jusqu'à ce que le spiral, contenu par la matrice, soit d'un bleu pâle : laissant refroidir le tout, la lame ainsi chauffée prendra la figure spirale de la matrice qui la contient : on retirera le spiral de dedans la matrice, & on verra s'il en a bien pris la figure, & s'il n'est pas plus développé : si cela étoit, il faudroit le replacer de nouveau dans la matrice, & le faire chauffer une seconde fois avec l'outil à bleuir, en lui donnant à-peu-près le même degré de chaleur qu'à la premiere fois : on en jugera sûrement, en plaçant auprès de la matrice un petit bout de lame non bleuï, & faisant chauffer le tout jusqu'à ce que le petit bout de lame soit d'un bleu pâle. Cette seconde opération achevera de fixer la figure du spiral, laquelle ne pourra être altérée, puisque le spiral ne peut jamais être exposé à un degré de chaleur si considérable (& qui est telle que l'étain se met en fusion).

846. Cette méthode a l'avantage d'être plus abrégée, & de donner à tous les spiraux la même figure & grandeur : & on évite par-là de tremper les spiraux après qu'ils sont pliés : trempe qui ne réussit pas toujours avec de très-petits ressorts. D'ailleurs on est exposé, en les polissant après qu'ils sont trempés, à les casser, ou à rendre inégale leur épaisseur, &c. Au reste, je propose ici un moyen que l'on doit tenter, mais que je n'ai pas eu le temps d'essayer, & j'ai lieu de croire que cette méthode doit réussir, & concourir à simplifier tous les moyens d'exécution que je réunis dans la Montre, N° 51.

(1) On conçoit que pour plier le premier tour du centre, il sera nécessaire de le faire revenir passé bleu : & pour disposer la lame à entrer plus facilement dans la matrice, il faudra plier cette lame sur l'arbre de l'outil aux ressorts, & la faire chauffer selon la méthode du n° 42 du *Supplément*, & *Traité des Horloges Marines*, n° 1290.

ARTICLE VI.

Description de la Montre à Longitude verticale, N° 51.

847. LE *mouvement* de la Montre verticale, N° 51, est
vu de profil, Planche III. B, *fig.* 1 : il est composé de quatre
platines *A*, *B*, *C*, *D* : la platine *A*, plus grande que celle *B*,
est celle qui doit être attachée sur la batte du tambour : elle
doit porter en dedans les 4 piliers marqués sur le plan *fig.* 2.
Le dehors de la platine *A* porte les cadrans. Cette platine
forme, avec la 2ᵉ *B*, la cage du rouage. Les platines *B* & *C*
forment la cage du balancier, & celles *C* & *D* la cage des
rouleaux. Les deux platines *A* & *B* sont rondes, mais celles *C*
& *D* ne forment qu'un demi-cercle. La 4ᵉ platine *D* porte
trois piliers, à double base pareils à ceux représentés, *Supplé-
ments* au Traité des Horloges Marines, Planche III, *fig.* 1 :
ces piliers rivés en dedans de la platine *D*, reçoivent par leurs
premières bases la platine *C*, ce qui forme avec celle *D* la
cage des rouleaux ; les bouts ou pivots de ces piliers s'assem-
blent avec le dehors de la 2ᵉ platine *B*, ce qui forme avec
celle-ci la cage du balancier : ces bouts des piliers sont goupillés en dedans de la platine *B*, ce qui fixe les cages du
Régulateur : les piliers sont également goupillés en dedans
de la platine *C*, pour la fixer sur les bases de ces piliers.

848. Je n'ai pas représenté les piliers dans la *fig.* 1, pour
ne pas cacher le rouage de la machine ; la roue *E* est celle
de barillet & des heures ; *FF* est le barillet : *GG* le cadran
des heures tournant à frottement, par son canon qui est
fendu, sur un canon réservé en dehors du couvercle de barillet.
Le rochet d'encliquetage *H*, placé en dehors de la platine *A*
de cadran, est ajusté sur le quarré *a* de remontoir, formé sur
l'arbre de barillet : ce rochet est arrêté sur l'arbre par une

goupille, comme on le fait dans les Pendules à reſſort: l'encliquetage doit être placé, ainſi que le rochet *H*, ſur le dehors de la platine-cadran.

849. La roue de barillet *E* porte en dehors l'*arrêt de remontoir*, vu en plan, *fig.* 5 : pour former l'arrêt de remontoir, on ajuſte quarrément ſur l'arbre de barillet la dent *b*, arrêtée par une goupille avec l'arbre : cette dent *b*, *fig.* 5, agit ſur les dents de l'étoile *c*: cette étoile, qui ne porte que deux dents, ſe meut ſur une broche fixée ſur le dehors de la roue de barillet. L'étoile eſt maintenue par le pont *d*, de manière qu'elle tourne à frottement moëlleux : dans la *fig.* 5. la dent *b*, poſe ſur la partie pleine de l'étoile, ce qui forme l'arrêt quand le reſſort eſt au bas. Ainſi en remontant le reſſort, cette dent tournant à droite, elle entrera dans les vuides de ſes dents, & rencontrant les flancs des dents, elle fera tourner l'étoile juſqu'à ce que la partie pleine *c* ſe préſente ſous la dent *b*, alors elle ſera arrêtée fortement, & de ſorte qu'on ne pourra pas remonter le reſſort plus haut.

850. Cet arrêt de remontoir eſt néceſſaire pour empêcher que l'on ne remonte le reſſort trop haut, & qu'il ne puiſſe deſcendre tout-à-fait au bas : ce qui procure deux avantages, 1°. d'empêcher que le reſſort étant monté trop, ne ſoit dans un état forcé qui l'expoſeroit à être caſſé, & par ce moyen il peut reſter au moins deux tours de vuide au haut. 2°. C'eſt qu'en n'employant que trois tours de reſſort le moteur agit plus également, ne pouvant deſcendre trop bas où ſa force eſt la moindre.

851. La roue de barillet *E*, *fig.* 1, engrene dans le pignon *e* de minutes. Le pivot prolongé *f* de ſon axe, ſert à porter l'aiguille des minutes; l'axe *ef* porte la roue de minutes *I* : cette roue engrene dans le pignon *g*, ſur l'axe duquel eſt fixée la roue moyenne *K* : la roue *K* engrene dans le pignon *h*, dont le pivot prolongé *i* ſert à porter l'aiguille de ſecondes: ſur l'axe *hi* eſt fixée la roue de ſecondes *L* : cette roue engrene dans le pignon *l*, ſur l'axe duquel eſt

E e 2

fixée la roue d'échappement *M*, laquelle agit fur le cercle d'échappement *m*, porté par l'axe de balancier *m*, *n*, *o*.

852. L'échappement que j'emploie dans cette Horloge, étant le même décrit ci-devant n° 42, & dont les détails d'exécution font expliqués n° 496: j'ai pu me difpenfer de l'indiquer dans le profil, *fig.* 1 : mais on en verra la difpofition dans le plan , *fig.* 2.

853. Le pivot *n* de l'axe de balancier, *fig.* 1, doit rouler dans le pont de balancier, lequel eft porté par le dedans de la 2ᵉ platine *B*. Ce pont n'eft pas repréfenté dans le profil où il n'auroit pu être, vu affez diftinctement.

854. Sur l'axe de balancier *m*, *n*, *o*, eft formé vers *p* le pivot qui tourne entre les deux rouleaux 1, 2.

855. Au deffous du pivot *p*, l'axe de balancier porte la virole de fpiral *q*, fur laquelle le bout intérieur du fpiral eft fixé, au moyen d'une plaque preffée par deux vis.

856. L'axe de balancier *o*, *p*, *m*, *n*, eft retenu, felon fa longueur, par deux coquerets d'acier, trempé dur; le pivot *n*, par le coqueret attaché au-deffus du pont *O n*, *fig.* 2: la pointe *o*, du même axe, eft retenue par le coqueret d'acier, placé en deffous du pont *P o*, *fig.* 3. Ce dernier coqueret doit porter un rebord pour empêcher, ainfi que je l'ai dit (n° 834) l'axe de balancier de s'écarter des rouleaux 1, 2.

857. Le balancier *N N*, *fig.* 1, eft fixé par deux vis fur l'affiète de l'axe *o*, *m*, *n* : le balancier eft repréfenté en plan dans la *fig.* 4. Le cercle *N N*, porte les deux pitons *Q Q*, fixés fur fon champ à l'extrémité des croifées : fur ces pitons *Q Q*, font fixées par deux rivets les lames compo-fées *Q R*, *Q R*. les bouts libres de ces lames portent les vis fur lefquelles entrent les maffes mobiles *R*, *R* de com-penfation, *Voyez* ci-devant, n° 733 = 734, la difpofition du balancier, compofé de fes lames & des maffes.

858. Les pitons *S*, *S* font également fixés fur le champ du balancier *N N*: ces pitons portent les vis *r*, *r*, qui fervent à la compenfation des ofcillations données par le fpiral , &

à ramener par les moyens établis (n° 837) les oscillations à l'isochronisme.

859. Les vis *r, r* doivent tourner par un frottement doux dans les trous des pitons: pour cet effet, le haut de ces pitons doit être fendu jusqu'au trou de la vis, afin qu'il fasse ressort.

860. Il est nécessaire de pouvoir démonter les masses *R, R* sans démonter le balancier, c'est à cet usage qu'est destiné l'outil, représenté Planche III, *fig.* 13 Cet outil porte la tige tournée *a*, dont la grosseur est donnée d'après celle du trou taraudé des masses, *fig.* 5 & 6 de la même Planche; on fait donc entrer librement la tige de l'outil dans ce trou de la masse : cet outil porte en *b* une cheville, que l'on fait entrer dans un des trous excentriques de la masse, ce qui sert à démonter ou à remonter la masse sur la vis, portée par la lame composée.

861. Dans le profil, *fig.* 1, Pl. III. B. *N N* représente le cercle de balancier; *Q R* est l'une des lames composées, fixée sur le piton *Q*, & portant, par son extrémité, la masse *R*. On a de même représenté un des pitons *S* avec la vis *r* : mais on n'a pas fait voir la seconde lame & le second piton *S*, ni la vis, pour ne pas embarrasser la figure, suffisamment expliquée par le plan, *fig.* 4.

862. Dans le profil, *fig.* 1, la lame de supplément, pour la correction du chaud & du froid, est marquée par les lettres *aa, bb : dd, cc* est la boîte qui fixe cette lame, & *ee* le quarré : *t* la vis qui sert à régler la Montre au plus près, & *ff* l'index, qui marque le chemin qu'on a fait faire au pince-spiral pour la régler : nous ne donnerons pas une description plus étendue, l'ayant fait avec beaucoup de détails, ci-devant n°ˢ 726 = 736 & suiv., & représentée Planche III, *fig.* 2 & *fig.* 6.

863. La *fig.* 2, Planche III, *B*, représente le dehors de la platine-cadran, sur laquelle sont tracées toutes les pieces du rouage : *A* est cette platine. Le trait intérieur *B*, représente

la grandeur de la feconde platine du rouage, de même que les platines *CD*, figurées en demi-cercle, dont le diamètre eft le même qu'à celle *B* : cette grandeur des trois platines *B, C, D*, eft donnée plus petite que celle *A*, afin qu'elles puiffent entrer dans le tambour fans toucher au rebord de la batte, fur lequel rebord la platine-cadran *A* doit être attachée par 4 vis. Par ce moyen on peut mettre & ôter le mouvement de fon tambour fans démonter la batte, laquelle peut même être foudée ou fixée à demeure avec le tambour.

864. *E* eft la roue de barillet : *F* la grandeur du barillet & du cadran des heures *G* : l'ouverture *G*, faite à la platine-cadran, fert à laiffer voir les heures à mefure que le cadran, porté par le barillet, tourne.

865. *H* repréfente le rochet d'encliquetage de remontoir du barillet, placé fur le quarré de l'arbre, en dehors de la platine-cadran ; le cliquet & le reffort de cet encliquetage, font également placés fur le dehors de la platine-cadran ; *b e* eft le reffort, & *c* le cliquet ; le reffort *b* eft attaché par une vis & un pied fur la platine, & le cliquet *c* par une vis à portée, fixée fur la platine-cadran.

866. *I* eft la roue de minutes : *e* fon pignon : *K* la roue moyenne : *g* fon pignon : *L* la roue de fecondes, & *h* fon pignon : *M* la roue d'échappement : *l* fon pignon : *m* le cercle d'échappement : *n O* le pont de balancier : *i s* la détente d'échappement, & *i m* la palette (*) d'échappement : *T i* le pont de cette détente : *t* le reffort de la détente d'échappement, & *v v* celui de la palette. *Y Z* eft la calotte qui recouvre le bout *n* du pont de balancier : *k k* eft l'ouverture faite à la platine-cadran, pour examiner les effets de l'échappement

(*) Nous obferverons ici, que la palette d'échappement au lieu d'être faite en acier, & d'y rapporter un canon, comme je l'ai pratiqué ci-devant, peut être faite entièrement en bon cuivre de chaudière bien écroui, & alors il faut que la dent de levée, portée par le cercle d'échappement, foit faite en acier trempé dur, & toutes les parties angulaires étant arrondies légérement, on n'aura pas à craindre que cette palette ne puiffe s'ufer.

lorfqu'on l'exécute : cette ouverture eft recouverte par la calotte *Y Z* , & cette calotte eft attachée par les deux vis *k k*.

867. La piece *V x y* repréfente la détente d'arrêt du balancier, cette piece eft attachée fur le dehors de la platine-cadran, par la vis à portée *χ*. Le bout *y* de la détente porte en deffous un bras flexible, qui paffant à travers un trou de la feconde platine, va appuyer fur le balancier lorfqu'on veut l'arrêter ; le bout inférieur de ce bras eft terminé par un talon qui appuie fur le bord du cercle, & de forte que les vis, portées par les pitons, fixés fur le champ du balancier, ne puiffent être arrêtés par cette détente, qui ne peut toucher que fur le bord du cercle. Le bras *χ x* de la détente, porte en *x* un bouton *x*, mis à vis fur le bras, & en deffous cette vis, eft terminée en pointe conique pour entrer dans deux trous, faits auffi en cône dans l'épaiffeur de la platine, ce qui forme l'arrêt de la détente, dont le bras *χ x* eft rendu flexible, afin que la pointe de la vis puiffe s'élever hors du trou conique de la platine, lorfque l'on veut arrêter ou faire marcher la Montre : la partie *y* de la détente eft laiffée affez large, à deffein de recouvrir le trou fait à la platine-cadran, pour le paffage du bras d'arrêt de balancier.

868. 3, 4, 5, 6 repréfentent les quatre piliers du rouage, porté par le dedans de la platine-cadran *A*.

869. 7, 8, 9 repréfentent les bouts des pivots des piliers à double bafe, formant les cages du régulateur.

870. *A v* marque la pofition verticale de l'Horloge.

871. 1, 2 marquent la pofition des pivots, des rouleaux, & *N N* le cercle de balancier.

M M. repréfente le cadran de minutes, & *S S* celui de fecondes, l'un & l'autre fixés en dehors de la platine-cadran *A*, chacune par une vis à tête, noyés & arrêtés par un pied.

872. La *fig.* 3 repréfente le dehors du plan : *A*, la platine-cadran : *B*, la feconde platine du rouage : *C & D*, les platines figurées en demi-cercle *C v D*, dont *C D* eft le diamètre. La 4ᵉ platine *D*, porte en dedans les piliers à double

bafe 7, 8, 9 qui forment les cages du balancier & des rouleaux.

873. *NN* eft le cercle de balancier, dont la partie fupérieure eft faillante au dehors du diamètre *C D* des platines, formant les cages des rouleaux & de balancier, afin de pouvoir obferver facilement l'étendue des arcs de vibrations, gradués fur le dehors de la platine *B* du rouage, comme on le voit par les chiffres (140 : 180 : 220, &c. 1, 2 font les rouleaux fur lefquels roule le pivot du balancier. *P, o* eft le pont qui fert à contenir le bout de l'axe de balancier, par le coqueret d'acier qu'il doit porter en deffous vers *o :* ce même pont doit porter la plaque & le bras, fur lequel eft ajuftée la boîte ou mâchoire qui fixe la lame de *fupplément,* pour la correction des effets du chaud & du froid : ce méchanifme eft repréfenté, Planche III, *fig.* 2 & *fig.* 6.

874. *a, b, c, d, e,* marquent l'ouverture faite à la platine *D,* pour loger le fpiral & le pont *E F,* lequel doit porter le piton de fpiral : *h l* eft le reffort virole de preffion du piton.

875. 3, 4, 5, 6 marquent les pofitions des bouts des pivots des piliers de la cage du rouage, & qui entrent dans les trous de la platine *B.*

876. *a* marque la pofition de la roue de barillet & des heures, fur ce côté du plan de l'Horloge : *e* la pofition du centre de la roue de minute : *g* celle du centre de la roue moyenne : *h* la pofition du centre de la roue de fecondes : *l* celui de la roue d'échappement, & *s* celui de la détente d'échappement.

D v marquent la ligne verticale du plan & de la Montre.

877. J'ai également marqué dans le plan, *fig.* 3, la difpofition de la lame de fupplément, *a a*; *b b* eft cette lame; *d d* la boîte qui la fixe; *e e* le quarré fur lequel fe meut cette boîte pour changer la longueur active de la lame; *P* eft le pont qui porte la patte de ce quarré; *f f* l'index porté par la lame de fupplément. Nous renvoyons pour la defcription

de cette partie aux nᵒˢ 726, 736, &c. où ce méchanifme eft expliqué avec l'étendue néceffaire.

De la fufpenfion de la Montre verticale, Nᵒ 51.

878. La conftruction de la fufpenfion de cette Montre fera la même, que nous avons décrite nᵒ 818. Mais les dimenfions des diverfes parties qui la compofe doivent être un peu plus grandes en raifon de l'augmentation du tambour, qui, dans le Nᵒ 51, doit avoir 38 lignes ⅛ de diamètre en dehors, & environ 26 lignes de hauteur.

879. L'anneau ou bélière de la fufpenfion fera attaché immédiatement à la boîte, qui doit contenir la Montre. Au moyen d'une vis placée au haut de cette boîte en dehors, laquelle entrera dans un trou fait au haut de l'anneau, qui par ce moyen devra être fixé au milieu des dimenfions de la boîte.

ARTICLE VII.

Dimenfions de la Montre verticale, Nᵒ 51.

880. La platine-cadran a 36 lignes de diamètre ou 3 pouces.
Les trois autres platines ont 34 lignes de diamètre chacune.
La hauteur des piliers du rouage eft de 9 lignes.
La hauteur de la cage du balancier eft de 3 lignes.
La hauteur de la cage des rouleaux eft de 2 lignes $\frac{1}{2}$.

Nombres des dents des Roues & des Pignons du Rouage, dont les Pignons & les dentures font faites à l'outil à arrondir, Planche III, B. fig. 1 & 2.

881. La roue de barillet E ou des heures, doit avoir 192 dents; le pignon e de minutes 16 dents.

F f

La roue de minute I a 128 dents; le pignon g, de roue
enne, 16 dents.

a roue moyenne K doit être de 120 dents; le pignon de
fecondes h de 16 dents.

La roue de fecondes L a 120 dents; le pignon l d'échappement 16 dents.

La roue d'échappement M a 16 dents. Ce qui donne 14400
vibrations par heure, & 240 vibrations par minute.

Le balancier fait donc 4 vibrations par feconde.

Nombres des dents des Roues & des Pignons dans le Rouage,

dont les Pignons font faits à la main, ainfi que les dentures.

882. La roue de barillet E fera de 144 dents; le pignon e
de minutes 12 dents.

La roue de minute I fera de 80 dents; le pignon g de roue
moyenne, 10 dents.

La roue moyenne K aura 75 dents; le pignon h de fecondes,
10 dents.

La roue de fecondes L fera de 75 dents; le pignon l d'échappement 10 dents; la roue d'échappement aura 16 dents; ce
qui produit 14400 vibrations par heure, & 240 vibrations
par minutes.

Le balancier fait donc 4 vibrations par feconde.

Le Moteur ou Reffort.

883. Le reffort-moteur qui m'a fervi de bafe dans l'établiffement des diverfes parties de la Montre, N° 51, fait 6
tours $\frac{1}{2}$. Ce reffort a été fait avec foin (par *Montginot,*) pour
fervir avec une fufée.

A un tour de bande ce reffort fait équilibre à 5 onces $\frac{1}{2}$,
agiffant à 4 pouces de diftance du centre : c'eft-à-dire, mefuré
avec mon levier de 48 lignes de rayon. (*Supplément* n° 139).

A deux tours de bande le reffort tire 6 onces $\frac{1}{2}$ du même
levier.

A trois tours de bande le reſſort tire 7 onces.

A quatre tours il tire 7 onces $\frac{1}{2}$.

A cinq tours il tire 8 onces.

A ſix tours il tire 8 onces. Donc en réglant ſa bande par *l'arrêt de remontoir*, en ſorte qu'il ne ſoit remonté que de quatre tours : ſa plus grande action ſera de 7 onces $\frac{1}{2}$; & après que l'Horloge aura marché 24 heures, c'eſt-à-dire, deux tours plus bas (ou par deux tours de bande) le reſſort agira avec 6 onces $\frac{1}{2}$ de force : or dans ces deux cas, les forces du reſſort agiſſant au haut & enſuite deux tours plus bas, font comme 7 $\frac{1}{2}$ eſt à 6 $\frac{1}{2}$, ou comme 15 eſt à 13 : différence qui ne peut pas cauſer plus de 15 degrés dans l'étendue des arcs décrits par le balancier. (*Voyez* n° 831).

Le reſſort-moteur ne devant avoir que quatre tours de bande au plus haut, il s'enſuit qu'il reſtera deux tours $\frac{1}{2}$ de *vuide* au haut, & que par conſéquent il ne ſera pas dans un *état forcé*, ni expoſé à caſſer.

Dimenſions de ce Reſſort & de ſon Barillet.

884. Sa longueur eſt de 3 pieds 2 pouces.

Sa largeur 4 lig. $\frac{11}{12}$.

Le barillet dans lequel il eſt placé a 11 lig. $\frac{10}{12}$ de diamètre en dedans, & 12 lig. $\frac{9}{12}$ au dehors.

La hauteur du barillet en dedans eſt de 5 lig. $\frac{1}{12}$.

Arrêt de remontoir du Reſſort-moteur.

885. Dans la *figure* 5, Planche III, B. l'étoile *c* d'arrêt de remontoir a deux dents & trois intervalles ou vuides, ce qui produit trois tours $\frac{1}{3}$ de remontage du reſſort; c'eſt à-dire, que la Montre peut marcher pendant 44 heures ſans être remontée : quantité trop grande puiſque la Montre doit être remontée tous les jours : d'ailleurs il y auroit trop d'inégalité dans la force motrice, ſi on laiſſoit marcher la Montre 44 heures ſans la remonter : il ne faut donc faire qu'une dent

à la pièce *c* d'arrêt : ce qui forme deux intervalles ou vuides, & on aura deux tours deux tiers de remontage, qui font 32 heures que pourra marcher la Montre fans être remontée.

Remarque.

Avec un barillet tournant, on n'a befoin que d'une clef ordinaire pour remonter la Montre, parce qu'on ne peut pas tourner à rebours, le cliquet porté par le dehors de la platine en empêchant.

Régulateur, Balancier & Spiral.

886. C'eft d'après la force motrice, que nous venons d'établir, qu'il faut partir pour fixer les dimenfions du balancier & du fpiral : car dans le N° 51, le volume de cette machine étant borné, on ne peut pas varier à volonté la force motrice, il faut, au contraire, régler le régulateur fur celle de la force motrice ; c'eft donc ici une *donnée*.

Une autre donnée, d'après laquelle il faut encore partir, c'eft l'étendue des arcs décrits par le balancier : nous avons montré l'avantage des grands arcs, qui doivent être ici de la même quantité que dans la Montre verticale, N° 47, c'eft-à-dire, de 220. Le demi-arc (*), ou 440^d, l'arc entier décrit à chaque vibration.

Le balancier, d'après les conditions ci-deffus, devra avoir 18 lignes de diamètre.

Son poids fera de 60 grains en tout.

Le cercle de balancier feul devra pefer 36 grains.

Les maffes peferont 12 grains chacune ; les deux 24 grains (1).

___

(*) J'appelle *demi-arc*, la partie de l'ofcillation qui commence au point *zéro* ou de repos du balancier, & qui finit lorfque la cheville eft arrivée à la fin de la vibration. L'arc entier comprend l'ofcillation, depuis fa plus grande étendue à droite, jufqu'à fa plus grande étendue à gauche.

(1) Nous fuppofons que le poids du balancier, convenable à la force du fpiral *donné*, fera du poids de 60 grains. Mais lorfqu'on exécutera cette Montre, pour la première fois avec le moteur *donné*, ainfi que le fpiral, il fera néceffaire de tenir le balancier

La direction des lames composées doit être telle, que le bout qui porte la vis de la masse soit à égale distance du centre du balancier & de sa circonférence, comme on le voit dans les *figures* 9 & 10, Planche III. Et dans cette position, la ligne qui passe par le centre des masses doit se diriger au centre du balancier.

En partant de cette regle, on trouve qu'ici la longueur des lames en action sera de 6 lig. $\frac{2}{3}$, & leurs longueurs totale de 8 lig. $\frac{1}{3}$.

La largeur des lames composées sera d'une ligne juste.

L'épaisseur des lames d'acier $\frac{10}{200}$ lig.

Celles de cuivre seront de la même épaisseur que celles d'acier.

Les lames composées seront faites à un rang de rivets, dont les trous auront $\frac{4}{48}$ ligues, grosseur & distant entr'eux de demi-ligne.

La lame de *Supplément* aura 12 lignes de longueur.

Sa largeur sera d'une lig. $\frac{1}{4}$.

Epaisseur de l'acier $\frac{5}{48}$.

Le cuivre de même épaisseur que l'acier ; cette lame sera faite par un rang de rivets, distant entr'eux de 0 lig. $\frac{2}{3}$.

La lame d'acier, pour la lame de supplément, sera trempée après qu'elle aura été percée, & on la fera revenir bleu.

887. Le spiral fera sept tours.

Sa longueur sera environ de 7 pouces.

Sa largeur sera de demi-ligne ou $\frac{6}{12}$.

L'épaisseur au centre sera de $\frac{11}{200}$ lig.

Au dehors $\frac{10}{200}$, à la distance de 7 pouces du point, où la lame a $\frac{11}{200}$.

Son diamètre sera de 5 lig. $\frac{1}{2}$.

Virole de spiral une lig. $\frac{8}{12}$.

---

plus pesant, c'est-à-dire, d'environ 72 grains en tout : car on ne pourra déterminer absolument, & la pesanteur du balancier, ni même la force du spiral, qu'après avoir fait marcher la Montre. Parce que nous regardons la condition de faire décrire 440^d, au balancier, comme une donnée nécessaire ; & d'ailleurs la force motrice étant limitée ici, on seroit obligé d'employer un spiral plus foible & un balancier plus léger, si les arcs décrits par le balancier n'étoient pas de 440 degrés.

Dimenfions des Pivots pour la Montre, N° 51.

888. Les pivots de l'arbre de barillet, fur lefquels le barillet agit, auront une lig. $\frac{8}{12}$.

Le pivot fur lequel eft formé le quarré de remontoir, aura une lig. $\frac{5}{12}$.

Les pivots de la roue de minutes, auront de diamètre o lig. $\frac{16}{48}$.

Les pivots de la roue moyenne, o lig. $\frac{11}{48}$.

Les pivots de la roue de fecondes, o lig. $\frac{8}{48}$.

Les pivots de la roue d'échappement, auront o lig. $\frac{4}{48}$.

Le pivot du balancier qui tourne fur les rouleaux, aura o lig. $\frac{10}{48}$ de diamètre.

Le pivot du balancier qui tourne dans le trou du pont, o lig. $\frac{4}{48}$.

Les pivots de la détente d'échappement, auront o lig. $\frac{3\frac{1}{3}}{48}$.

Les pivots des rouleaux, o lig. $\frac{4}{48}$.

ARTICLE VIII.

Plan de la Montre verticale, pour faire battre deux vibrations par feconde au Balancier.

889. LE balancier de la Montre verticale, dont nous venons de donner la defcription, fait quatre vibrations par feconde; je l'ai ainfi difpofé pour faciliter le tranfport de la Montre: mais fi elle devoit toujours refter dans le vaiffeau, il feroit préférable de ne faire battre que deux vibrations par feconde au balancier, parce qu'on réduiroit par-là fes frottements de moitié; c'eft par cette raifon que j'ai tracé le plan, repréfenté Planche III. B, *figures 6* & *7*. Je ne donnerai pas la defcription de cette Horloge, que je défigne par le

N° 52 ; elle ne differe de celle N° 51, que par les dimenfions de fon balancier & le nombre de fes vibrations, & par
la grandeur des platines : car tout le refte de la machine eft
le même, c'eft par cette raifon que j'ai employé les mêmes
lettres, que celles employées dans le plan *figures* 2 & 3. Pour
défigner, dans celui *figures* 6 & 7, les mêmes pieces ; par
conféquent la defcription de la Montre, N° 51, comprife
depuis le n° 847, explique & fe rapporte également au plan,
figures 6 & 7 de la Montre, N° 52.

890. La roue de fecondes, dans la Montre, N° 52, doit
avoir 96 dents, fi le pignon de la roue d'échappement en
a 16 : & cette même roue de fecondes doit avoir 60 dents,
fi le pignon d'échappement en a 10.

891. La roue d'échappement doit être de 10 dents,
comme on le voit en *M, fig.* 6.

892. La hauteur des piliers de la cage du rouage fera
de 10 lignes.

La cage du balancier aura de hauteur 3 lig. ⁷⁄.

La cage des rouleaux 3 lignes.

893. Le balancier aura 24 lignes de diamètre.

Sa pefanteur fera de 150 grains.

894. Le balancier portera fa compenfation, mais comme
il eft plus grand & plus pefant que celui de N° 51, le poids
de chaque maffe fera de 30 grains.

895. La difpofition du balancier fera la même, qui eft
repréfentée Planche III. B *fig.* 4 ; mais diftribuée fur 24 lignes
de diamètre.

896. Pour fuppléer à l'ifochronifme du fpiral, on em-
ployera la méthode décrite ci-devant, N° 837, &c.

897. Le fpiral fera des mêmes dimenfions, que nous
avons données, n° 887, pour la Montre, N° 51.

898. Pour fuppléer à ce qui peut manquer à la compenfation des effets du chaud & du froid, produite par le
balancier, on fera ufage de la lame de fupplément, difpofée
comme dans le N° 51, & avec les mêmes dimenfions.

899. Toutes les dimensions du rouage seront les mêmes que dans l'Horloge N° 51.

900. La virole de spiral, dans le N° 51 & N° 52, restera à demeure sur l'axe de balancier : elle n'a pas besoin d'être ôtée pour démonter le balancier : on peut dégager le spiral & son piton, en continuant l'ouverture faite en *c, d, e,* aux platines *C* & *D,* jusqu'à leur diamètre en *a, b.*

Après avoir établi des principes certains, soit pour obtenir l'isochronisme des oscillations par le spiral, ou pour suppléer à cet isochronisme, par le Balancier, j'ai rendu par-là plus facile & plus parfaite l'exécution des Horloges ou Montres verticlaes dont j'ai détaillé toute la construction dans le Chapitre VIII, & je pense avoir mis (ce travail à la portée de tout Artiste adroit & intelligent, qui voudra s'occuper de cette partie importante de la Mesure du Temps. Enfin, je me flatte avoir porté toute cette recherche au degré de perfection & de simplicité nécessaire, pour rendre général l'usage des Montres à longitudes dans la Navigation. J'ai donc rempli la tâche que je m'étois imposée, & je vais maintenant, à mon loisir, exécuter moi-même la Montre, N° 52, & faire exécuter celle, N° 51, par M. *Martin,* mon Élève, à Brest.

Fin du Traité des Montres à Longitudes.

MÉMOIRE

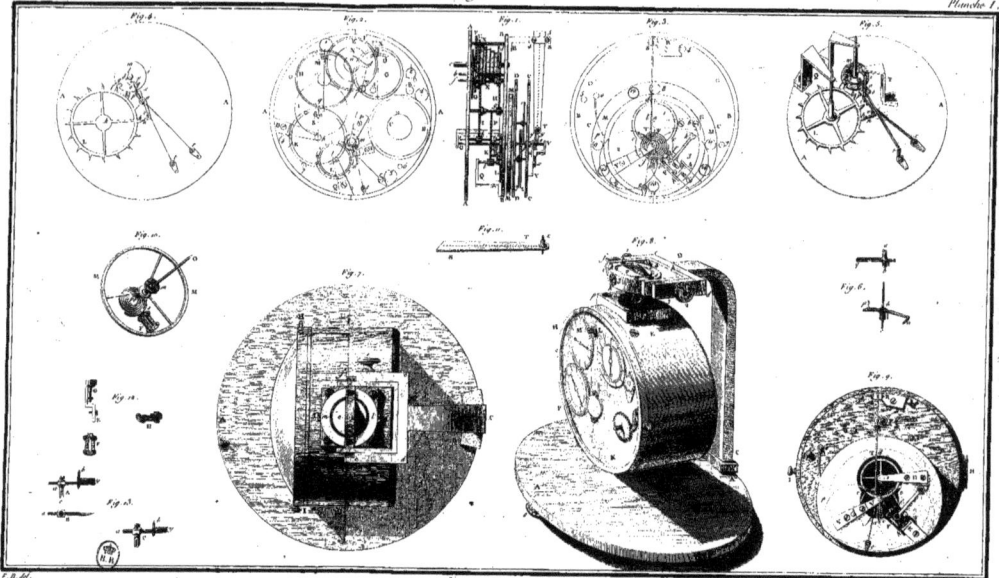

Fig. 1.

Fig. 2.

Fig. 3.

Fig. 4.

Fig. 5.

Fig. 6.

Fig. 7.

Fig. 8.

Fig. 9.

Fig. 10.

Fig. 11.

Fig. 12.

Fig. 13.

Fig. 14.

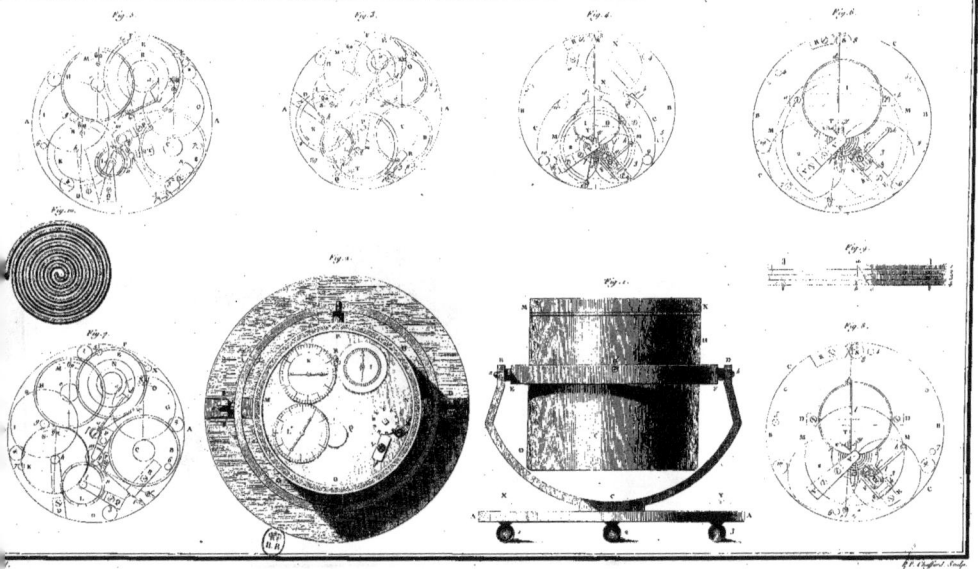

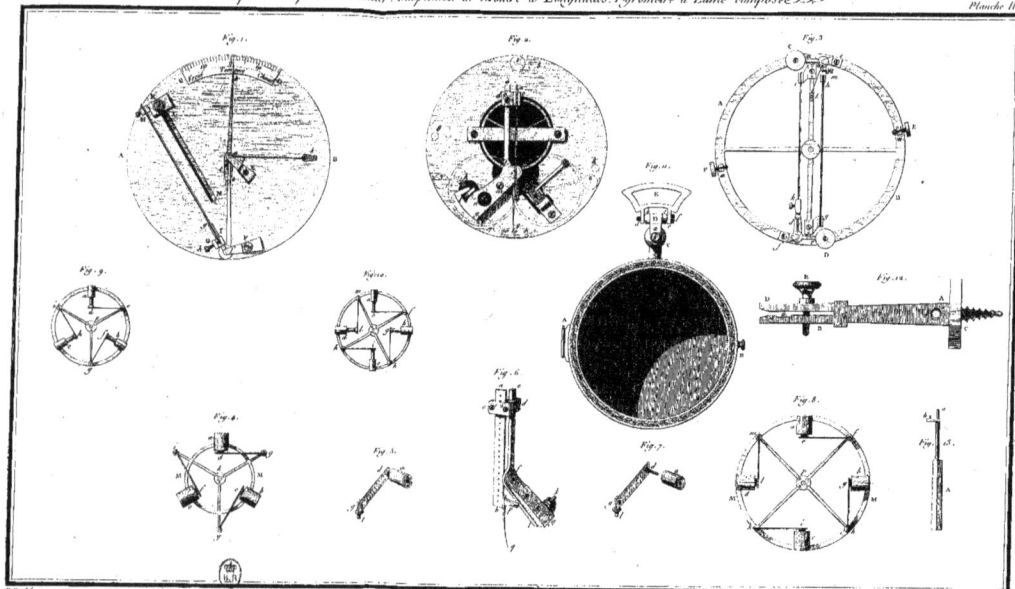

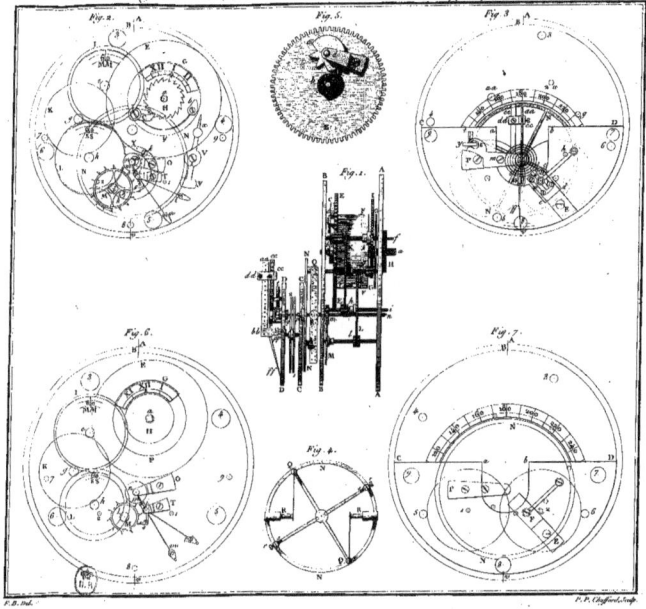

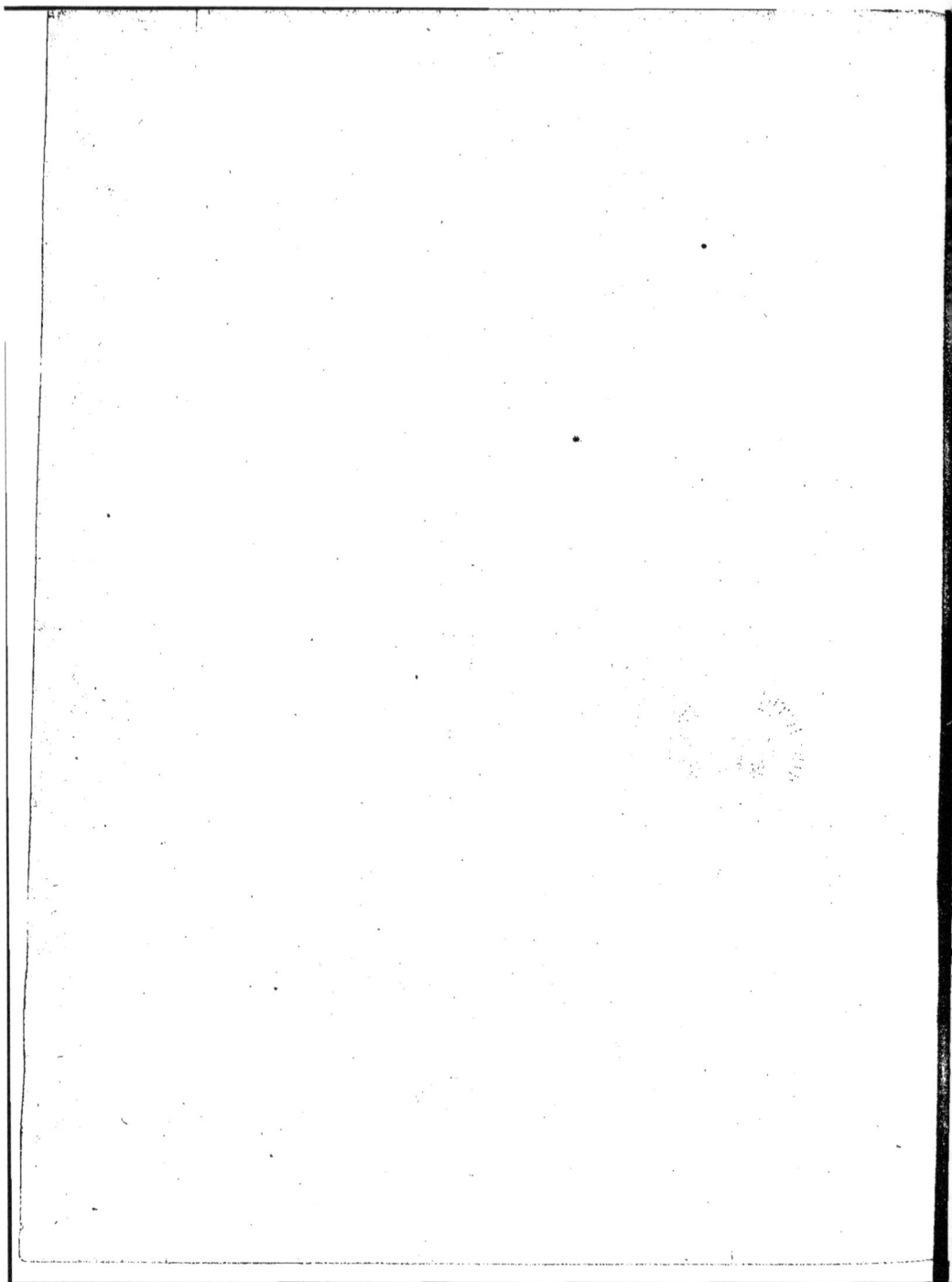

MÉMOIRE

SUR LE TRAVAIL

DES HORLOGES

ET

DES MONTRES A LONGITUDES,

Inventées par M. Ferdinand Berthoud.

A PARIS,

DE L'IMPRIMERIE DE PH.-D. PIERRES,

Premier Imprimeur du Roi, &c.

M. DCC. XCII.

AVERTISSEMENT.

L'EXPOSÉ très - abrégé que je donne ici de mon travail fur la recherche des Horloges & des Montres à Longitudes ; avoit d'abord été uniquement deftiné à préfenter à M. de Bertrand , Miniftre de la Marine , les titres qui ont fervi à déterminer le traitement que je reçois fur les fonds de la Marine ; mais ce Miniftre ayant renvoyé le jugement de cette affaire à l'Affemblée Nationale , j'ai cru devoir faire imprimer ce Mémoire , non-feulement pour que Meffieurs les Membres du Comité de Marine puiffent être inftruits de mes droits , mais plus particuliérement encore pour juftifier envers le Public , que le traitement que je reçois eft moins faveur ou récompenfe qu'un fimple dédommagement de plus de trente-huit ans de travail fur la découverte propre à déterminer les Longitudes en mer.

MÉMOIRE INSTRUCTIF

Du travail fait pour la découverte & l'usage des Horloges & des Montres à Longitudes, dans la Marine de France, par FERDINAND BERTHOUD, Méchanicien du Roi & de la Marine, ayant l'Inspection de la Construction des Horloges à Longitudes, Membre de la Société Royale de Londres.

Paris, 31 Janvier mil sept cent quatre-vingt-douze.]

IL est sans doute douloureux, il n'est pas moins pénible pour un Artiste, qui a employé plus de trente-huit ans consécutifs, & sans relâche, à la recherche & au travail des Horloges à Longitudes; travail auquel il a fait le sacrifice de son état & de sa fortune, de sa santé, de sa vie; il est, dis-je, bien pénible d'être obligé de rappeller les titres garants de sa propriété, & de reclamer la Justice qui lui est due. Telle est cependant l'obligation forcée où se trouve Ferdinand Berthoud, Auteur des Horloges & des Montres à Longitudes, employées avec succès depuis 1768, dans la Marine de France. On vient de supprimer (a) à cet Artiste une pension, qui, par sa nature, est irrévocable, & qui ne peut être considérée, que comme une indemnité, & le prix de sa découverte déterminé par un Traité fait avec le Gouvernement. On a de même supprimé le traitement à lui accordé pour son travail habituel, pour le service de la Marine.

(a) Cette suppression est faite par suite d'un Décret de l'Assemblée Constituante relatif au Département de la Marine.

A

Je divife ce Mémoire en trois Parties : par la première je rappelle les Traités faits avec le Gouvernement & les titres fervant de fondement aux traitements pécuniaires qui me font payés fur les fonds de la Marine. La feconde Partie préfente une notice de tout mon travail, depuis 1754 jufqu'à ce jour. Enfin la troifième Partie préfente la récapitulation des Voyages de Mer, faits avec mes Horloges, d'après les ordres du Roi.

PREMIERE PARTIE.

Traités acceptés par le Roi, pour le travail des Horloges Marines de mon invention.

ART. I. Traité fervant de bafe à la penfion de 3000 liv., dont 1000 liv. réverfibles à ma femme, pour la découverte des Horloges propres à déterminer les Longitudes en mer.

Le 7 Mai 1766, j'adreffai au Miniftre de la Marine (M. le Duc de Praflin) un Mémoire contenant la propofition d'exécuter, pour le compte du Roi, deux Horloges Marines de mon invention. Ce Mémoire (b) eft divifé en neuf articles qui contiennent les conditions auxquelles je me foumettois. Voyez ci-après, la Pièce N° 1.

L'article premier de ce Mémoire portoit que les deux nouvelles Horloges que je propofois (ces deux Horloges font N° 6 & N° 8) feroient exécutées aux frais du Roi : Par l'article 2 que ces machines feroient éprouvées aux frais du Roi. Les articles 3, 4, 5, 6, 8 & 9 fixent la manière & les précautions pour ces expériences. Voici l'article 7 de ma foumiffion que je rapporte en entier.

« Le regiftre des obfervations, faites avec mes Horloges, » fera renvoyé par le Miniftre de la Marine aux Membres » de l'Académie Royale des Sciences qui font attachés à la » Marine. Ces Meffieurs calculeront la marche de ces ma-

---

(b) Ce Mémoire, en forme de lettre, dont j'ai confervé la minute, doit fe trouver avec le bon du Roi, au Bureau des Ports de la Marine ou à celui des Graces. On le trouvera en entier à la fin de ce Mémoire, Pièce N° 1. On doit également trouver à ce Bureau, les minutes de toutes les décifions ou lettres dont je parlerai ci-après, & dont toutes les expéditions font entre mes mains.

(3)

» chines, & le degré de leur juſteſſe ; & , ſi d'après ce calcul,
» une de mes Horloges a donné la Longitude au bout de
» deux mois, à un degré près, d'un grand cercle ou 60 milles
» géographiques, elle aura rempli le but propoſé, & dans
» ce cas, il me ſera auſſitôt rembourſé la ſomme de trente
» mille livres, pour dédommagement des dépenſes que ces
» machines m'ont cauſé juſqu'ici ; & , pour me récompenſer
» de mon travail, il me ſera aſſuré dès-à-préſent une penſion
» de mille écus par an, pendant ma vie & celle de ma femme :
» je ne jouirai de cette penſion qu'après l'épreuve faite ; mais
» on me rembourſera les années écoulées depuis aujourd'hui
» juſqu'au tems de ladite épreuve. Lorſque les deux nouvelles
» Horloges auront ainſi été éprouvées, elles appartiendront
» au Roi, & feront à la diſpoſition de Sa Majeſté ».
   Voici la déciſion du Roi qui ſuivit mon Mémoire.
   Lettre de M. le Duc de Praſlin, Miniſtre de la Marine,
en date du 2 Août 1766.
   « J'ai rendu compte au Roi, Monſieur, de la propoſition
» que vous avez faite de conſtruire deux Horloges, & des
» conditions que vous demandez, tant pour l'exécution de
» ce travail, qu'en cas de ſuccès, lorſqu'elles auront été
» éprouvées. Sa Majeſté ſe confiant dans vos talents, & dans
» vos lumières, & dans la droiture de vos intentions, a ap-
» prouvé que vous faſſiez deux Horloges, qu'il vous ſera payé
» pour chacune 4800 liv.
   » Que l'épreuve de ces deux Horloges en mer ſera faite
» ſuivant les formes que vous indiquerez, que le réſultat
» de ces épreuves ſera ſoumis à l'examen de l'Académie, &
» qu'en cas de ſuccès, *il vous ſera accordé une penſion de*
» *3000 liv. ſur les fonds de la Marine*, dont 1000 *liv. réver-*
» *ſibles à votre femme*, avec le titre d'Horloger Méchanicien
» de Sa Majeſté & de la Marine, ayant l'Inſpection de la
» Conſtruction des Horloges Marines, &c. ».
   D'après la déciſion qui précède, je m'occupai de l'exécution
des deux Horloges Marines, connues ſous les noms de N° 6 &
de N° 8. Ces machines furent terminées au mois de Septembre
1768 ; je les tranſportai moi-même à Rochefort, au mois de
d'Octobre pour les placer ſur la Frégate l'*Iſis*, dont le com-
                                                      A 2

mandement fut donné à M. de Fleurieu, alors Enfeigne de
Vaiffeaux, pour faire, conjointement avec M. Pingré, Aftronôme
de la Marine, de l'Académie des Sciences, les épreuves de
ces Horloges. Ces épreuves commencérent le 10 Novembre 1768
& finirent le 21 Novembre 1769 ; &, d'après l'examen qui fut
fait enfuite par l'Académie des Sciences, je reçus la lettre
fuivante du Miniftre de la Marine (M le Duc de Praflin) de
Compiegne, en date du 15 Août 1770.

« J'ai rendu compte au Roi, Monfieur, du jugement de
» l'Académie Royale des Sciences du 21 Février dernier,
» de l'épreuve faite fur la corvette l'*Ifis*, par MM. de
» Fleurieu & Pingré, de deux Horloges Marines de votre
» invention. Comme il en réfulte que celle N° 8 a donné
» pendant la durée de la campagne, qui a été d'un an, la
» Longitude à un demi-degré près, pour un voyage de 45
» jours........ Sa Majefté vous a accordé la penfion de trois
» mille livres (c) fur les fonds de la Marine, dont mille livres
» réverfibles à votre femme, qu'Elle vous a promife, dans le
» cas où après l'épreuve faite en mer, une de ces Horloges
» auroit donné, au jugement de l'Académie, la Longitude à
» un degré près : vous jouirez de cette penfion à compter
» du premier Avril dernier, à titre d'appointement (d), &c.

» A l'égard du Traité des Horloges Marines que vous vous
» engagez à publier, Sa Majefté approuve qu'il foit rendu
» public. Elle fera prendre pour fon compte un certain nombre
» d'exemplaires ».

En conféquence du jugement de l'Académie & de la dé-

(c) Je dois faire quelques obfervations fur ce Traité ; la première, que la penfion
de 3000 liv. auroit dû m'être payée à compter du 2 Août 1766, ainfi que le portoit ma foumiffion ; la feconde, qu'on ne m'a pas rembourfé les dépenfes faites jufqu'alors, & qui montoient à plus de 20,000 liv., malgré la promeffe du Miniftre, qui
me dit que fi mes Horloges réuffiffoient, *le Roi étoit affez grand Seigneur pour me
récompenfer dignement ;* mes Horloges ont réuffi au de là de ce que j'avois promis,
& de ce qu'on auroit ofé efpérer, cependant je fuis refté fans dédommagement de
mes dépenfes, dont le fond de la penfion n'égale pas, à beaucoup près, la maffe.
(d) L'Angleterre avoit accordé 20 mille livres fterling (plus de 450 mille livres
tournois), pour l'exécution d'une feule Montre Marine qui n'avoit pas été foumife
à une épreuve auffi rigoureufe que celle de mes Horloges.

cifion du Roi , il me fut délivré le Brevet ci après , Pièce N° 2.

Le Traité que je viens de rapporter étant terminé , j'aurois pu jouir de ma penfion , fans continuer le travail des Horloges Marines , puifqu'a cune condition ne m'y obligeoit , & alors cette penfion eût pu être confidérée comme une véritable récompenfe de ma découverte ; mais bien loin de ceffer de m'occuper du travail des Horloges Marines , c'eft fur-tout depuis 1770 , que je m'y livrai fans réferve , & que je quittai en quelque forte dès-lors le travail du public.

L'Horloge N° 8 fut de nouveau embarquée en 1771 fur la Frégate *la Flore*. La juftefle de cette machine dans cette nouvelle campagne furpafla encore celle qu'elle avoit eu en 1768 & 1769 ; ce fut à la fuite de ce fecond Voyage , & après la publication de mon *Traité des Horloges Marines*, que le Roi m'accorda un fupplément d'appointement de 1500 liv. par an. Voici la copie de la lettre de M. de Boynes , Miniftre de la Marine , écrite de Verfailles en date du 28 Mai 1773.

Art. II.

Supplément d'appointement de 1500 liv. par an.

« J'ai examiné , Monfieur , les repréfentations que vous » m'avez faites par votre lettre du 9 de ce mois , & il m'a paru » jufte de vous procurer les décifions ainfi que les graces que » vous demandez.

» Le Roi vous accorde à commencer du premier Avril de » cette année quinze cent livres de fupplément d'appointement » par an , tant pour vous marquer fa fatisfaction du fuccès de » vos Horloges Marines dans la nouvelle épreuve qu'elles » viennent de fubir fur la Frégate *la Flore*, & du *Traité* que » vous avez publié relativement à ces machines , que pour » vous donner plus d'aifance , & vous dédommager en partie » du bénéfice que vous feriez , fi vous travailliez uniquement » pour le Public.

» Sa Majefté a fixé à quatre par an le nombre des Horloges » que vous devez exécuter & fournir , fauf lorfqu'il y en aura » une douzaine de faites , à n'en commander que fuivant les cir- » conftances & le befoin ; Elle a réglé le prix de chaque ma- » chine à 2400 liv. (*e*).

_____

(*e*) Avec l'agrément du Miniftre , je fournis dans le même tems à la Marine Efpagnole , huit Horloges Marines qui me fûrent payées 3000 livres chacune.

» Sa Majeſté vous exhorte à employer tout votre zèle à la
» perfection de ces Horloges, & ſur-tout à former des Artiſtes
» capables de les exécuter avec ſûreté. C'eſt le but que vous
» vous êtes propoſé, & ſur lequel Elle compte pour perpétuer
» les ſuccès d'une découverte ſi utile à la Navigation ».

Je ſuis, &c.

Acquiſition faite par Sa Majeſté des Inſtruments & outils ſervant à l'exécution des Horloges Marines.

D'après un Mémoire que j'adreſſai au Miniſtre de la Marine, M. le Maréchal de Caſtries, le 16 Juillet 1781 , je reçus le 8 Février 1782 , les déciſions ci-après ſur les objets contenus dans ce Mémoire.

A r t. III. Augmentation de 1500 liv. de traitement pour l'entretien des Horloges Marines.

« J'ai mis ſous les yeux du Roi, M. les repréſentations &
» demandes contenues dans la lettre que vous m'avez écrite
» le 16 Juillet de l'année derniere, en rappellant à Sa Ma
» jeſté le mérite & l'utilité des Horloges Marines dont l'in
» vention vous eſt due ; je lui ai fait connoître que vous aviez
» porté vos recherches juſques ſur les moyens de perpétuer
» & d'aſſurer l'exécution de ces Horloges ; que vous aviez
» imaginé & exécuté vous-même un grand nombre d'inſtru
» ments & de machines avec leſquels un Artiſte habile pourra
» compoſer ſeul toutes les pieces qui entrent dans la con
» ſtruction d'une Horloge Marine.

» Sa Majeſté s'eſt déterminée à faire l'acquiſition de ces
» Inſtruments dont la collection de 116 pièces eſt détaillée
» dans le Mémoire qui accompagnoit votre lettre : Elle ache
» tera auſſi les quatre Horloges Marines déſignées dans votre
» Mémoire, qui ſont les premieres que vous ayiez exécutées ;
» & Sa Majeſté en faiſant l'acquiſition de ces Inſtruments &
» Horloges veut bien vous en laiſſer la garde (f) & vous
» charger du ſoin de les entretenir, &c.

» Le Roi m'a paru dans la diſpoſition de permettre que
» cette Collection ſoit dépoſée au Louvre, & même de vous
» y accorder un logement. J'écris en conſéquence à M. le
» le Comte d'Angivillers pour qu'il prenne, à cet égard, les
» ordres de Sa Majeſté.

» Je vous annonce avec plaiſir que le Roi a bien voulu

_____

(f) C'eſt une condition que je m'étois réſervée dans ma lettre du 16 Juillet 1781.

» auſſi vous accorder l'augmentation de 1500 liv. que vous
» avez demandée, & qui portera vos appointemens à 6000 li-
» vres (*g*) par an ; vous en jouirez ſur ce pied à compter du
» premier Janvier de cette année. Au moyen de cette augmen-
» tation vous ſerez chargé de l'entreti n des Horloges Marines,
» ainſi que vous vous y êtes engagé (par la lettre du 16 Juil-
» let 1781.) A l'égard de votre Neveu que vous indiquez
» comme pouvant un jour vous remplacer, & pour lequel
» vous ſollicitez des appointemens en qualité d'Elève que
» vous formeriez, il n'a pas été poſſible de lui régler d'avance
« un traitement, dont il ne s'eſt pas montré ſuſceptible ».

Par la lettre de M. le Maréchal de Caſtries, Miniſtre de la
Marine, écrite de Verſailles le 20 Janvier 1783, je reçois la
déciſion du Roi pour le logement des effets appartenant à Sa
Majeſté.

ART. IV.
1500 liv. accor-
dées pour le loge-
ment des Horloges
à longitudes, des
inſtruments & ou-
tils appartenans
au Roi.

« Je vous ai marqué, M. au mois de Février de l'année der-
» niere que j'engagerois M. le Comte d'Angivillers à prendre les
» ordres du Roi pour vous faire obtenir au Louvre un logement
» dans lequel vous puſſiez placer convenablement les Horloges
» Marines, ainſi que la Collection d'Inſtruments que vous avez
» vendue au Roi, & dont Sa Majeſté vous a confié la garde
» & l'entretien : cette diſpoſition n'a pu avoir lieu juſques à
» préſent, & je ne prévois pas à la réponſe que m'a faite M.
» d'Angivillers qu'elle puiſſe être prochaine : comme cepen-
» dant j'ai été informé qu'ayant quitté le commerce vous vous
» étiez retiré à la campagne pour vous y livrer à l'étude &
» à la recherche des moyens propres à perfectionner les Hor-
» loges Marines ; mais que vous conſerviez en même tems
» un logement à Paris pour contenir les machines & inſtru-

(*g*) Ces appointemens ne ſont en effet que de 3000 liv. puiſque les trois mille livres
de penſion étant une propriété, me ſont dues pour ma découverte & en ont été la ſeule
récompenſe, & ne ſont que l'exécution du premier Traité, Traité qui ne m'engageoit
à aucun travail au moment même où il a été terminé : & il s'eſt écoulé quatre ans
depuis ma ſoumiſſion, tant pour le tems d'exécution des Horloges que pour les épreuves.
Et les 1500 liv. d'augmentation de traitement ci-deſſus ſont le paiement du travail
de l'entretien des Horloges, c'eſt proprement rembourſement de dépenſes ; enſorte que je
ne reçois en effet que les 1500 liv. d'appointemens accordés en 1773. *Voyez ci-devant*
Article II.

» .ments dont le dépôt vous eſt confié. J'ai, en conféquence;
» propofé au Roi de ne pas laiſſer cette dépenſe à votre
» charge, & Sa Majeſté a bien voulu vous accorde un fup-
» plément de 1500 liv. par an pour vous mettre à portée
» de payer votre loyer à Paris. Vous en jouirez juſques à ce
» que vous ayiez obtenu un logement dans une Maiſon Royale.
» J'aurois défiré pouvoir déterminer en même tems Sa Ma-
» jeſté à accorder dès-à-préfent un traitement à votre Neveu
» que vous avez deſtiné à vous remplacer ; mais les circonf-
» tances préfentes exigeant la plus grande économie, je n'ai
» pu l'obtenir en ce moment. Je fuis perſuadé que vous n'en
» continuerez pas moins à donner vos foins à ce jeune homme,
» & qu'il ne négligera rien pour y répondre ».

CONCLUSION ſur la premiere Partie.

ART. I.   LE ROI, par un Traité dont j'ai rempli les conditions (& fort au-delà) doit me faire payer pendant ma vie une penſion de 3000 liv. ſur les fonds de la Marine, dont 1000 livres réverfibles à ma femme ; c'eſt une propriété dont on ne peut me dépouiller, & qui ne doit pas être confondue avec mon traitement annuel. Voyez ci-devant Article I. page 2 & la Note (ſ), page 7.

ART. II.   Il doit m'être payé annuellement ſur les fonds de la Marine depuis 1770 « un ſupplément d'appointement de 1500 liv. » tant pour me dédommager en partie des dépenſes que m'a- » voient occaſionnées la publication de mon *Traité des Hor- » loges Marines*, que pour ſuppléer à la perte que je faiſois » en abandonnant les travaux du Public, & pour m'engager » à former des Elèves capables d'exécuter des Horloges Ma- » rines ».

ART. III.   Il m'a été alloué 1500 liv. par an pour l'entretien des Horloges Marines appartenantes à l'Etat ; c'eſt ici un rembourfement de dépenſes & le falaire d'un travail annuel.

ART. IV.   Enfin, il m'eſt payé 1500 liv. par an depuis 1782, pour le logement des Horloges & Inſtruments appartenants à la Marine. Cette ſomme eſt donc encore un rembourſement de dépenſe.

REMARQUE.

REMARQUE.

De tout ce qui précede, il s'enfuit néceffairement, & d'une maniere évidente, que le traitement annuel que je reçois pour mon travail n'eft, à la rigueur que de 4500 liv. favoir, la fomme de 1500 liv. portée dans l'article II, accordée en 1773 : celle de 1500 liv. accordée en 1783, & portée article III, pour fervir de paiement à l'entretien des Horloges Marines, c'eft-à-dire, pour nétoyer ces Machines, les régler, en faire les épreuves & les mettre en état d'aller à la mer. Enfin, là fomme de 1500 liv. accordée en 1783 portée article IV, pour payer le *loyer* des Horloges & I ftruments appartenants à l'Etat : or les deux derniers articles ne font que des rembourfemens de dépenfe. Enforte que mon traitement réel ne confifte que dans les 1500 liv. portées article II.

Mais en fuppofant même que mon traitement dût comprendre, en effet, le montant des quatre articles ci-deffus, il eft très-certain que cette fomme n'égaleroit pas le quart de celle que m'a coûté cette recherche, tant en argent qu'en facrifices réels faits en abandonnant le travail du Public.

SECONDE PARTIE.

Notice fur le travail & la recherche des Horloges Marines, & des Montres à Longitudes, depuis l'année 1754.

Mon travail & mes recherches fur les Horloges & les Montres à longitudes datent de plus de 38 ans, puifqu'en l'année 1754, je dépofai mon premier projet d'Horloge Marine au Secrétariat de l'Académie Royale des Sciences. En 1760 & 1761, je dépofai de nouveau à l'Académie les projets concernant ma premiere Horloge Marine ou N° 1 : cette Machine fut entierement exécutée au commencement de 1761. Au commencement de 1763, je publiai l'*Effai fur l'Horlogerie*, en 2 vol. *in-*4°. Cet Ouvrage contient les premiers p incipes & la defcription de l'Horloge Marine, N° 1, & de plufieurs autres conftructions d'Horloges Marines ; il eft accompagné de 38

B

planches en taille-douce. L'Horloge N° 1, fut dépofée à l'A-cadémie en Avril 1763, avant mon départ pour Londres, lorf-que je fus choifi par l'Académie & nommé par le Roi pour affifter, conjointement avec M. Camus, de l'Académie, à l'examen de la Montre de *Harrifon*. L'Horloge Marine N° 2, & ma premiere Montre Marine défignée par N° 3, furent achevées vers le milieu de 1764 : cette derniere fut éprouvée à Breft, par ordre du Roi, à la fin de la même année. Je portai moi-même cette Machine à Breft, & affiftai à l'épreuve qui en fut faite en mer.

Au commencement de 1766, j'eus ordre du Roi de faire un fecond voyage (g) à Londres. Le fuccès en fut le même qu'au premier : je ne vis point la Montre de Harrifon ainfi qu'on l'avoit fait efpérer ; malgré l'offre du Miniftre de lui accorder 500 liv. fterling, il ne voulut pas y confentir pour une fi petite bagatelle. Ce font les propres expreffions de la lettre écrite par M. Short, ami d'Harrifon & intermédiaire de cette négociaion.

Je commençai en 1766 les deux Horloges, N° 6 & N° 8, ordonnées par Sa Majefté.

En Octobre 1768, je tranfportai ces deux Horloges à Rochefort, d'après l'ordre du Roi.

Au commencement de 1773, je publiai mon *Traité des Horloges Marines*, 1 vol. in-4°. de 27 planches.

Le 28 Mai 1773, je reçus l'ordre du Miniftre de la Ma-rine, M. de Boynes, pour l'exécution de douze Horloges Marines.

En 1775, je fus obligé de publier des *Eclairciffemens* fur la découverte des Horloges Marines, 1 vol. in-4°.

Dans la même année, je publiai les *Longitudes par la me-fure du Tems*, ou Méthode pour déterminer les Longitudes en mer avec le fecours des Horloges Marines, 1 vol. in-4°. avec une planche.

(g) *REMARQUE*. J'ai fait quatre voyages par ordre du Roi : les frais de ces voyages m'ont à-peu-près été payés ; mais je n'ai jamais réclamé fur le tems que j'ai perdu pendant leur durée, ni pour les dépenfes extraordinaires que j'ai été obligé de faire dans ces voyages.

Le 28 Janvier 1780, je reçus ordre de M. de Sartine, pour l'exécution de douze petites Horloges à Longitudes à reffort.

En 1782, je fis imprimer un petit Ouvrage in-4°, ayant pour titre : *La Mefure du Tems appliquée à la Navigation*, ou *Principes des Horloges à Longitudes*.

En 1784 & 1785, j'ai fait exécuter fous ma direction, par mon neveu Louis Berthoud, mon Élève (h), ma première Montre à Longitude de poche. (Voyez *De la Mefure du Tems*, Introduction, page vij.)

D'après la décifion du Roi en date du premier Septembre 1785, pour l'établiffement d'un de mes Élèves à Breft, le fieur Vincent *Martin* fut accepté pour remplir cette place qui lui étoit due par vingt ans de travail fous ma direction, employés à l'exécution des Horloges & des Montres à Longitudes : j'ai contribué autant qu'il étoit en moi, à cet établiffement, tant par mes inftructions, que par les dépenfes que j'ai faites pour le faciliter & le rendre utile en fourniffant à mes frais des inftrumens & outils. Cet Artifte fe rendit à Breft, au commencement de 1786, fur les ordres du Miniftre, après avoir exécuté en entier fous ma direction une Montre à Longitude n° 36.

A la fin de 1787, je plaçai auprès de M. Vincent *Martin*, en qualité d'Élève, un jeune homme auquel j'ai reconnu des difpofitions. L'apprentiffage de cet Artifte ainfi que fon entretien, eft entièrement à ma charge ; c'eft un troifième Élève que je forme au travail des Horloges & des Montres à Longitudes.

En 1787, je publiai un Ouvrage ayant pour titre: *De la Mefure du Tems*, *ou Supplément au Traité des Horloges Marines*, & *à l'Effai fur l'Horlogerie*, 1 vol. in-4°. avec onze planches en taille-douce.

Enfin je viens de faire imprimer un dernier Ouvrage, ayant pour titre : *Traité des Montres à Longitudes*, deftiné à mes Élèves ; il n'eft pas encore publié. Cet Ouvrage contient la conf-

(h) Par la lettre que m'adreffa M. le Maréchal de Caftries, en date du 17 Juin 1784, ce Miniftre avoit obtenu la décifion par laquelle Louis *Berthoud*, mon neveu, fera » entretenu fous le titre d'Élève Méchanicien de la Marine, aux appointemens de » mille livres par an ».

B 2

truction, la defcription & tous les détails de main-d'œuvre des Montres à Longitudes, leurs dimenfions, la manière de les éprouver, vol. in-4°. accompagné de fix planches gravées.

J'ajoute à ce volume, la Defcription de deux nouvelles Horloges aftronomiques, & un Effai fur les Poids & les Mefures : on travaille à l'impreffion de ces deux dernières Parties.

Conclufion fur la feconde Partie.

1°. J'ai publié fur l'Horlogerie, & en particulier fur le travail des Horloges & des Montres à Longitudes, huit volumes in-4°. accompagnés de quatre-vingt-trois planches en taille-douce.

Ces Ouvrages font deftinés à établir les principes de conftruction & d'exécution, &c. qui doivent fervir à diriger les Artiftes dans le travail des Horloges & des Montres à Longitudes, & par conféquent à perpétuer cette découverte.

2°. J'ai exécuté environ cinquante, tant Horloges que Montres à Longitudes, dont la plus grande partie pour le fervice de la Marine de France, & les autres pour celle d'Efpagne, & pour les États d'Hollande, & pour des Officiers de la Marine marchande.

3°. J'ai formé deux Élèves, mon neveu Louis Berthoud à Paris, & M. Vincent Martin, établi à Breft, & un troifième qui doit bientôt achever fon inftruction, fous ma direction.

4°. Enfin j'ai fait quatre Voyages par ordre du Roi, & fans avoir reçu aucun dédommagement.

TROISIEME PARTIE.

Indication des diverfes campagnes qui ont été ordonnées, foit pour les épreuves ou pour l'ufage des Horloges & des Montres à Longitudes, dans la Navigation, d'après les ordres des Miniftres de la Marine.

1764 (22 Septembre). Ordre de M. le Duc de Choifeul, pour l'épreuve de ma première Montre Marine, ou N° 3, fur la Frégate l'*Hirondelle*, commandée par M. le Chevalier de Goimpy. Les obfervations furent faites par M. l'Abbé Chappe : j'affiftai à cette épreuve.

1768 (16 Septembre). Je confie ma première Montre Marine ou N° 3 , à M. l'Abbé Chappe, de l'Académie , pour servir à diverses observations pour son Voyage en Californie.

1768 (3 Octobre). Ordre du Roi pour l'épreuve de mes Horloges N° 6 & N° 8 , sur la Frégate *l'Isis* , commandée par M. de Fleurieu , chargé conjointement avec M. Pingré des épreuves pendant six mois de campagne (*i*) , l'épreuve a été de douze mois.

1771 (24 Mars). Remis à M. de Chabert , d'après l'ordre de M. de Sartine , ma Montre N° 3 , pour sa campagne dans la Méditerranée.

1771 (9 Avril). Lettre de M. l'Abbé Terray , pour livrer l'Horloge N° 6 à M. l'Abbé Rochon , de l'Académie , pour ses observations dans les Mers de l'Inde.

1771 (12 Août). Lettre de M. de Boynes qui me charge de remettre l'Horloge N° 8 , pour être embarquée sur la Frégate *la Flore* , commandée par M. de Verdun , où elle a subi la deuxième épreuve relatée dans mon Mémoire. (Art. 2).

1773 (8 Mars). L'Horloge N° 8 & celle N° 11 , remises à M. de Kerguelen , pour sa campagne aux Terres Australes ; en conséquence des ordres à moi adressés.

1775 (15 Juillet). Demande du Ministre de la Marine de deux Horloges pour M. le Marquis de Chabert , pour sa campagne qu'il doit faire dans la Méditerranée.

1776 (3 Mars). Ordre du Ministre pour remettre à M. le Chevalier de Borda une grande Horloge Marine à poids, & une petite à ressort. Je livrai en conséquence N° 18 à poids, & N° 4 à ressort.

Nota. Par la lettre que m'écrivit M. le Chevalier de Borda, de Brest le 11 Mars 1777 , au retour de la campagne , qu'il avoit faite avec ces machines , il me marquoit :

« Maintenant que je me porte mieux , je vais vous donner » des nouvelles de vos Horloges Marines , & ces nouvelles » seront satisfaisantes.

(*i*) La décision du Roi portoit que la campagne , pour les épreuves des Horloges Marines N° 6 & N° 8 , seroit de six mois. Cette campagne a duré un an.

» Je crois avoir fait une très-bonne carte de la côte d'A-
» frique, depuis le Cap *Spartel*, jufqu'au Cap *Boyador* en y
» comprenant les Ifles Canaries ; mais certainement il m'auroit
» été impoffible d'en faire feulement une paffable fans vos Hor-
» loges ; j'ai eu occafion de reprendre les mêmes points à dif-
» férentes reprifes, & j'ai trouvé un accord qui prouve que
» cette manière de faire les cartes eft très-précife, enfin les
» Horloges Marines font, felon moi, une découverte précieufe
» pour la Marine.

    » Voilà, Monfieur, une partie de ce que j'ai à vous dire fur
» vos Horloges, je m'en entretiendrai plus long-tems avec
» vous à Paris ; en attendant, je vous répéterai qu'elles nous
» ont été de la plus grande utilité, & que nous croyons en avoir
» tiré bon parti ».

    M. de Borda terminoit fa lettre en me marquant qu'il avoit re-
mis ces deux machines à l'Académie de Marine : l'Horloge n°
18 m'a été renvoyée, mais malgré toutes les recherches faites
depuis fur celle n° 4, cette machine n'a pu fe retrouver.

1776 (23 Mars). Ordre du Miniftre de remettre à M. le
    Duc de Chartres une Horloge Marine ; je livrai en con-
    féquence à M. le Chevalier de l'Angle une Horloge à
    reffort, n° 3.

    Nota. Cette machine ne m'a pas été rendue.

1778 (13 Mars). Livré, d'après les ordres du Miniftre, une
    grande & une petite Horloge à M. le Marquis de Chabert.

1780 (5 Mars). Livré, d'après les ordres du Miniftre, deux
    petites Horloges pour M. le Chevalier de Ternay.

1780 (22 Mars). Livré, d'après les ordres du Miniftre, deux
    Horloges Marines à M. le Marquis de Chabert, Comman-
    dant le vaiffeau l'*Hector.*

    Ce font les Horloges n° 22 à poids, & n° 5 à reffort,
    & enfuite la petite Horloge n° 2.

1781 (14 Octobre). Demande de deux Horloges pour M. le
    Marquis de Vaudreuil.

1783 (21 Décembre). Demande de deux Horloges ; je livrai
    le 4 Avril 1784, les deux Horloges n° 32 & n° 24, pour
    M. de Granchain.

1784 (6 Mars). Ordre du Miniſtre pour remettre deux Horloges à M. le Comte de Chaſtenet-Puiſégur : je livrai n° 1 à reſſort , & n° XXVIII.

1784 (31 Décembre). Ordre de livrer deux Horloges à M. de Roſily, n° XXIII & n° XXIV : cette derniere fut remiſe par M. de Granchain, au retour de ſa campagne.

Les Horloges remiſes à M. de Roſily lui ont ſervi utilement pendant ſept années conſécutives dans les mers de l'Inde.

1785 (23 Juin). D'après les ordres du Miniſtre, j'ai livré à M. le Comte de la Pérouſe cinq Horloges ; ſavoir , n° 18 & n° 19 à poids, n° XXV, n° XXVII, n° XXIX à reſſort.

1786 (9 Mars). Ordre de remettre une petite Horloge à M. de Sepmanville : je livrai celle à reſſort, n° 31, & confiai à cet Officier une petite Horloge à moi apparte-nante, déſignée par n° 36.

1787 (11 Septembre). Livré la petite Horloge n° XXX, à M. le Marquis de Chabert, pour M. Delmotte.

1789 (17 Août). Livré n° 1 & n° 26 à M. de Sep-manville.

1790 (31 Octobre). Livré par ordre, pour M. de Choiſeul-Gouffier, deux Horloges, n° 26 & n° XXX.

1791 (6 Août). Livré, d'après les ordres du Miniſtre, quatre Horloges Marines pour la campagne de M. d'Entrecaſteaux, ſavoir , n° 17 & n° 21, à poids, & n° 5 & n° 28, à reſſort.

1791 (Décembre). Par les ordres donnés par M. de Bertrand, Miniſtre de la Marine, mon Elève Vincent Martin, à Breſt , a livré à M. de Bruies, l'Horloge n° 8 ; & cet Officier a acquis, à ſon compte, ma petite Horloge n° 37.

CONCLUSION.

1°. On a fait vingt-quatre voyages de mer avec mes Horloges & Montres à Longitudes.

2°. On a employé cinquante Horloges ou Montres pour ces campagnes.

Derniere Conclufion de ce Mémoire.

Je n'ai jamais ceffé d'être en activité pour le fervice de la Marine : il eft même néceffaire d'obferver qu'à l'époque du Décret de l'Affemblée Conftituante (dans lequel ma fuppref- fion fe trouve comprife) je venois de livrer quatre Horloges Marines , pour l'expédition de M. d'Entrecafteaux (voyez pag. 15) , & l'Horloge n° 8 fut livrée à M. de Bruies (voy. pag. 15). C'eft dans cette même année 1791 , que j'étois le plus fortement occupé à la compofition & à l'im- preffion du *Traité des Montres à Longitudes* , Ouvrage qui eft fait entièrement à mes frais , pour l'inftruction de mes Elèves. Je ne puis me difpenfer de terminer ce Mémoire par une réflexion qui m'eft très-douloureufe.

Je ne doute nullement que l'Affemblée Nationale ne faffe juftice de la fuppreffion dont je me plains ; mais on ne peut réparer l'humiliation d'avoir été confondu par cette fuppref- fion avec tant de gens qui n'ont pour titre que la faveur, & pour mérite que l'intrigue. Qui pourra me dédommager de l'obligation forcée de reclamer une propriété acquife par tant de facrifices ? Je ne croyois pas que tant de titres fuffent déja mis dans l'oubli par les Navigateurs. (*)

P I E C E S   J U S T I F I C A T I V E S.

PIÉCE N° 1.   Mémoire adreffé à M. le Duc de Praflin , Miniftre de la Marine , le 7 Mai 1766 , contenant les conditions de ma foumiffion pour le travail des Horloges à Longitudes de mon invention , & dont je propofois l'exécution.

1°. Les dépenfes requifes par les deux nouvelles Horloges que je propofe d'exécuter doivent être aux frais du Roi : les deux machines peuvent être un objet de quatre cent louis , dont les avances font maintenant au-deffus de mes forces. Cette confidération & celle de l'utilité de l'objet vous détermineront fans doute , Monfeigneur , à ordonner que les avances m'en foient faites.

_____

(*) Je parle de ceux qui étoient Membres du Comité de Marine, lors du Décret en Septembre 1791.

2°

2°. Les épreuves en mer doivent être également faites aux frais du Roi, & sitôt que mes Horloges seront finies & que je le demanderai.

3°. La conduite de mes Horloges sera remise, pour ces épreuves, à la personne que je proposerai à ce dessein ; mais elle ne pourra les remonter, ni y toucher qu'en préfence des Officiers nommés par le Ministre de la Marine. Pour cet effet, les Horloges seront fermées par trois cadenats ou serrures différentes. Une des clefs restera entre les mains du Capitaine nommé à cet effet ; l'autre entre les mains de mon représentant ; la troisième, entre celles d'un autre Officier ; & chaque fois qu'on remontera les Horloges, les mêmes personnes devront s'y trouver & le certifier.

4°. Avant d'embarquer les Horloges on déterminera leur marche pendant plusieurs jours de suite par des hauteurs correspondantes du soleil ; les observations seront faites par une personne bien versée dans cette partie & nommée à cet effet. On portera sur deux registres les observations & la quantité dont ces Horloges avanceront ou retarderont chaque jour sur le tems moyen ; enfin, on portera sur ces registres la différence de l'heure des Horloges au Midi du lieu trouvé par les observations ; l'un de ces registres restera entre les mains du Capitaine, & l'autre entre celles de mon représentant. Ces observations seront collationnées & signées chaque jour par les susdites personnes ; ensuite il en sera fait une copie qui sera envoyée au Ministre de la Marine au départ du vaisseau.

5°. Ces Horloges seront placées sur un vaisseau en la manière & en l'endroit que j'indiquerai. Le vaisseau fera voile pour l'Amérique ou autres lieux dont le trajet soit de deux mois ; aussitôt qu'il sera arrivé au lieu fixé, la personne nommée à cet effet prendra des hauteurs correspondantes, afin de déterminer le Midi du lieu. On portera sur les deux registres, en présence des personnes nommées, lesdites observations & la différence de l'heure des Horloges au Midi trouvé. On signera & cachetera les observations pour être aussitôt possible envoyées au Ministre de la Marine.

C

6°. Si la longitude du lieu fixé pour l'effai de mes Horloges n'eft pas déterminée par de bonnes obfervations aftronomiques, il fera néceffaire de la déterminer par des obfervations faites dans cette vue , en ce lieu & en celui du départ ; ou bien l'on pourra fe contenter d'eftimer la marche des Horloges. Au retour , en prenant de nouveau des hauteurs correfpondantes ; les obfervations feront portées fur les deux regiftres ; après les avoir collationnées & fignées le Capitaine enverra fon regiftre cacheté au Miniftre de la Marine , l'autre regiftre me fera remis par mon repréfentant.

7°. Le regiftre des obfervations faites avec mes Horloges fera envoyé par le Miniftre de la Marine aux Membres de l'Académie Royale des Sciences , qui font attachés à la Marine ; ces Meffieurs calculeront la marche de ces machines & le degré de leur jufteffe ; & fi d'après ce calcul une de ces Horloges a eftimé la longitude au bout de deux mois à un degré près d'un grand cercle ou foixante milles géographiques, elle aura rempli le but propofé ; & dans le cas, il me fera auffitôt rembourfé la fomme de trente mille livres pour dédommagement des dépenfes que ces machines m'ont caufé jufqu'ici ; & pour me récompenfer de mon travail , il me fera affuré dès-à-préfent une penfion de mille écus par an pendant ma vie & celle de ma femme ; je ne jouirai de cette penfion qu'après l'épreuve faite ; mais on me rembourfera les années écoulées depuis aujourd'hui jufqu'au tems de ladite épreuve. Lorfque les deux nouvelles Horloges auront à infi été éprouvées , elles appartiendront au Roi & feront à la difpofition de Sa Majefté.

8°. Nulle autre perfonne quelconque ne pourra prétendre à cette récompenfe d'ici à quatre ans, afin que j'aie le tems de terminer ce travail & d'en faire les épreuves que je jugerai néceffaires ; paffé ce tems, on pourra concourir.

9°. Enfin , qu'il me foit accordé dès-à-préfent le titre d'Horloger Méchanicien du Roi & de la Marine , & que l'infpection des Horloges Marines de France me foit affurée pour en jouir dès le moment qu'une épreuve fatisfaifante aura été faite.

BREVET d'Horloger Méchanicien du Roi & de la Marine, PIECE n° 2. ayant l'inspection de la construction des Horloges Marines, pour le sieur Ferdinand Berthoud.

Aujourd'hui, premier du mois d'Avril mil sept cent soixante-dix, le Roi étant à Versailles ; Sa Majesté ayant examiné le compte qui lui a été rendu de l'épreuve faite en mer sur la Frégate l'*Isis*, pendant plus d'une année, de deux Horloges Marines du sieur Ferdinand Berthoud, de laquelle épreuve il résulte que l'une de ces Horloges, désignée sous le nom de n° 8, a donné la longitude après des intervalles de quarante-cinq jours, quelquefois à un tiers de degré de grand cercle, d'autres fois à un quart & même à un sixième de degré, & jamais à plus d'un demi-degré ; & que la seconde Horloge, désignée sous le nom de n° 6, a eu la même exactitude pendant les six premiers mois de l'épreuve, après lesquels il y a eu des périodes où l'erreur auroit pu être seulement d'un degré ; & Sa Majesté voulant récompenser ledit sieur Ferdinand Berthoud de ses épreuves multipliées pour la perfection desdites Horloges & de ses succès, & l'attacher particuliérement à son service, Elle l'a retenu & ordonné, retient & ordonne Horloger Méchanicien de Sa Majesté & de la Marine, pour en ladite qualité, avoir l'inspection de la construction des Horloges Marines, & ladite charge exercer, en jouir & user aux honneurs, pouvoirs & autorités, y appartenants ; & Sa Majesté lui accordé, à titre d'appointements, une pension de trois mille livres par an, sur les fonds de la Marine, pour en jouir, à commencer de ce jour, & en être payé sur les états & ordonnances qui seront pour cet effet expédiés. Voulant, Sa Majesté, qu'après le décès du sieur Ferdinand Berthoud, le tiers de cette pension, montant à mille livres par an, soit réversible à la dame Berthoud sa femme, pour par elle en jouir sa vie durant & en être payée, sur ses simples quittances, par les Trésoriers-Généraux de la Marine, des fonds qui leur seront à cet effet mis en mains ; & pour témoignage de sa volonté, Sa Majesté m'a

commandé de lui expédier le préfent Brevet qu'Elle a voulu
figner de fa main & être contrefigné par moi fon Confeiller-
Secrétaire-d'État , & de fes Commandemens & Finances.

Signé LOUIS.

Et plus bas , LE DUC DE PRASLIN.

'A Paris , le 31 Janvier 1792. F. B.

A PARIS, de l'Imprimerie de PH.-D. PIERRES, Premier Imprimeur du Roi, 1792.

DESCRIPTION

DE

DEUX HORLOGES

ASTRONOMIQUES.

Par M. Ferdinand Berthoud.

A PARIS,

De l'Imprimerie de PH.-DENYS PIERRES, Premier
Imprimeur du Roi, &c.

1792.

AVERTISSEMENT.

La Defcription que je donne ici de deux Horloges Aftronomiques, devoit être accompagnée des divers principes & détails de conftruction, au moyen defquels je propofois de donner à ces Machines la plus grande exactitude ; mais ce travail trop confidérable étant fait, les circonftances actuelles m'ont déterminé à fupprimer en entier ces détails ; j'aurois même également fupprimé la defcription de ces deux Horloges, fi les Planches n'euffent pas été gravées : je joins cependant ici les titres des articles dont j'avois traité.

DESCRIPTION
DE DEUX HORLOGES
ASTRONOMIQUES.

CHAPITRE PREMIER.

ARTICLE I.

Propositions servant de principe fondamental pour la justesse d'une Horloge Astronomique.

1°. L'ISOCHRONISME des vibrations du Pendule le plus certain, est celui qui est fondé sur la constante égalité des arcs qu'il décrit.

2°. Le régulateur ou pendule doit avoir une grande puissance ou force de mouvement.

3°. Le pendule doit décrire des arcs qui ne soient pas au-dessus de deux degrés, ni au-dessous d'un degré.

4°. On doit employer pour la correction des effets du chaud & du froid un méchanisme dont les effets soient invariablement les mêmes.

5°. Les frottemens , tant du rouage que de l'échappement , doivent être réduits à la plus petite quantité possible , & de sorte qu'ils puissent être réputés constants.

6°. Pour conserver à l'Horloge une marche régulière & constante , on doit maintenir dans tous les tems les arcs décrits par le pendule à une parfaite égalité , par l'addition des petits poids, ajoutés au moteur ou à son contrepoids.

7°. Au défaut des poids ou contrepoids , dont nous venons de parler, on peut former une table des variations que l'Horloge éprouve , en décrivant de plus grands ou de plus petits arcs.

8°. On peut également former une table des variations que l'Horloge éprouve en passant par divers degrés de température ; c'est-à-dire, des quantités qui manquent à la compensation des effets du chaud & du froid.

9°. Enfin , si on vouloit comparer la marche de l'Horloge avec les révolutions diurnes de la terre , dans les deux époques de l'été & de l'hiver , il faudroit placer l'Horloge dans une boîte qui lui servît d'étuve , afin que dans ces deux circonstances elle fût exposée à la même température : c'est de cette manière que j'ai disposé la première Horloge dont je vais donner la description.

ARTICLE II.

Description de l'Horloge Astronomique avec l'échappement libre par un plan incliné.

PLANCHE IV.

LE mouvement de cette Horloge est composé de deux platines formant la cage du rouage : sur le dehors de la platine des piliers est tracé le plan du mouvement. *AA*, *figure* 1 , est cette platine qui porte les cadrans : *BB* est le cadran des secondes : *CC* celui des minutes, & *D* celui des heures.

E est la première roue du mouvement : elle fait un tour en douze heures ; l'axe sur lequel elle est rivée, porte le cadran des heures. Ce cadran, rivé sur un canon qui est fendu, tourne à frottement sur la tige de la roue des heures : par ce moyen, on a la facilité de remettre ce cadran à l'heure. L'ouverture *D a* faite à la platine *AA* sert à faire voir les heures à mesure que la roue *E* tourne ; les heures graduées sur le cadran *D* sont indiquées par l'index *a*.

La première roue *E* porte la poulie *FF*, dont le fond est garni de pointes d'acier pour retenir la corde du poids, lequel est moufflé, au moyen de la poulie de remontoir *GG* aussi garnie de pointes : cette poulie porte le rochet sur lequel agit l'encliquetage , attaché au dehors de la platine des piliers. La poulie de remontoir *G* tourne sur une broche fixée à cette platine.

La roue des heures *E* engrène dans le pignon *d* fixé

fur l'axe de la roue de minutes : le pivot prolongé de cet
axe porte l'aiguille de minutes , tournant à frottement fur
ce pivot.

Sur l'axe du pignon *d* eft fixée la roue *I I* de minutes : cette roue engrène dans le pignon *e*, fur l'axe duquel
eft fixée la roue moyenne *K K*.

La roue moyenne *K* engrène dans le pignon *f*, fixé fur
l'axe de la roue d'échappemeut *LL*, dont le pivot prolongé, formé fur fon axe, porte l'aiguille de fecondes.

La roue d'échappement eft faite en forme de roue *de champ :*
elle a trente dents figurées, comme on le voit en *LL*,
figure 3 , & *LL figure* 1. *M N* eft le levier d'impulfion , *M* eft fon centre de mouvement : cette partie *M*
eft fixée fur l'axe qui porte la fourchette qui communique
le mouvement du rouage au pendule: *g h* eft le plan incliné d'impulfion fur lequel agit la roue pour reftituer le mouvement au pendule. Ce plan incliné formant le talon,
eft rapporté & fixé fur le bout *N* du levier *M N*.

k n eft la détente d'échappement , dont l'axe eft mis
en cage au moyen du coqueret ou barette *O*, attachée
en dehors de la platine-cadran *A A* : au moyen de cette
barette, on peut démonter cette détente fans démonter
la cage.

lh eft la détente levée, qui fert à élever la détente *k n*,
au moyen du bras *n*, fur lequel agit le talon *h* de la levée *l h* : par ce moyen, la roue étant dégagée, fes dents
agiffent fur le plan incliné du levier d'impulfion pour
reftituer le mouvement au pendule.

L'axe de la détente levée eft mis en cage entre le
bout *N* du levier d'impulfion & le pont *P* que ce levier
porte. La cheville *p* portée par le levier *N* fixe la courfe
de la détente levée qui retombe par fon propre poids.

L'axe de la détente d'échappement *n k*, porte le petit
bras

bras *k o*, dont le poids *o* fert à ramener la détente auffi-
tôt qu'elle a été dégagée par le talon *h* de la levée *n l* ;
en retombant le poids *o* pofe fur le bord de l'entaille
g faite à la platine, ce qui règle la courfe de la détente
& la quantité dont le talon *i* pénètre fous les dents de la
roue d'échappement.

L'ouverture *q r s t* faite à la platine-cadran *A A*, fert à
découvrir l'échappement, & à juger fes effets en voyant
marcher l'Horloge : 1, 2, 3, 4, marquent la pofition
des quatre piliers de la cage du mouvement.

PLANCHE IV, *Figure* 2.

La *figure* 2 repréfente le profil ou élévation du rouage
& de l'échappement dans la cage.

A A eft la platine - cadran ; c'eft fur cette platine que
font rivés les quatre piliers dont 1, 2 font repréfentés :
Q Q eft la feconde platine du mouvement.

B B eft le cadran de fecondes : *E, E* la roue des heures ;
D le cadran des heures, & *F F* la poulie fur laquelle paffe
la corde du poids moteur.

d eft le pignon de minutes, *x* le pivot prolongé de cet
axe qui fert à porter l'aiguille des minutes. *I I* la roue
de minutes ; *e* le pignon de la roue moyenne : *K K* la
roue moyenne : *f* le pignon fur l'axe duquel eft rivée
la roue d'échappement ; & *y* le pivot prolongé fur lequel s'ajufte l'aiguille de fecondes : *L L* la roue d'é-
chappement : *M N* le levier d'impulfion fixé en *M* fur
l'axe *R M* ; un des pivots de cet axe roule dans le trou
de la platine *A A*, & l'autre dans le trou du pont *T* :
R S V eft la fourchette qui communique le mouvement
au pendule, au moyen du rouleau *X* porté par ce pendule ;
le levier d'impulfion porte l'axe *l* de la levée d'échappement
mis en cage entre le bout *N* du levier & le pont *P* : *i* eft le

talon de la détente *ik*, qui fufpend l'action de la roue d'échappement *LL* : *k* eft l'axe de cette détente.

La *figure* 4 repréfente la fourchette & la pièce d'échappement *M N* vu en perfpective : le bout *S* de la fourchette porte la vis de rappel *v x* ; cette vis fert à faire mouvoir la fourchette *V* dans une rainure du bras *R S*. Ce mouvement fert à mettre l'Horloge dans fon échappement.

La *figure* 3 repréfente l'échappement libre à plan incliné, que nous venons de décrire, ce qui difpenfe d'un plus grand détail.

Remarque fur cet Échappement.

J'ai exécuté cet échappement tel que je viens de le décrire ; mais après diverfes expériences, qui m'ont affuré qu'il avoit encore trop de frottement nuifible, je me fuis déterminé à le fupprimer tout-à-fait, pour y fubftituer l'échappement libre, à portion de cercle, repréfenté Planche V, *fig.* 1, & dont on trouvera la defcription dans le Chapitre II, ainfi que les motifs qui m'ont porté à fupprimer celui à plan incliné.

Depuis l'application que j'ai faite de mon échappement libre à cercle, j'ai lieu de penfer qu'il remplira parfaitement les vues qui m'ont dirigé dans fa compofition ; il n'exige pas d'huile, en forte que fon action fera conftamment la même ; aufli je vois que le pendule décrit toujours des arcs de même étendue ; & je fuis certain que cet échappement ne trouble pas la nature des ofcillations du pendule : qualité que l'on ne peut fe promettre avec l'échappement à ancre à repos.

CHAPITRE II.

Description de l'Horloge Astronomique à Echappement libre par un arc de cercle, pendule à baguette, suspension à ressort.

PLANCHE V.

JE propose ici la construction d'une Horloge Astronomique, qui je pense étant bien exécutée, doit donner une plus grande justesse. Voici les motifs qui m'ont dirigé:

1°. L'échappement libre que j'ai employé dans l'Horloge décrite Chapitre I, a encore un frottement qui peut être nuisible : car l'action de la roue d'échappement qui s'exerce sur un plan incliné exige que l'on mette de l'huile sur ce plan, & dès-lors les frottemens varient selon l'état de l'huile ; j'ai donc préféré employer, comme dans mes Horloges Marines, une portion de cercle portant une palette, & ici le frottement peut être considéré comme nul.

La roue d'échappement devant être nécessairement d'un plus grand diamètre, devient trop pesante ; & étant de champ, cela augmente encore son poids, ensorte que le frottement de ses pivots augmente considérablement, & cette roue est d'ailleurs d'une exécution très-difficile.

2°. Le pendule composé à chassis, que j'ai employé dans ma première Horloge, exige un travail trop considérable, & devient trop pesant. Je préfere donc ici celui à baguette, parce qu'avec la disposition que je lui

B 2

ai donnée on peut trouver le point de compenfation fans démonter ni le pendule ni l'Horloge.

3°. La fufpenfion à couteau que j'avois adoptée ci-
devant, peut avoir des avantages, lorfqu'étant parfaitement exécutée, on a pu trouver de l'acier d'une bonne qualité, fans paille & fans veine, & que d'ailleurs
on a pu lui donner la trempe la plus forte ; mais tout
cela fuppofé, en démontant & remontant le pendule, le
moindre accident peut faire *égrener* le couteau & détruire
votre travail, j'ai donc préféré à employer ici la fufpenfion à reffort.

Pour faire l'application de mon échappement libre à
cercle, je n'ai pas pu, comme on le pratique ordinai-
rement dans les Horloges à fecondes, faire coincider
le centre de fufpenfion du pendule avec la fourchette,
parce que l'arc de levée de l'échappement n'auroit pas
pu avoir moins de cinq ou fix degrés, pendant que l'arc
de levée ne doit avoir au plus qu'un degré. J'ai donc
été obligé de placer le point de contact de la fourchette
fur le pendule à douze pouces au-deffous du centre de fufpenfion (1), en donnant au cercle d'échappement le même
rayon que celui de la fourchette. On voit dans le profil, *fig.* 1,
Planche V, cette difpofition.

Dans l'échappement libre par un cercle, il eft néceffaire que les dents de la roue d'échappement foient
affez diftantes entr'elles pour que la portion de cercle fe
loge entre deux dents, & que par conféquent ces dents
en agiffant fur la palette la pénètre affez fûrement. Or,
dans une roue de trente dents, comme doit être celle de la
roue de fecondes, il auroit fallu donner un trop grand diamè-

(1) Dans l'application que j'ai faite de l'échappement libre à cercle, à l'Horloge décrite ci-devant, le point de contact de la fourchette ou levier d'impulfion fur le rouleau, eft diftant du centre de fufpenfion du pendule, de fept
pouces neuf lignes ; & d'après le calcul, l'arc de levée de l'échappement doit
être alors de près de deux degrés, la roue d'échappement ayant huit lignes de diamètre & dix dents ; & en effet, l'arc de levée, lorfque l'échappement a été exécuté,
a été de la quantité que donne le calcul.

tre à cette roue pour qu'elle fût en même tems roue d'échappement ; j'ai donc été obligé d'ajouter une roue d'échappement dont le pignon engrène dans celle de fecondes.

La roue d'échappement ayant 10 dents & 8 lignes de diamètre , la diſtance des dents ſera de 2 lig. $\frac{1}{2}$; ce que l'on trouve par la proportion :

$$1 : 3,1416 :: 8 : x = 25 \text{ lig. } \tfrac{1}{10}.$$
$$8$$

$$\overline{25,1328.}$$

La circonférence étant de 25 lignes , en diviſant par 10 nombre des dents de la roue , on a 2 lig. $\frac{1}{4}$ pour la diſtance des dents. Le rouleau porté par le pendule pour recevoir l'action de la fourchette , étant placé à 12 pouces du centre de ſuſpenſion , un degré décrit par le pendule, répond à 2 lig. $\frac{1}{2}$; ce que l'on trouve par la proportion ſuivante :

$$1 : 3,1416 :: 288 \text{ lig. diam. } x = 2 \text{ lig. } \tfrac{1}{2}.$$

Lorſque la fourchette agit ſur le rouleau porté par le pendule par un rayon égal à celui du cercle d'échappement , l'arc de levée eſt d'un degré. S'il agit par un rayon plus court que celui du cercle d'échappement, dans ce cas, l'arc de levée eſt moindre qu'un degré ; ſi, au contraire, le rayon par lequel la fourchette agit ſur le rouleau, eſt plus grand que celui du cercle d'échappement, l'arc de levée aura plus d'un degré. Donc, en montant ou deſcendant, la traverſe du pendule qui porte le rouleau, l'échappement reſtant de même , on augmentera ou diminuera l'arc de levée.

Deſcription de l'Horloge Aſtronomique.

P L A N C H E V, *Figure* 1.

Le mouvement de cette Horloge eſt compoſé de deux platines formant la cage du rouage ; ſur le dehors de la platine *A A* des piliers eſt tracé le plan du mouvement : *B B* eſt le cadran de fecondes fixé ſur la platine *A A* : *C C* celui de minutes , & *D* celui des heures : *E E* eſt la première roue du mouvement dont l'axe porte la poulie du poids ; elle fait un tour en 12 heures, & porte le cadran des heures difpofé comme celui de la première Horloge.

La roue des heures E engrène dans le pignon d de minutes : II eft là roue de minutes; elle engrène dans le pignon e de roue moyenne KK.

La roue moyenne K engrène dans le pignon f de fecondes : la roue de fecondes L engrène dans le pignon g de la roue d'échappement.

La roue d'échappement MM fait trois tours par minute ; c'eft-à-dire, pendant que la roue de fecondes fait un tour.

La roue d'échappement a 10 dents ; elle eft mife en cage du côté intérieur de la platine-cadran par un pont h, mis en dedans de la platine, & une barette R placée en dehors.

NNO eft le cercle d'échappement mobile en O fur les pivots de l'axe qui porte en même-tems la fourchette, ou plutôt le levier d'impulfion P, lequel communique au rouleau Q, porté par le pendule, l'action du rouage fur le régulateur ou pendule.

La vis de rappel S, portée par le levier P, fert à mettre l'Horloge d'échappement ; pour cet effet, elle agit fur le piton t fixé fur le bout prolongé T du cercle d'échappement ON, & la vis v fixe enfemble le bras T fur le levier P. La vis de rappel S a encore un autre ufage, c'eft que par fon poids le levier P appuie continuellement fur le rouleau Q ; j'ai préféré ce moyen à celui d'une fourchette, pour éviter le jeu que le rouleau devroit néceffairement avoir, fi la pièce P étoit faite en fourchette.

klm eft la détente d'échappement, dont l'axe eft mis en cage entre le même pont & la même barette qui porte la roue d'échappement. Par cette difpofition, on peut démonter tout ce qui concerne l'échappement, fans démonter le rouage.

no eft la levée qui fert à élever la détente pour opérer le dégagement de la roue, & par conféquent fon action fur l'entaille p du cercle d'échappement pour rendre le mouvement au pendule.

L'axe de la levée eft mife en cage fur la portion du cercle d'échappement N, au moyen du petit pont q ; le contrepoids r

porté par la levée, fert à la ramener en prife ; fa courfe eft réglée par une cheville.

La détente eft également ramenée par le contrepoids *t*.

R g eft un pont ou barette placé en dehors de la platine *AA* du cadran ; cette barette porte les trous des pivots de la roue d'échappement & de la détente.

R R eft la feconde platine du rouage ; elle s'affemble fur les quatre piliers 5, 6, 7, 8, fixés fur la plaque *Z Z, fig.* 2. Ces piliers portent la cage du rouage : la platine *RR* eft plus large que celle *AA*, afin que le pendule paffe entre les piliers 5,6,7,8, & de manière à n'être pas gêné dans fes ofcillations.

PLANCHE V.

La *figure* 2 repréfente le profil ou élévation de l'Horloge, pendule, fufpenfion, cage, rouage, échappement ; en un mot, de la machine même exécutée en entier, & avec fes véritables dimenfions.

A A eft la platine - cadran 1, 2 fes piliers : *RR* la feconde platine : *B B* le cadran de fecondes.

E E la roue des heures : *D D* le cadran des heures : *F* la poulie : *d* le pignon de minutes : *dd* le pivot qui porte l'aiguille *I*, *I* la roue de minutes : *e* le pignon de la roue moyenne *K* : *f* le pignon de fecondes, & *L L* la roue de fecondes : *ff* le pivot de l'aiguille : *g* le pignon de la roue d'échappement *MM*.

N O le cercle d'échappement : *P* le levier d'impulfion, & *Q* le rouleau porté par la traverfe du pendule : *S T* eft le pendule vu de profil : *X X* la fufpenfion à reffort.

Z Z eft la plaque fur laquelle eft attaché le pont qui porte la fufpenfion : cette plaque porte en même-tems 4 piliers 5 6, qui fervent à fupporter la cage du mouvement.

Je n'entrerai pas dans de plus grands détails fur la conftruction de cette Horloge, qui fera facilement entendue par l'Artifte intelligent, qui fera capable de l'exécuter ; quand à l'exécution même de l'échappement, ceux qui voudront l'imiter, peuvent confulter le *Traité des Horloges Marines,* le *Supplément*, & ci-devant dans le *Traité des Montres à*

Longitudes: on a traité dans cèt Ouvrage tout ce qui concerne l'exécution de l'échappement libre à cercle , pour les Horloges Marines ; les principes d'exécution , font les mêmes pour les Horloges Aftronomiques, & pour celles à Longitudes: ils ne diffèrent que par l'arc de levée. Or , j'ai donné ci-devant la conftruction propre à faire décrire de très-petits arcs au pendule.

De la manière de régler la Compenfation au Pendule compofé à baguette.

Avant de faire les expériences pour la compenfation du pendule , il faut premièrement régler fa longueur fur celle que donne le calcul d'après les dilatations refpectives des métaux dont il eft compofé, ce qui fe fera de la manière indiquée *Supplément*, n° 801 & fuiv.

Pour faciliter le moyen de conduire la compenfation du pendule à fon vrai point, j'ai ajouté au bas du pendule une traverfe mobile *M N*, Planche V, *fig.* 3, laquelle on peut faire monter & defcendre à volonté fans démonter le pendule ni l'Horloge. Pour cet effet, les tringles *a b c d* font percées de diftance en diftance de trous *e, f, g, h*, pour recevoir les goupilles 1, 2, 3 & 4. Ainfi l'action de la compenfation fe compte alors du point où cette traverfe eft arrêtée ; & la feconde traverfe *O P* ne fert qu'à maintenir le pendule pendant que l'on fait changer de place à celle *M N* ; celle-ci étant fixée, on doit retirer les goupilles 2, 3 de la traverfe *O P* , afin que les diverfes dilatations entre ces deux traverfes ne contrarient pas le mouvement des derniers.

La traverfe mobile *M N* doit être mife d'abord au point déterminé par le calcul , & c'eft par ce point que les épreuves doivent être faites dans l'étuve formant la boîte de l'Horloge ; fi la compenfation eft jugée d'après ces épreuves trop forte ou trop foible , on fait monter ou defcendre cette traverfe en conféquence.

Fin de la Defcription des Horloges Aftronomiques.

ESSAI

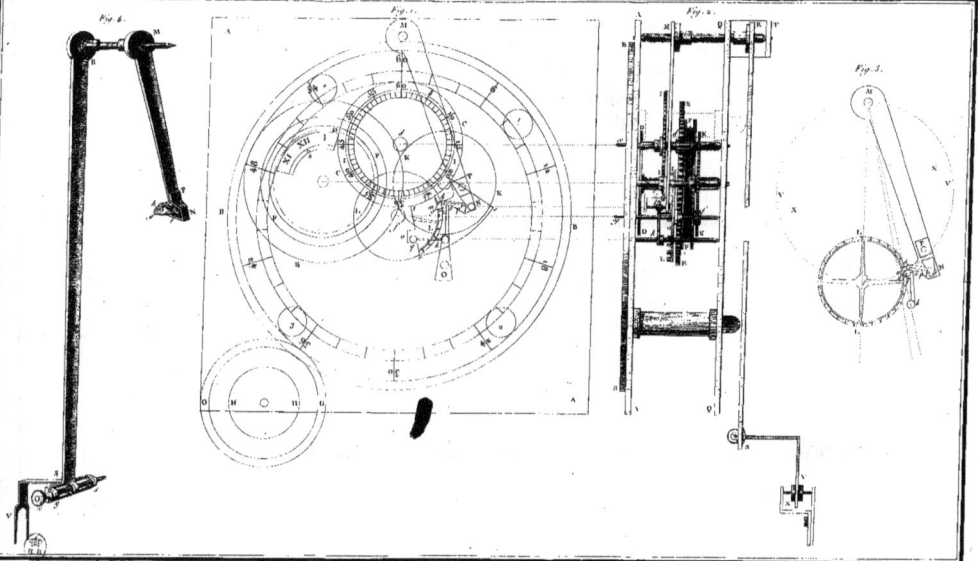

Fig. 4.

Fig. 1.

Fig. 2.

Fig. 3.

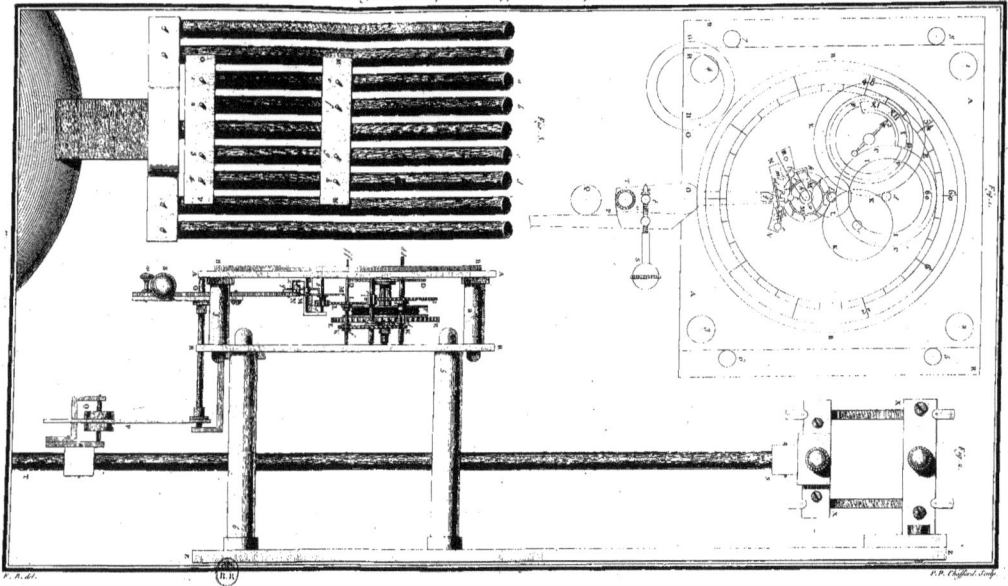

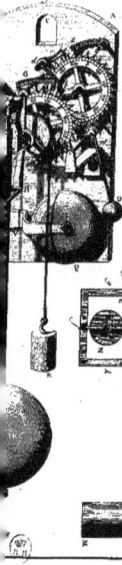

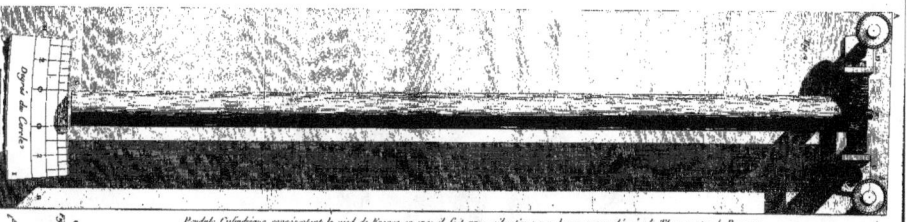

Pendule Cylindrique representant le pied de France en 1791, il fait 7710 vibrations par heure par 10 degrés du Thermometre de Reaumur.

La base du Cylindre est la 44.ᵉ partie de la hauteur; ce Cylindre en Cuivre rouge pese 13 onces 6 gros de la lime de Mesure.

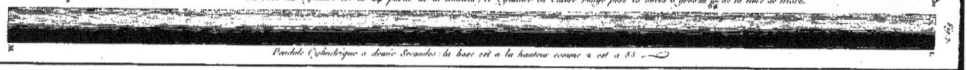

Pendule Cylindrique a deux Secondes: la base est a la hauteur comme 2 est a 55.

E S S A I

S U R

LES POIDS ET LES MESURES;

Ou Méthode fimple de conferver les Mefures & les
Poids actuellement en ufage, & d'établir une Mefure
univerfelle, perpétuelle & invariable.

*Par M. FERDINAND BERTHOUD, Horloger-Méchanicien
du Roi & de la Marine, ayant l'infpection de la conftruction
des Horloges Marines ; Membre de la Société Royale de
Londres.*

A P A R I S,

De l'Imprimerie de Ph.-D. Pierres, Premier Imprimeur
du Roi, &c. rue Saint-Jacques.

M. DCC. XCII.

AVERTISSEMENT.

Au commencement de 1791, j'exécutai une petite Horloge à pendule, deſtinée à pluſieurs uſages, & particulièrement à déterminer l'effet de la peſanteur par diverſes latitudes ; aux épreuves de l'échappement libre, & de celui à repos, à celles de la durée des grands & des petits arcs décrits par le pendule, &c. mon intention étoit alors de donner une deſcription de cette Horloge à la ſuite de laquelle devoit être placé l'*Eſſai ſur les Poids & les Meſures*, objet que j'avois traité avec aſſez d'étendue ; mais depuis cette époque, des circonſtances particulières me forcent à ne donner que l'*Eſſai* très-abrégé. Au reſte, tel qu'il eſt ici preſenté, il ſuffit pour donner l'idée de la Méthode que je propoſe, & à laquelle j'attache très-peu d'importance ; cependant je la crois ſuffiſante pour conſerver la meſure de la toiſe, de l'aune & de la livre en uſage de nos jours.

Je dois d'ailleurs obſerver que cette Méthode préſente un avantage, c'eſt celui d'être diſpenſé d'employer les calculs, des centres d'oſcillations, des pendules, & que ſon moyen eſt d'obtenir des quantités abſolues indépendantes des erreurs du calcul des centres d'oſcillations ; enſorte que par-là même un Artiſte adroit pourra, dans tous les tems, faire les opérations néceſſaires pour rétablir les Meſures, ſoit qu'elles ſoient altérées ou perdues.

A 2

4

TABLE

Des Articles contenus dans l'Essai sur les Poids & les Mesures.

Fin de la Table des Articles.

ESSAI

SUR

LES POIDS ET LES MESURES.

ARTICLE I.

Observations préliminaires sur l'utilité que l'on doit retirer de l'uniformité des Mesures, &c.

AVANT de proposer les moyens que je crois propres à conserver dans tous les tems les Mesures & les Poids actuellement en usage, je dois d'abord indiquer sous quel point de vue on peut considérer cet objet.

L'uniformité des Poids & des Mesures nécessaires à établir dans tout le Royaume dépend uniquement du Souverain. Déterminer les rapports de ces mesures à des points fixes, donnés par la nature, est un travail qui appartient aux Savans & aux Physiciens.

Ces deux objets sont donc par leurs natures très-distincts; le premier, l'uniformité des Poids & des Mesures dans le

Royaume, eft important pour tous les citoyens ; il l'eft fur-
tout pour établir plus fûrement & avec facilité une égale
répartition des Impofitions : il l'eft également pour le Commerce. Or, cet objet dépend uniquement des ordres du
Gouvernement, en établiffant dans tout le Royaume les Poids
& les Mefures qui font en ufage dans la Capitale, comme
étant celles qui font généralement plus connues & fixées
avec plus d'exactitude. Ce premier objet fe réduit donc
dans l'établiffement général de la toife de France, de l'aune
& du pied de Paris; & avec des étalons bien exécutés &
envoyés dans tous nos Départemens, on fera certain de
conferver ces Mefures pendant des fiècles : il n'y a pas plus
de difficulté pour l'établiffement des Poids.

Quoique le fecond objet ne foit pas de la même importance que le premier, & qu'il paroiffe n'être que de
pure curiofité, & pour fervir feulement dans la fuite des
fiècles à retrouver nos mefures dans le cas où elles auroient
été perdues : on convient qu'il eft convenable de s'occuper auffi de rétablir ces Mefures lorfqu'elles auront été
altérées ou perdues ; mais on doit choifir les moyens les
plus fimples, & tels que dans tous les tems on puiffe
facilement les mettre en ufage. Or, perfonne n'ignore
que depuis plus d'un fiècle cette recherche a été fixée d'une
manière fûre par le célèbre Huyghens.

Nous allons rapporter, dans l'Article II, la méthode employée par ce favant Aftronôme & Méchanicien.

Article II.

Moyens d'établir une Mesure universelle & perpétuelle (1)
(par le Pendule simple).

» Il feroit très-utile, & il y a long-tems qu'on défire
d'avoir une Mesure fixe à laquelle on puiffe rapporter toutes les autres, & qui ne foit fujette à varier ni par les
injures du tems, ni par la veftuté. Si les anciens avoient
eu une pareille Mesure, on ne verroit point une fi grande
variété dans la détermination que l'on a faite du pied *Romain*,
du pied *Grec*, & du pied *Hébreu*. »

» L'Horloge que nous avons décrite en fournit une très-
fimple, & qu'on chercheroit en vain ou du moins qu'on
trouveroit très-difficilement par d'autres moyens, &c. »

« Après avoir règlé une Horloge de cette efpèce (une
Pendule à fecondes) au tems moyen, fuivant la méthode
» que nous avons décrite dans la première Partie » : on
fufpendra auprès de l'Horloge un pendule fimple, c'eft-à-
dire, par exemple, une balle de plomb attachée à un fil
très-délié, & on l'écartera très-peu de la verticale, allongeant ou raccourciffant ce fil jufqu'à ce que fes ofcillations, pendant un quart-d'heure, s'accordent avec celles
du pendule de l'Horloge ; (je dis qu'il faut peu écarter
ce pendule fimple, parce que fes vibrations ne font égales que lorfqu'il décrit de très-petits arcs, comme de cinq

(1) Traité des Horloges d'Huyghens, publié en 1673. Propofition XXV,
page 151.

C'eft dans ce même Ouvrage que M. Huyghens a donné, pour la première
fois, la Théorie des centres d'ofcillations des Pendules & des corps de diverfes
figures ; & qu'il établit fa Théorie de la Cicloïde.

à fix degrés au plus). Alors , ayant mefuré la diftance du point de fufpenfion au centre d'ofcillation de la balle ; & l'ayant divifée en trois parties égales , chacune fera la longueur que nous avons appellé *pied horaire* , & qui , de cette manière , non-feulement fera la même par-tout , mais pourra toujours fe retrouver aifément. On pourra donc, en déterminant le rapport des autres Mefures à celles-ci, fixer celles-là pour toujours. Le pied de Paris étant à notre pied horaire , ainfi que nous l'avons déjà dit , comme 864 eft à 881. En prenant pour unité le pied de Paris, le pendule qui bat les fecondes doit être de trois pieds o pouces huit lignes & demi. Le pied de Paris eft au pied du Rhin , dont on fe fert chez nous (en Hollande) comme 144 eft à 139 ; c'eft-à-dire , qu'en diminuant le pied de Paris de cinq de fes lignes , on a le pied du Rhin : ces rapports ainfi établis , ces Mefures & toutes les autres qu'on comparera de la même manière, font fixées pour toujours ».

M. Huyghens explique enfuite les moyens de déterminer le centre d'ofcillation du pendule fimple , &c.

Je viens de rapporter le précis de la méthode qui fut employée dès 1673 par M. Huyghens , pour déterminer la longueur du pendule fimple à Paris , & qu'il a fixée à 3 pieds 8 lignes $\frac{1}{2}$ = 440 lignes $\frac{10}{100}$. C'eft la même méthode qu'ont fuivi long-tems après MM. de Mairan , Bouguer , l'Abbé de la Caille , &c. En 1735 (1), M. de Mairan détermina par des expériences faites avec les plus grands foins la longueur du pendule fimple à Paris , & qu'il fixa à 440 lignes $\frac{57}{100}$; felon M. l'Abbé de la Caille, cette longueur eft de 440 lignes $\frac{55}{100}$.

De la petite différence que l'on remarque entre les déterminations faites par Huyghens en 1673 , & par M. de

(1) Mémoires de l'Académie.

Mairan

Mairan en 1735, on peut en tirer deux conséquences; la première, c'est l'excellence de la méthode en elle-même, & l'exactitude employée par les deux observateurs, puisqu'en plus de soixante-deux ans on ne trouve qu'une différence de $\frac{2}{100}$ de lignes dans la longueur du pendule à secondes.

La seconde conséquence, c'est que pendant ce long intervalle, le pied de Paris, qui dans les deux époques a été pris pour unité, n'a éprouvé aucune altération.

Enfin, cette méthode présente une précision plus que suffisante pour l'usage de nos Mesures, c'est-à-dire, pour les rétablir lorsqu'elles seront altérées.

La *fig*. 1, Planche VI, représente la disposition du pendule simple employé par Huyghens : *AB* est une planche sur laquelle est attaché le pont *C*, ou pince à laquelle est fixé le fil qui suspend la boule *c* : *b* est un pont ou équerre que l'on fait approcher de la boule, (après que l'on a compté les vibrations du pendule) jusqu'à ce qu'elle y touche légèrement ; alors on mesure l'intervalle qu'il y a du point *a* de suspension à l'équerre *b* ; retranchant ensuite de cette mesure le demi-diamètre de la boule, on a la vraie longueur du point de suspension *a* au centre *c* de la boule ; ensorte, qu'en calculant combien le centre de la boule est éloigné du centre d'oscillation, on a la vraie longueur du pendule simple.

Passons à la Méthode que je propose.

A R T I C L E   III.

Un Pendule-cylindrique, représentant le pied de France, peut servir à conserver nos Mesures actuelles.

Pour conserver, dans tous les tems, les Mesures actuellement en usage, je propose d'employer un cylindre de

B

métal qui foit parfaitement calibré & dont la matière foit,
autant qu'il eft poffible, homogène ; ce cylindre , dont la
longueur fera rigoureufement la même que celle du pied
de Paris , aura pour diamètre la vingt-quatrième partie de fa
longueur , c'eft-à-dire , fix lignes du même pied : fur la bafe
fupérieure de ce cylindre , fera attaché un couteau à fufpenfion très-petit & très-léger ; l'angle de ce couteau appliqué
exactement fur la bafe bien plane du cylindre , & paffera
jufte par fon diamètre : ce couteau agira ou pofera fur le
fond de la rainure d'un chaffis de fufpenfion , enforte que
ce cylindre deviendra un pendule. Or , en faifant décrire
à ce pendule des arcs de deux degrés , indiqués par un
limbe placé au bout inférieur du cylindre , & en comptant
le nombre de vibrations que ce *pendule cylindrique* fait pen-
dans une heure : on aura par-là le moyen de retrouver
dans tous les tems la longueur du pied de Paris (1) ; car
fi au bout de quelques fiècles on vouloit retrouver la longueur de cette Mefure , fuppofé qu'elle fût altérée
ou perdue , il eft évident qu'il fuffiroit de faire un cylindre de même métal , dont la longueur feroit telle que
le nombre de fes vibrations fût le même que l'on avoit
reconnu dans le pendule cylindrique , qui fert de compa-
raifon , & c'eft à quoi on parviendra toujours facilement ;
en y joignant, cette condition que le diamètre de la bafe foit
la 24ᵉ partie de la hauteur du cylindre.

(1) Je prends le pied de Paris pour exemple , parce que c'eft la Mefure la
plus généralement reçue en France; mais on peut faire fervir également le pied Anglais,
ou toute autre Mefure.

ARTICLE IV.

Un Pendule-cylindrique, représentant la toise de France, peut servir en même tems à conserver les Mesures & les Poids actuellement en usage.

LA Méthode que j'ai proposée dans l'Article III pour conserver nos Mesures devroit être faite plus en grand, en employant la longueur exacte de la toise de France, c'est-à-dire, en exécutant un cylindre de métal, soit en cuivre rouge de Suède, en étain, ou même en plomb, de six pieds de longueur, & dont le diamètre seroit la 24.e partie je suppose de sa hauteur, ou de trois pouces. Ce cylindre, suspendu par un couteau, formeroit un pendule cylindrique, dont on détermineroit le nombre de ses vibrations en une heure, par tel degré de température, & par des arcs de deux degrés : on seroit de même assuré de retrouver la toise en formant un cylindre qui remplit les conditions données.

Je dis en second lieu que ce pendule-cylindrique, représentant la toise de France serviroit également à conserver nos poids actuels ; car en pesant ce cylindre, & supposant qu'il pèse dix livres de seize onces aujourd'hui en usage ; lorsqu'après un intervalle de tems quelconque on aura retrouvé, par la méthode que je propose, la longueur de notre toise, au moyen d'un cylindre de même métal, & dont la base soit la 24.e partie de la hauteur & fasse le même nombre de vibrations, &c. ce cylindre aura un poids qui exprimera exactement dix de nos livres actuellement en usage, en 1791, & avec autant de précision qu'il sera nécessaire.

ARTICLE V.

Le Pendule-cylindrique à demi-fecondes, pourroit être employé
pour fervir de Mefure univerfelle & perpétuelle.

J'AI indiqué dans les Articles III & IV , les moyens
que je propofe pour conferver nos Mefures ; je vais maintenant indiquer un moyen également fimple pour établir
une Mefure univerfelle ; c'eft par le pendule-cylindrique qui
bat les demi-fecondes, & dont la longueur eft à celle du
pied de Paris très-à-peu-près comme 165 eft à 144.

Je propofe par préférence le pendule à demi - fecondes
au pied de Paris ou à la toife , à caufe du rapport de fes
vibrations avec celle de nos Horloges actuelles.

Le pendule-cylindrique à demi-fecondes étant amené à la
jufte longueur pour battre 7200 vibrations par heure, fervira
lui-même d'étalon en ajuftant à chacune de fes bafes une
plaque d'acier parfaitement dreffée , enforte qu'on n'aura
pas befoin de fe fervir d'autres inftrumens, pas même d'un
compas pour avoir cette Mefure.

Cette Mefure ou efpèce de pied , ainfi donné, peut
être divifé au nombre de parties que l'on voudra choifir ;
& la nouvelle toife, faite d'après cette première Mefure,
pourroit contenir cinq fois la longueur du pied donné par
le pendule-cylindrique à demi-fecondes.

ARTICLE VI.

Observations sur la manière de déterminer exactement le nombre d'oscillations des Pendules libres.

PROPOSITION.

Toute action étrangère employée pour entretenir le mouvement d'un pendule simple, ou d'un pendule composé, change la durée des oscillations de ce pendule.

Si dans une Horloge à pendule qui est réglée on ajoute sur la verge du pendule au-dessus de la lentille un poids quelconque, le centre d'oscillation du pendule remontera au-dessus du point où il étoit d'abord, & l'Horloge avancera.

On doit concevoir facilement la vérité de cette proposition ; car ce poids ajouté tend lui-même à former un pendule plus court ; ensorte que le nouveau centre d'oscillation se trouvera entre ce poids ajouté & le centre d'oscillation que le pendule avoit auparavant.

Si on place le même poids au-dessous du centre d'oscillation du pendule, il fera descendre ce centre, & par conséquent l'Horloge retardera.

Enfin, si on place le même poids au centre d'oscillation même du pendule, ce pendule ne changera pas de longueur, & par conséquent l'Horloge restera réglée.

De ce qui précède, il s'ensuit que l'action de la fourchette qui, dans les Horloges, entretient le mouvement du pendule tend nécessairement à changer le centre d'oscillation du pendule, tant à raison du poids de cette fourchette qui forme elle-même un second pendule qu'en raison de la force que le rouage transmet à cette fourchette ; & comme la vîtesse avec laquelle le rouage tend à tourner est beau-coup plus grande que la vîtesse avec laquelle le pendule vibre, il s'ensuit nécessairement que cette action du rouage tend à accélérer les oscillations du pendule, & quelque soit le point où on fait agir la fourchette ; soit que son action se fasse par le centre d'oscillation même du pendule ; ou soit qu'elle s'exerce au-dessus ou en dessous ; au lieu que si la fourchette n'agissoit que par son poids seul, & que son centre de mouvement fût le même que celui de suspension du pendule, alors son action ne troubleroit pas les oscillations du pendule ; mais dans ce cas supposé elle deviendroit inutile.

J'ai vérifié, par un grand nombre d'expériences, le prin-cipe que je viens d'établir, & qui prouve l'impossibité de faire servir un rouage quelconque agissant sur le pendule pour compter le nombre des vibrations de ce pendule, & pour entretenir en même tems son mouvement.

D'après les observations dont je viens de rendre compte, je me suis déterminé à composer une espèce d'Horloge que j'appelle *Horloge-compteur*. Cette machine étant placée à côté du pendule cylindrique, & réglée avec lui, sert à compter les vibrations du pendule cylindrique sans être assujettis à rester continuellement auprès.

Le pendule de l'Horloge-compteur bat les demi-secon-des, lesquelles sont marquées par une aiguille sur un cadran ; j'ai ajouté au rouage de ce compteur un ro-chet de soixante dents, lequel est placé auprès du rochet d'échappement ; celui-ci porte une cheville qui, à chaque minute, fait avancer une dent du second rochet, sur lequel sont gravées les minutes : ce second rochet ou cadran reste une heure à faire un tour.

Cet assemblage forme donc une petite Horloge qui sert à compter les vibrations du pendule-cylindrique qui

fe meut librement & féparément de l'Horloge - compteur.

Lorfque je veux éprouver le pendule - cylindrique à demi-
fecondes, je règle le pendule du compteur, de manière
que pendant une heure (durée de l'obfervation) les deux
pendulès battent continuellement enfemble & achevent également leurs vibrations du même côté & au même inftant ;
alors je mets d'accord l'Horloge-compteur avec mon Horloge aftronomique réglée fur le tems moyen ; (je fais de
nouveau battre auffi le pendule - cylindrique avec le pendule
compteur), & au bout d'une heure j'obferve combien le
compteur diffère de l'Horloge Aftronomique ; j'ai donc
précifément le nombre de vibrations que le pendule cylindrique fait pendant une heure de tems, &c.

Lorfque je veux par la même méthode éprouver quel
nombre de vibrations fait par heure le pendule- cylindrique
repréfentant le pied de France ; je remonte la lentille
du pendule-compteur, jufqu'à ce que fes vibrations foient
parfaitement de même durée que celle du pendule-cylindrique ; enfuite je compare le tems de l'Horloge-compteur
à celui de l'Horloge Aftronomique.

Les épreuves dont je viens de donner une idée, doivent
être faites en faifant ofciller alternativement le pendule cylindrique par fes deux bafes.

Article VII.

Defcription de l'Horloge - Compteur.

Planche VI.

La *figure* 8 repréfente l'Horloge-compteur dont je viens
d'expliquer l'ufage : *A B* eft une platine qui porte en *C*

une ouverture propre à arrêter le compteur fur un clou à crochet fixé fur un mur : la roue à rochet *D* porte un pivot qui roule dans un trou de la platine *A B* ; & l'autre pivot de la même roue roule dans un trou du pont *E M* : les dents de cette roue font échappement avec l'ancre *G* : l'axe de cet ancre porte la fourchette *H* qui communique la force du rochet au pendule *I K* : ce pendule eft fufpendu par un reffort *L* arrêté par fon bout fupérieur avec le pont *E M*, dont le bras *L* de ce pont eft fendu, afin de recevoir le reffort de fufpenfion arrêté par le talon fixé fur le bout fupérieur du reffort.

K eft la lentille de ce pendule, lequel doit battre les demi-fecondes ; & par conféquent, il doit y avoir neuf pouces trois lignes environ de diftance du centre de la lentille, au point de fufpenfion, c'eft-à-dire, du point où le reffort fléchit près du pont *L* : or, comme dans un échappement, chaque dent de la roue fait faire deux battemens ou vibrations, il s'enfuit que chaque dent répond par l'efpace qu'elle parcourt à une feconde de tems. Donc, en donnant foixante dents au rochet, celui-ci fera un tour en une minute.

On monte ou defcend à volonté la lentille *K*, au moyen de l'écrou *N*, qui entre fur la vis portée par la verge du pendule, laquelle eft taraudée de forte que ce pendule peut battre alternativement 7200 vibrations par heure ou 7700 & plus, &c.

C'eft par cette difpofition que j'ai fait fervir en même-tems le rochet à marquer les fecondes & à élever, lorfqu'on le veut, le marteau *O* au moyen de la palette *P* qui en-grène dans cette roue : ce marteau frappe fur le timbre *Q* ; mais je dois obferver ici que pour les expériences propofées pour compter les vibrations du pendule cylindrique, il ne faut pas que le marteau foit mis en action, car il pourroit troubler, en agiffant fi long-tems, la juftesse des ofcilla-

tions ;

tions ; ainſi pour ces épreuves , je ſuſpends l'action du marteau par une cheville qui écarte la levée de la roue de ſecondes.

Le poids *R* eſt le moteur de cette machine , & *T* ſon contre-poids : dans la *figure* 8 il eſt ſimplement attaché à un cordon qui entoure la poulie *S* ; mais pour que l'Horloge-compteur puiſſe marcher plus long-tems , il faut que ce poids ſoit mouflé , & qu'une ſeconde poulie , que je n'ai pas repréſentée, porte l'encliquetage, afin qu'en remontant le poids il ne ceſſe pas d'agir ſur la roue ; mais comme cette diſpoſition eſt connue de tous les Artiſtes, on a pu ſe diſpenſer de la repréſenter.

Pour n'être pas obligé d'être continuellement auprès de l'*Horloge-compteur* pour ſavoir combien de tours la roue de ſecondes ou rochet *D* fait par heure, j'ai ajouté la roue de minutes *Y*, laquelle eſt auſſi figurée en rochet & porte ſoixante dents : l'axe du rochet *D* de ſecondes porte une palette *a*, qui, à chacune des révoluitions du rochet de ſecondes, fait avancer une dent du rochet de minutes, par conſéquent celui-ci reſte une heure à faire un tour.

Le rochet *D* de ſecondes & celui *Y* de minutes. ſont gradués en ſoixante parties, comme on le voit dans la *figure*. Un bras de l'index *d b* indique le nombre de ſecondes qui paſſent ; & celui *d c* le nombre des minutes.

Le rochet *Y* de minutes doit être maintenu par un ſautoir *Z*, qui ſuſpend le mouvement du rochet de ſecondes pendant une minute au bout duquel, la palette *a* fait avancer celui de minutes d'une dent.

Cette Horloge-compteur peut marcher deux heures ſans être remontée , en ne donnant qu'environ 7 lignes ½ de diamètre à la poulie, & 5 pieds de deſcente au poids.

Pour que cette machine conſerve pendant ce tems une exacte uniformité dans ſa marche , il faut que l'échappe-

C

ment soit à repos, & soit fait avec soin, & que le pendule décrive de très-petits arcs : la lentille doit peser environ trois livres ; son diamètre de trois pouces ; son épaisseur de dix-huit lignes. Enfin, il faut que le poids n'ait que
la pesanteur nécessaire pour faire tourner les deux rochets
& entretenir le mouvement d'oscillation du pendule.

Lorsque l'on veut faire servir le compteur à des observations astronomiques, soit à prendre le midi du soleil
par l'instrument des passages, &c. alors il faut mettre en
action le marteau avec le rochet *D* de secondes ; & dans
ce cas, il faut employer un poids moteur assez pesant pour
élever ce marteau.

ARTICLE VIII.

Description de la suspension du PENDULE-CYLINDRIQUE
représentant le pied de France.

PLANCHE VI.

LA *figure* 2 de cette Planche représente le pendule-cylindrique ou pied de France, suspendu par son couteau
à sa suspension, & tel qu'il doit être disposé pour déterminer
le nombre de ses vibrations.

La platine ou planche *A B* est faite en cuivre, de
l'épaisseur de deux lignes. C'est cette platine à laquelle
est attachée la suspension du pendule : cette platine a
dix-sept pouces de longueur, elle porte quatre vis, par
ses quatre angles, deux *a, b,* attachée à la partie supérieure.
Les deux autres n'ont pu être représentées ici, le bout
inférieur devant descendre plus bas. Les quatre vis *a b,* &c.
servent à caler la platine *A B,* qui s'attache à un clou à

crocret fixé contre un mur folide. Les ponts *C, D* attachés à la platine *A B* portent chacun une vis *c, d*, dont les bouts prolongés fervent de pivots & entrent dans les trous du fupport *E* : ce fupport ou chaffis fait en acier très-dur, eft vu en plan *fig.* 3 ; fur le plan fupérieur de ce chaffis eft formée la rainure *e f* qui doit être parfaitement dreffée & polie après que le chaffis *E* eft trempé ; c'eft fur le fond de cette rainure que doit agir l'angle du couteau, porté par la bafe fupérieure du pendule-cylindrique *F G*, *figure* 2.

Le couteau de fufpenfion eft vu de face en *l m*, *fig.* 6, & en perfpective, *fig.* 4 : *l, m*, eft le couteau, il eft percé dans le milieu de fes dimenfions d'un trou, à travers lequel paffe une vis : cette vis entre dans le trou concentrique à la bafe du cylindre vu *fig.* 5.

Pour eftimer exactement l'étendue des arcs décrits par le pendule, j'ai placé au-deffous de fa bafe inférieure *G*, *fig.* 2, le limbe *H I*, gradué en degrés & demi-degrés du cercle ; ce limbe eft attaché par un pont fur la platine *A B*.

Le cylindre ne porte point l'index pour indiquer les arcs décrits ; ils font marqués par les bords mêmes du cylindre, comme on le voit dans la *figure* 2, & les divifions ne doivent commencer que par les extrémités du diamètre du cylindre *G*.

Le pendule cylindrique de la *fig.* 2, eft vu dans la *fig.* 6, avec fon couteau *l m*, vu en plan. Ce cylindre eft ici repré-fenté avec fes dimenfions auffi parfaitement qu'il eft poffi-ble de le faire, par la gravure imprimée fur du papier qui change affez fenfiblement les dimenfions : cependant, on pourroit encore au befoin recourir à ces dimenfions, fi, par la fuite, on vouloit retrouver les véritables dimenfions du pied de France. Car, en exécutant un cylindre avec les dimenfions de la *figure* 6, & en tenant ce cylindre un peu plus long ; en l'éprouvant, on parviendroit petit-à-petit à l'amener au point de faire le nombre de vibrations que nous avons

C 2

déterminées pour le pied de France, comme on le verra ci-après.

La *figure* 7 repréſente le pendule-cylindrique à demi-ſecondes ; il eſt auſſi vu dans cette *figure* ſelon ſes véritables dimenſions dont *L M* détermine la hauteur.

J'ai fait exécuter avec beaucoup de ſoins quatre cylindres ; deux ſont faits en acier fondu de la meilleure qualité dont un pour le pied de France, & l'autre pour le pendule à demi-ſecondes. Les deux autres cylindres ſont faits en cuivre rouge (de Suède), le plus parfait qu'on ait trouvé ; un de ces cylindres eſt également pour le pied de France, & l'autre pour le pendule à demi-ſecondes.

Ces cylindres furent exécutés vers le milieu de 1791, par M. Hulot, habile Tourneur & Méchanicien.

Chaque cylindre eſt percé à chaque bout d'un trou concentrique, qui eſt percé ſur le tour d'environ une ligne de profondeur : ces trous ſervent de centre pour tourner le cylindre parfaitement rond, & de même diamètre dans toute leur longueur.

Lorſque les cylindres ont été ainſi tournés, j'ai taraudé par chaque bout les trous concentriques dont j'ai parlé. Ces trous ſervent à loger la vis qui fixe le couteau ſur la baſe ſupérieure du cylindre.

Pour que le cylindre conſerve la même peſanteur dans toute ſa longueur, je remplis le trou inférieur fait à ſa baſe par une vis qui remplit tout le vuide du trou.

Chaque cylindre doit être éprouvé alternativement en le ſuſpendant par ſes deux baſes ; c'eſt-à-dire, d'abord par la baſe ſupérieure, & enſuite adapter le couteau à la baſe inférieure, qui devient à ſon tour celle ſupérieure : le nombre de vibrations que fait par heure le pendule-cylindrique dans ces deux épreuves, ſervira à faire connoître la différence qu'il y a, ſoit dans la matière du cylindre, ou ſoit dans son diamètre, la moitié de la différence dans le nombre des vibrations en un temps donné, sera le véritable nombre de vibrations que fait le pendule. Une autre estimation à faire par des épreuves, c'est celle de trouver la quantité dont le couteau de suspension attaché à la base supérieure du cylindre rend les oscillations plus lentes.

ARTICLE IX.

Dimensions du Pendule - cylindrique, représentant le pied de France, & résultats des épreuves faites en 1791 avec ce Pendule, pour déterminer le nombre de ses oscillations en une heure.

LE diamètre de la base du cylindre est exactement de six lignes du pied de France; c'est-à-dire, la vingt-quatrième partie de la hauteur du même cylindre; la longueur ou hauteur du cylindre est exactement la même que celle du pied de France. Il est parfaitement mis à cette hauteur par un excellent *étalon* d'acier, fait par *Canivet* en 1766, & vérifié sur l'étalon de la toise en fer, employé au Pérou, réglé par neuf degrés du thermomètre de Réaumur.

Le cylindre en cuivre rouge, représentant le pied de France, pèse treize onces six gros, poids de marc ou de Paris, c'est-à-dire, la $\frac{55}{64}$ de la livre de Paris.

Le couteau de suspension a neuf lignes de longueur, comme on le voit *fig.* 6 en *l m* ; sa hauteur ou largeur est d'une ligne, son épaisseur au sommet est demi-ligne.

Le couteau pèse six grains; c'est-à-dire, que sa pesanteur est à celle du cylindre de cuivre rouge, comme 1 est à 1320.

Par des épreuves répétées à diverses reprises, je me suis assuré que le pendule - cylindrique en cuivre rouge, représentant le pied de Paris, fait 7710 vibrations par heure.

J'ai trouvé la même quantité en fufpendant alternativement le cylindre par l'une & l'autre de fes bafes.

Pour faire ces épreuves, je me fuis fervi très-utilement de
l'Horloge-compteur décrite Article VII, & j'en ai fait ufage
avec les précautions indiquées à la fin de l'Article VI.

Je me fuis affuré que la pefanteur du couteau retarde très-
peu les ofcillations ; car dans l'intervalle d'une heure, à peine
peut-on compter fur $\frac{1}{8}$ de vibrations ; je ne crois pas même
que ce retard excède $\frac{1}{16}$ de vibrations.

Pour faire cette épreuve, j'ai ajouté au-deffus du couteau
une pièce de cuivre pefant fix grains comme le couteau,
& de la même largeur, ce qui augmentoit la hauteur du
couteau du double de fa hauteur : avec cette addition, j'ai
à peine pu compter fur un quart de feconde de retard, ce qui
répondroit même à $\frac{1}{32}$ de vibrations.

On peut donc regarder comme nul le retard occafionné par
le poids du couteau dans les vibrations d'un pendule qui
ne peut ofciller librement que pendant un intervalle affez
court (deux heures au plus.)

Le pendule-cylindrique à demi-fecondes a 13 pouces 9
lignes $\frac{2}{12}$; le diamètre de fa bafe eft de 6 lignes du pied de
France ; ainfi le diamètre de la bafe eft à la hauteur du cylindre
comme 2 eft à 55.

Le même couteau de fufpenfion que j'ai décrit ci-devant peut
s'adapter fucceffivement à chacun des quatre cylindres.

Ayant appliqué ce couteau à la bafe fupérieure du cylindre d'acier, repréfentant le pendule à demi-fecondes, j'ai
trouvé que ce pendule fait 7192 vibratiations par heure,
par conféquent ce pendule eft trop long.

Je n'ai pas eu le tems de l'amener à fa véritable longueur, m'étant particulièrement attaché à déterminer le nombre
des vibrations du pendule-cylindrique, repréfentant le pied

de France. Je vais maintenant achever de régler la longueur du pendule à demi-secondes, pour qu'il fasse exactement 7200 vibrations par heure. Au reste, on peut facilement suppléer par le calcul à cette observation, & déterminer d'après les données ci-dessus combien ce pendule doit être raccourci.

Fin de l'Essai sur les Poids & les Mesures.